U0386711

CAD/CAE/CAM
工程软件实践丛书

SOLIDWORKS
高级曲面设计方法
与案例解析 微课视频版

赵勇成　毕晓东　邵为龙 ◎ 编著

清华大学出版社
北京

内 容 简 介

本书针对有一定SOLIDWORKS使用基础的读者，循序渐进地介绍了使用SOLIDWORKS进行非标产品造型设计的相关内容，包括曲面设计概述、曲面基准特征的创建、三维草图、样条曲线、通过点的曲线、螺旋线、涡状线、投影曲线、相交曲线、组合曲线、分割曲线、文本曲线、面部曲线、曲面上偏移、拉伸曲面、旋转曲面、扫描曲面、平面曲面、填充曲面、放样曲面、边界曲面、等距曲面、曲面的修剪、曲面的延伸、曲面的缝合、曲面圆角、曲面展平、开放曲面实体化、封闭曲面实体化、使用曲面切除、使用曲面替换、减消曲面设计专题、曲面的拆分与修补专题、曲面中的自顶向下设计、曲面设计综合案例等。

为了能够使读者更快地掌握该软件的基本功能，在内容安排上，书中结合大量的案例对SOLIDWORKS软件中的一些抽象的概念、命令和功能进行讲解；在写作方式上，本书采用软件真实的操作界面，采用软件真实的对话框、操控板和按钮进行具体讲解，这样就可以让读者直观、准确地操作软件进行学习，从而尽快入手，提高读者的学习效率；另外，本书中的案例都是根据国内外著名公司的培训教案整理而成，具有很强的实用性。

本书内容全面，条理清晰、实例丰富、讲解详细、图文并茂，可以作为广大工程技术人员学习SOLIDWORKS的自学教材和参考书籍，也可以作为高等院校和各类培训学校的SOLIDWORKS课程教材或者上机练习素材。

图书在版编目（CIP）数据

SOLIDWORKS 高级曲面设计方法与案例解析：微课视频版 / 赵勇成，毕晓东，邵为龙编著 . -- 北京：清华大学出版社，2025. 2. --（CAD/CAE/CAM 工程软件实践丛书）. -- ISBN 978-7-302-67955-4

Ⅰ . TH122

中国国家版本馆 CIP 数据核字第 20259JH707 号

责任编辑：赵佳霓
封面设计：郭　媛
责任校对：时翠兰
责任印制：杨　艳

出版发行：清华大学出版社
　　　　　网　　　址：https://www.tup.com.cn，https://www.wqxuetang.com
　　　　　地　　　址：北京清华大学学研大厦 A 座　　　　邮　　　编：100084
　　　　　社 总 机：010-83470000　　　　　　　　　　邮　　　购：010-62786544
　　　　　投稿与读者服务：010-62776969，c-service@tup.tsinghua.edu.cn
　　　　　质 量 反 馈：010-62772015，zhiliang@tup.tsinghua.edu.cn
　　　　　课 件 下 载：https://www.tup.com.cn，010-83470236
印 装 者：三河市君旺印务有限公司
经　　销：全国新华书店
开　　本：186mm×240mm　　　　印　　张：23　　　　字　　数：520 千字
版　　次：2025 年 4 月第 1 版　　　　　　　　　印　　次：2025 年 4 月第 1 次印刷
印　　数：1 ～ 1500
定　　价：99.00 元

产品编号：101957-01

前言
PREFACE

SOLIDWORKS 是由法国达索公司推出的一款功能强大的三维机械设计软件系统，自 1995 年问世以来，凭借优异的性能、易用性和创新性，极大地提高了机械设计工程图的设计效率，在与同类软件的激烈竞争中确立了稳固的市场地位，成为三维设计软件的标杆产品，其应用范围涉及航空航天、汽车、造船、通用机械、医疗机械、家居家装和电子等诸多领域。

功能强大、易学易用和技术创新是 SOLIDWORKS 的三大特点，这些特点使 SOLIDWORKS 成为领先的、主流的三维 CAD 解决方案。

本书系统、全面地讲解 SOLIDWORKS 高级曲面造型设计，其特色如下。

（1）内容全面：涵盖了曲面设计概述、曲面设计的一般过程、曲面基准特征的使用、曲面线框的搭建、曲面的创建、曲面的编辑、曲面实体化、减消曲面、曲面的拆分与修补、曲面中的自顶向下设计等。

（2）讲解详细，条理清晰：保证自学的读者能独立学习和实际使用 SOLIDWORKS 软件进行曲面造型设计。

（3）范例丰富：本书对软件的主要功能命令，先结合简单的范例进行讲解，然后安排一些较复杂的综合案例帮助读者深入理解、灵活运用。

（4）写法独特：采用 SOLIDWORKS 真实对话框、操控板和按钮进行讲解，使初学者可以直观、准确地操作软件，大幅提高学习效率。

（5）附加值高：本书根据几百个知识点、设计技巧和工程师多年的设计经验，制作了具有针对性的实例教学视频，时间长达 1445 分钟。

资源下载提示

素材等资源：扫描目录上方的二维码下载。

视频等资源：扫描封底的文泉云盘防盗码，再扫描书中相应章节的二维码，可以在线学习。

本书由赵勇成、毕晓东、邵为龙编著，兰州职业技术学院副教授赵勇成编写第 1~5 章，山东第一医科大学副教授毕晓东编写第 6~8 章，济宁格宸教育咨询有限公司邵为龙编写第 9 章。本书经过多次审核，如有疏漏之处，恳请广大读者予以指正，以便及时更新和改正。

编者

2024 年 12 月

目 录
CONTENTS

配套资源

第1章 SOLIDWORKS曲面设计概述

1.1 曲面设计的发展概述

随着时代的进步，人们的生活水平和质量都在不断提高，人们在要求产品功能日益完备的同时，也越来越追求外形的美观，因此产品设计人员很多时候需要用复杂的曲面来表现产品外观。

曲面造型是随着计算机技术和数学方法的不断发展而逐步产生和完善起来的。它是计算机辅助几何设计和计算机图形学的一项重要内容，主要研究在计算机图像系统的环境下对曲面的表达、创建、显示及分析等。

早在1963年，美国波音飞机公司的Ferguson首先提出将曲线曲面表示为参数的向量函数方法，并且引入了参数三次曲线，从此曲线曲面的参数化形式成为形状描述的标准形式。到了1971年，法国雷诺汽车公司的贝塞尔（Bezier）又提出了一种控制多边形设计曲线的新方法，这种方法可以很好地解决整体形状控制的问题，从而将曲线曲面的设计向前推进了一大步，然而贝塞尔方法仍然存在曲面连接问题和局部修改的问题。直到1975年，美国Syracuse大学的Versprille首次提出具有划时代意义的有理B样条方法（NURBS），NURBS方法可以精确表示二次规则曲线曲面，从而能用统一的数学形式表示规则曲面与自由曲面，这一方法的提出终于使非均匀有理B样条方案成为现代曲面造型中最为流行的曲面造型技术。

随着计算机图形技术及工业制造技术的不断发展，曲面造型技术在近几年得到了长足的发展与进步，这主要表现在以下几个方面。

（1）从研究领取看，曲面造型技术已经从传统的研究曲面表示、曲面求交和曲面拼接到曲面变形、曲面重建、曲面简化、曲面转换和曲面等距性等。

（2）从表示方法看，以网格细分为特征的离散造型方法得到了高度运用，这种曲面造型方法在生动逼真的特征动画和雕塑曲面的设计加工中具有独特优势。

（3）从曲面造型方法看，出现了很多新的曲面造型方法，例如基于物理模型的曲面造型方法、基于偏微积分方程的曲面造型方法、流曲线曲面造型方法等。

当今在 CAD/CAM 系统的曲面造型领域，有一些功能强大的软件系统，例如法国达索公司的 CATIA、SOLIDWORKS，德国西门子公司的 UG、Solidedge，美国 PTC 公司的 Creo，美国 SDRC 公司的 I-DEAS 等，它们各具特色与优势，在曲面造型领域都发挥着举足轻重的作用。

如今，人们对产品的使用远远超过了只要求性能符合需求的底线，在此基础上人们更愿意接受能在视觉上带来冲击的产品。在较为生硬的三维建模中，曲面扮演的就是让模型更活泼，甚至更具有装饰性的角色。不仅如此，在普通产品的设计中也对曲面的连续性提出了更高的要求，由原来的点连续提高到了相切连续甚至更高。在生活中，人们随处可见的电子产品、儿童玩具及办公用品等产品的设计中都可以见证曲面设计的必要性及重要性。

1.2　曲面造型的基本数学概念

曲面造型技术随着数学相关研究领域的不断深入而得到长足的发展，多种曲线、曲面被广泛应用。在具体学习曲面前我们有必要简单了解曲线与曲面的基础理论与构造方法，从而在概念和原理上有一个大致的了解。

1. 贝塞尔曲线与曲面

贝塞尔曲线与曲面是法国雷诺公司的贝塞尔在 1962 年提出的一种构造曲线曲面的方法，是一种三次曲线的形成原理，此曲线由 4 个位置向量 Q_0、Q_1、Q_2 与 Q_3 定义的曲线，通常将 Q_0，Q_1，…，Q_n 组成的多边形折线称为贝塞尔控制多边形，多边形的第 1 条折线和最后一条折线代表曲线的起点和终点方向，其他曲线用于定义曲线的阶次与形状。

2. B 样条曲线与曲面

B 样条曲线继承了贝塞尔曲线的优点，仍然采用特征多边形及权函数定义曲线，所不同的是权函数不采用伯恩斯坦基函数，而是采用 B 样条基函数。B 样条曲线与特征多边形十分接近，同时便于进行局部修改，与贝塞尔曲面生成过程类似，由 B 样条曲线可以非常容易推广到 B 样条曲面。

3. 非均匀有理 B 样条曲线与曲面（NURBS）

NURBS 是 Non-Uniform Rational B-Splines 的缩写，是非均匀有理 B 样条的意思。Non-Uniform 是指能够改变控制顶点的影响力范围。当创建一个不规则的曲面时，这一点非常重要，同样统一的曲线和曲面在透视投影下也不是无变化的，对于交互的三维模型来讲属于严重的缺陷。Rational 是指每个 NURBS 物体都可以用数学表达式来定义。B-Splines 是指用路径来构造一条曲线，在一个或更多的点之间以内差值替换。

NURBS 技术提供了对标准解析结合和自由曲线、曲面的统一数学描述方法，它可以通过调整控制顶点和因子方便地改变曲面的形状，同时也可以方便地转换对应的贝塞尔曲面，因此 NURBS 方法已经成为曲线、曲面建模中最为流行的技术。

4. NURBS 曲面的特性

NURBS 是用数学方式来描述形体，采用解析几何图形、曲线或曲面上任意一点都有其对应的坐标 (x,y,z)，所以具有高度的精密性，NURBS 曲面可以由任意曲线生成。

对于 NURBS 曲面来讲，剪切是不会对曲面的 UV 方向产生影响的，也就是说不会对网格产生影响，如图 1.1 所示。剪切前后网格不会发生实际上的改变，这也是通过剪切四边面来构造三边面或者五边面等多边面的基础理论原理。

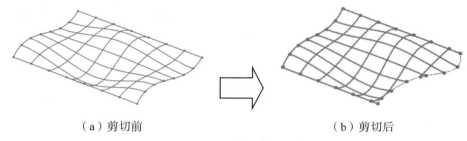

（a）剪切前　　　　　　　　　　　　　（b）剪切后

图 1.1　剪切曲面

5. 曲面连续性

Gn 用于表示两个几何对象间的实际连续程度，包括 G0、G1、G2 与 G3，G0 表示两个几何对象的位置是连续的，如图 1.2 所示。

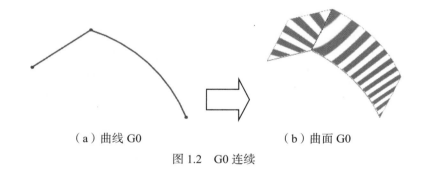

（a）曲线 G0　　　　　　　　　　　　（b）曲面 G0

图 1.2　G0 连续

G1 表示两个几何对象光滑连接，一阶微分连续，或者相切连续，如图 1.3 所示。

（a）曲线 G1　　　　　　　　　　　　（b）曲面 G1

图 1.3　G1 连续

G2 表示两个几何对象光滑连接，二阶微分连续，或者两个对象的曲率是连续的，如图 1.4 所示。

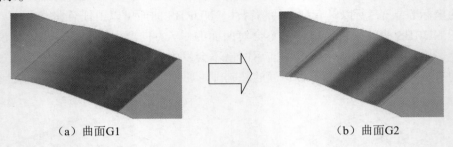

（a）曲面G1　　　　　　　　　　　　　　　（b）曲面G2

图 1.4　G2 连续

G3 表示两个几何对象光滑连接，三阶微分连续。

1.3　曲面光顺的控制技巧

一个美观的产品外形往往是光滑并且圆顺的。光滑的曲面从外表看流线顺畅，不会引起视觉上的凹凸感，从理论上是指具有微分连续、不存在奇点与多余拐点、曲率变化较小及应变较小等特点的曲面。要保证构造的曲面既光滑又能满足一定的精度要求，就必须掌握一定的曲面造型技巧，下面我们就对常用的曲面造型技巧进行介绍。

1. 区域划分，先局部再整体

对于一个产品的外形，用一个曲面去描述往往是不切实际和不可行的，这时就需要根据应用软件曲面造型方法，结合产品的外形特点，将其划分为多个区域来构造多个曲面，然后将它们缝合在一起，或者用过度面将其连接。如今三维 CAD 系统中的曲面几乎是定义在四边形区域上，也就是四边面居多，因此在划分区域时，应尽量将各个区域定义在四边区域内，即每个子面都有四条边。

2. 创建光滑曲面和光滑控制曲线是关键

控制曲线的光滑程度往往直接决定了曲面的品质。要想创建一条高质量的曲线可以从以下几方面控制：①曲率主方向尽可能一致；②曲线曲率需要大于圆角过度的半径值；③达到基本的精度要求。

在创建步骤上，首先利用投影、光顺等手段创建样条曲线，然后后期根据曲率图的显示来调整曲率变化明显的曲线段，从而达到光顺效果。也可以通过调整空间曲线的参数一致性或者生成足够多的曲线上的点，再通过这些点重新拟合曲线达到光顺的目的。

3. 光滑连接曲面片

曲面片的光滑连接应具备以下两个条件：①保证各连接面片具有公共边；②保证各曲面片的控制线连接光滑。第 2 条是保证曲面片连接光滑的必要条件，用户可以通过调整控制线的起点和终点约束条件，使其曲率或切线的接点处保证一致。

4. 还原曲面，再塑轮廓

一个曲面的曲面轮廓往往是已经被修剪过的，如果我们直接利用这些轮廓来构造曲面，则一般很难保证曲面的光滑性，所以具体造型时需要充分考虑零件的几何特点，利用延伸、投影等方法将三维空间轮廓线还原为二维轮廓线，并去除细节部分，然后还原出原始曲面，最后利用曲面的修剪工具获得理想的曲面外轮廓。

5. 注重实际，从模具角度考虑曲面质量

再漂亮的曲面造型，如果不注重实际的生产制造，则毫无用处。产品三维造型的最终目的是制造模具，产品零件大部分需要通过模具生产出来，因此在进行三维造型时，要从模具的角度考虑，在确定产品的出模方向后，应及时检查能否顺利出模，是否会出现倒扣现象（拔模角为负值），如果发现问题，则应对曲面进行修改或者重新构造曲面。

6. 随时检查，以及时修改

在进行曲面造型时，要随时检查所建曲面的状况，注意检查曲面是否光顺，以及有无扭曲、曲率变化等情况，以便及时修改。

检查曲面光滑程度的方法主要有以下两种：①对曲面进行高斯曲率分析，进而显示高斯曲率的彩色光栅图像，这样可以直观地了解曲面的光滑性情况；②对构造曲面进行渲染处理，可以通过透视、透明度和多重光源等处理手段产生高清晰的逼真彩色图像，再根据处理后图像的光亮度的分布规律来判断曲面的光滑度，如果图像明暗变化比较均匀，则曲面光滑性好。

1.4　SOLIDWORKS 常用曲面建模方法

在 SOLIDWORKS 中软件向用户提供了很多曲面建模的方法，下面介绍几种比较常见的曲面设计方法。

1. 拉伸曲面

将截面轮廓沿着给定的线性方向伸展所得到的曲面称为拉伸曲面，如图 1.5 所示。

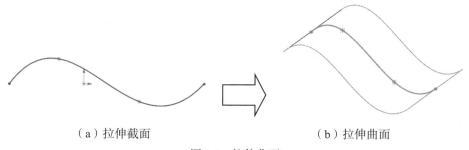

（a）拉伸截面　　　　　　　　　　（b）拉伸曲面

图 1.5　拉伸曲面

2. 旋转曲面

将截面轮廓绕着给定的中心轴旋转一定的角度所得到的曲面称为旋转曲面，如图 1.6 所示。

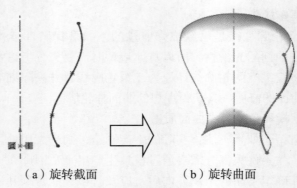

（a）旋转截面   （b）旋转曲面

图 1.6   旋转曲面

3. 扫描曲面

将截面轮廓沿着给定的曲线路径掠过所得到的曲面称为扫描曲面，如图 1.7 所示。

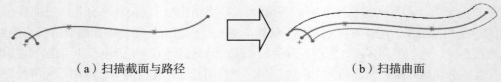

（a）扫描截面与路径   （b）扫描曲面

图 1.7   扫描曲面

4. 放样曲面

将一组不同的截面沿其边线用过渡曲面连接形成一个连续的曲面，这就是放样曲面，如图 1.8 所示。

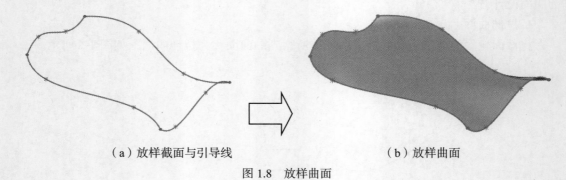

（a）放样截面与引导线   （b）放样曲面

图 1.8   放样曲面

5. 平面区域

使用非相交草图、一组闭合曲线或者多条共有平面分型线来创建平面曲面，如图 1.9 所示。

6. 填充曲面

在由边线、草图或者曲线所定义的边界内修补创建的曲面称为填充曲面，如图 1.10 所示。

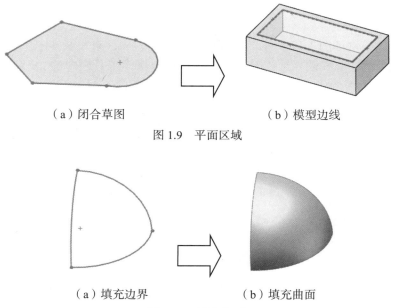

（a）闭合草图　　　　　　　　　（b）模型边线

图 1.9　平面区域

（a）填充边界　　　　　　　　　（b）填充曲面

图 1.10　填充曲面

7. 等距曲面

等距曲面就是将现有的面沿着某一方向移动一定的距离来创建新的曲面，如图 1.11 所示。

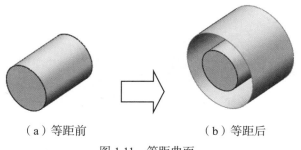

（a）等距前　　　　　　　　　（b）等距后

图 1.11　等距曲面

1.5　SOLIDWORKS 曲面设计的一般过程

使用 SOLIDWORKS 创建曲面模型一般会经历以下几个步骤。

（1）新建模型文件。

（2）搭建曲面线框。

（3）创建曲面。

（4）编辑曲面。

（5）曲面实体化。

接下来就以绘制如图 1.12 所示的吹风机外壳模型为例，向大家具体介绍。

步骤 1：新建一个零件三维模型文件。选择快速访问工具栏中的 □ 命令，在系统弹出的"新建 SOLIDWORKS 文件"对话框中选择 ⑤（零件），然后单击"确定"按钮进入零件设计环境。

步骤 2：绘制草图 1。单击 草图 功能选项卡中的 □ 草图绘制 按钮，在系统的提示下，选取"上视基准面"作为草图平面，绘制如图 1.13 所示的草图。

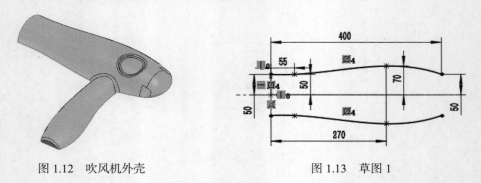

图 1.12　吹风机外壳　　　　　　　　　　图 1.13　草图 1

步骤 3：绘制草图 2。单击 草图 功能选项卡中的 □ 草图绘制 按钮，在系统的提示下，选取"右视基准面"作为草图平面，绘制如图 1.14 所示的草图。

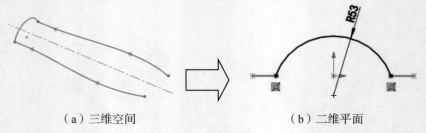

（a）三维空间　　　　　　　　　　（b）二维平面

图 1.14　草图 2

步骤 4：创建基准面 1。单击 特征 功能选项卡 下的 · 按钮，选择 ▥ 基准面 命令，选取右视基准面作为参考平面，在"基准面"对话框 文本框中输入间距值 90。单击 ✓ 按钮，完成基准面的定义，如图 1.15 所示。

步骤 5：绘制草图 3。单击 草图 功能选项卡中的 □ 草图绘制 按钮，在系统的提示下，选取"基准面 1"作为草图平面，绘制如图 1.16 所示的草图。

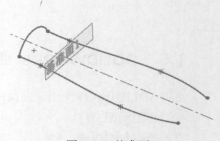

图 1.15　基准面 1

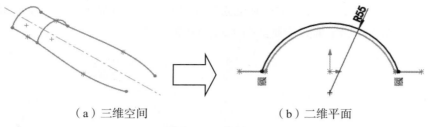

（a）三维空间　　　　　　　　（b）二维平面

图 1.16　草图 3

注意：草图 3 的两端与步骤 2 创建的草图 1 穿透重合。

步骤 6：创建基准面 2。单击 特征 功能选项卡

📖 下的 · 按钮，选择 📐 基准面 命令，选取右视基准
面作为参考平面，在"基准面"对话框 🔷 文本框中输
入间距值 270。单击 ✓ 按钮，完成基准面的定义，如
图 1.17 所示。

步骤 7：绘制草图 4。单击 草图 功能选项卡中的
📐 草图绘制 按钮，在系统的提示下，选取"基准面 2"作
为草图平面，绘制如图 1.18 所示的草图。

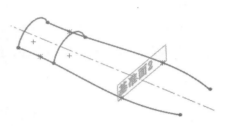

图 1.17　基准面 2

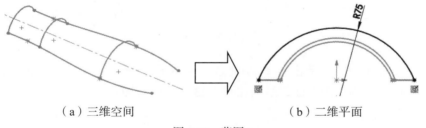

（a）三维空间　　　　　　　　（b）二维平面

图 1.18　草图 4

注意：草图 4 的两端与步骤 2 创建的草图 1 穿透重合。

步骤 8：创建基准面 3。单击 特征 功能选项卡 📖 下的 · 按钮，选择 📐 基准面 命令，选
取基准面 2 作为第一参考，选取如图 1.19 所示的端点作为第二参考。单击 ✓ 按钮，完成基
准面的定义，如图 1.20 所示。

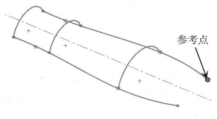

参考点

图 1.19　基准参考

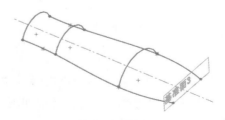

图 1.20　基准面 3

步骤9：绘制草图5。单击 草图 功能选项卡中的 草图绘制 按钮，在系统的提示下，选取"基准面3"作为草图平面，绘制如图1.21所示的草图。

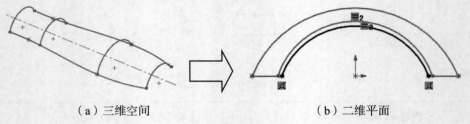

（a）三维空间   （b）二维平面

图1.21　草图5

步骤10：绘制草图6。单击 草图 功能选项卡中的 草图绘制 按钮，在系统的提示下，选取"上视基准面"作为草图平面，绘制如图1.22所示的草图。

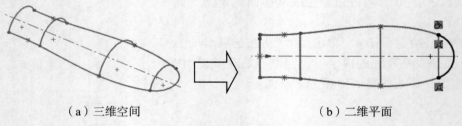

（a）三维空间   （b）二维平面

图1.22　草图6

步骤11：绘制草图7。单击 草图 功能选项卡中的 草图绘制 按钮，在系统的提示下，选取"上视基准面"作为草图平面，绘制如图1.23所示的草图。

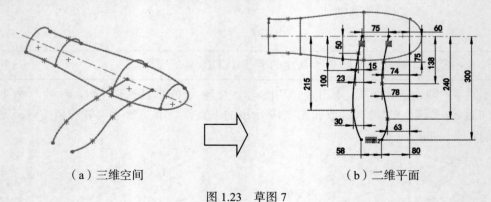

（a）三维空间   （b）二维平面

图1.23　草图7

步骤12：创建基准面4。单击 特征 功能选项卡 下的 按钮，选择 基准面 命令，选取前视基准面作为第一参考，选取如图1.24所示的端点作为第二参考。单击 ✓ 按钮，完成基准面的定义，如图1.25所示。

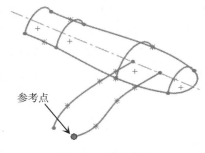

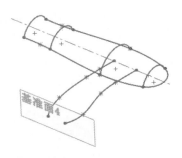

图 1.24　基准参考　　　　　　　　　　　　图 1.25　基准面 4

步骤 13：绘制草图 8。单击 草图 功能选项卡中的 [草图绘制] 按钮，在系统的提示下，选取"前视基准面"作为草图平面，绘制如图 1.26 所示的草图。

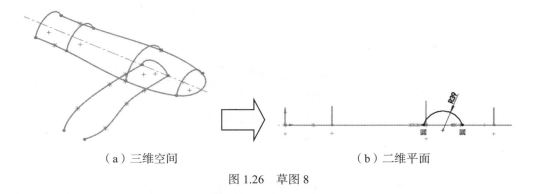

（a）三维空间　　　　　　　　　　　　（b）二维平面

图 1.26　草图 8

注意：草图 8 的两端与步骤 11 创建的草图 7 穿透重合。

步骤 14：绘制草图 9。单击 草图 功能选项卡中的 [草图绘制] 按钮，在系统的提示下，选取"基准面 4"作为草图平面，绘制如图 1.27 所示的草图。

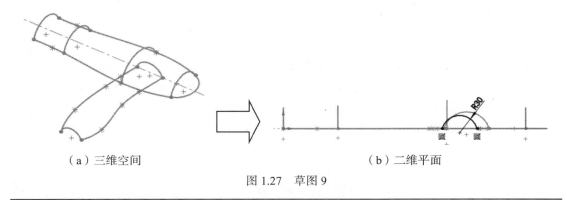

（a）三维空间　　　　　　　　　　　　（b）二维平面

图 1.27　草图 9

注意：草图 9 的两端与步骤 11 创建的草图 7 穿透重合。

步骤 15：绘制如图 1.28 所示的放样曲面 1。单击 [曲面] 功能选项卡中的 ▲ （放样曲面）按钮，在绘图区域依次选取草图 2、草图 3、草图 4 与草图 5 作为放样截面（注意起始位置的控制）；在"曲面放样"对话框中激活 [引导线(G)] 区域的文本框，然后在绘图区域中依次选取如图 1.29 所示的引导线 1 与引导线 2；单击"曲面放样"对话框中的 ✓ 按钮，完成放样曲面的创建。

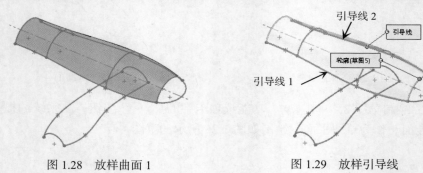

图 1.28 放样曲面 1 　　　　　　　图 1.29 放样引导线

步骤 16：绘制如图 1.30 所示的放样曲面 2。单击 [曲面] 功能选项卡中的 ▲ （放样曲面）按钮，在绘图区域依次选取如图 1.31 所示的曲面边线与草图 6 作为放样截面（注意起始位置的控制）；在"曲面放样"对话框中 [开始/结束约束(C)] 区域的 [开始约束(S):] 下拉列表中选择"与面相切"类型，在 [结束约束(E):] 下拉列表中选择"垂直于轮廓"类型；单击"曲面放样"对话框中的 ✓ 按钮，完成放样曲面的创建。

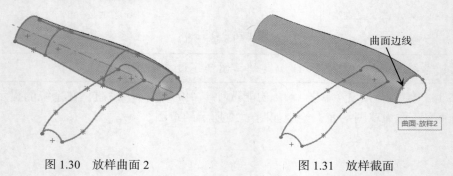

图 1.30 放样曲面 2 　　　　　　　图 1.31 放样截面

步骤 17：绘制如图 1.32 所示的放样曲面 3。单击 [曲面] 功能选项卡中的 ▲ （放样曲面）按钮，在绘图区域依次选取草图 8 与草图 9 作为放样截面（注意起始位置的控制）；在"曲面放样"对话框中激活 [引导线(G)] 区域的文本框，然后在绘图区域中依次选取如图 1.33 所示的引导线 1 与引导线 2；单击"曲面放样"对话框中的 ✓ 按钮，完成放样曲面的创建。

步骤 18：绘制草图 10。单击 [草图] 功能选项卡中的 ⌐ [草图绘制] 按钮，在系统的提示下，选取"基准面 4"作为草图平面，绘制如图 1.34 所示的草图。

步骤 19：绘制如图 1.35 所示的平面区域。单击 [曲面] 功能选项卡中的 ▦ [平面区域] 按钮，在系统的提示下选取步骤 18 创建的草图 10 作为参考；单击"曲面基准面"对话框中的 ✓ 按钮，完成平面区域的创建。

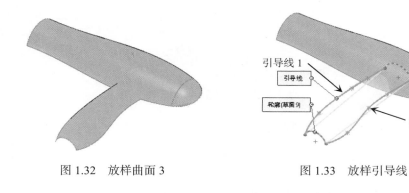

图 1.32　放样曲面 3　　　　　　　图 1.33　放样引导线

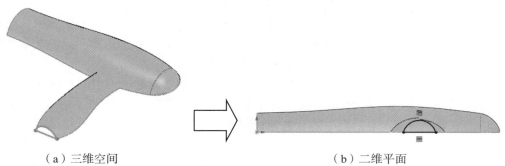

（a）三维空间　　　　　　　　　　（b）二维平面

图 1.34　草图 10

步骤 20：绘制如图 1.36 所示的剪裁曲面 1。

单击 曲面 功能选项卡中的 剪裁曲面 按钮，在 剪裁类型(T) 区域选中 相互(M) 类型，选取放样曲面 1 与放样曲面 3 作为剪裁参考，选中 保留选择(K) 单选项，选取如图 1.37 所示的面作为要保留的面，单击"剪裁曲面"对话框中的 ✓ 按钮，完成剪裁曲面的创建。

步骤 21：绘制草图 11。单击 草图 功能选项卡中的 草图绘制 按钮，在系统的提示下，选取"上视基准面"作为草图平面，绘制如图 1.38 所示的草图。

图 1.35　平面区域

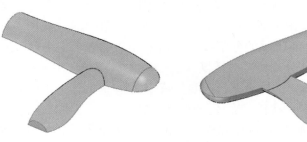

图 1.36　剪裁曲面 1

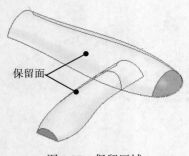

保留面

图 1.37 保留区域

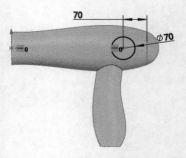

图 1.38 草图 11

步骤 22：绘制如图 1.39 所示的分割线。单击 特征 功能选项卡 ↻ 下的 · 按钮，选择 分割线 命令，系统会弹出"分割线"对话框，在 分割类型⑪ 区域中选中 ⊙投影⑰ 单选项，在系统 更改类型或选择要投影的草图、方向和分割的面。 的提示下，选取步骤 21 创建的圆作为投影对象，选取放样曲面 1 作为要分割的面，单击 ✔ 按钮，完成分割线的创建。

步骤 23：绘制如图 1.40 所示的等距曲面。单击 曲面 功能选项卡中的 等距曲面 按钮，在系统的提示下选取如图 1.41 所示的面作为等距参考，在"距离"文本框中输入 5（方向向内），单击"等距曲面"对话框中的 ✔ 按钮，完成等距曲面的创建。

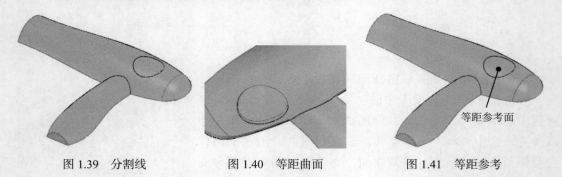

等距参考面

图 1.39 分割线　　　　图 1.40 等距曲面　　　　图 1.41 等距参考

步骤 24：绘制如图 1.42 所示的删除面。单击 曲面 功能选项卡中的 删除面 按钮，在系统的提示下选取如图 1.41 所示的面作为参考，选中"选项"区域中的 ⊙删除 单选项，单击"删除面"对话框中的 ✔ 按钮，完成删除面的操作。

步骤 25：绘制草图 12。单击 草图 功能选项卡中的 草图绘制 按钮，在系统的提示下，选取"上视基准面"作为草图平面，绘制如图 1.43 所示的草图。

步骤 26：绘制如图 1.44 所示的分割线。单击 特征 功能选项卡 ↻ 下的 · 按钮，选择 分割线 命令，系统会弹出"分割线"对话框，在 分割类型⑪ 区域中选中 ⊙投影⑰ 单选项，在系统 更改类型或选择要投影的草图、方向和分割的面。 的提示下，选取步骤 25 创建的圆作为投影对象，选取曲面等距 1 作为要分割的面，单击 ✔ 按钮，完成分割线的创建。

步骤 27：绘制如图 1.45 所示的删除面。单击 曲面 功能选项卡中的 删除面 按钮，在系统的提示下选取如图 1.44 所示的面作为参考，选中"选项"区域中的 ⊙删除 单选项，单击

"删除面"对话框中的 ✓ 按钮，完成删除面的操作。

　　步骤28：绘制如图1.46所示的放样曲面4。单击 曲面 功能选项卡中的 ⬇ 按钮，在绘图区域依次选取如图1.47所示的曲面边线1与曲面边线2作为放样截面；在"曲面放样"对话框中 开始/结束约束(C) 区域的 开始约束(S) 与 结束约束(E) 下拉列表中均选择"无"类型；单击"放样曲面"对话框中的 ✓ 按钮，完成放样曲面的创建。

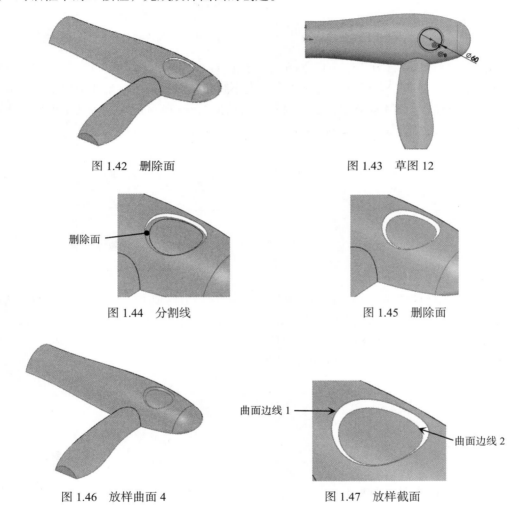

图1.42　删除面　　　　　　　　　　　　　图1.43　草图12

图1.44　分割线　　　　　　　　　　　　　图1.45　删除面

图1.46　放样曲面4　　　　　　　　　　　图1.47　放样截面

　　步骤29：创建缝合曲面1。单击 曲面 功能选项卡中的 🗐（缝合曲面）按钮，选取所有曲面作为要缝合的对象；单击"缝合曲面"对话框中的 ✓ 按钮，完成缝合曲面的创建。

　　步骤30：创建如图1.48所示的倒圆角1。单击 特征 功能选项卡 🗐 下的 ⋯ 按钮，选择 🗐 圆角 命令，在"圆角"对话框中选择"固定大小圆角" 🗐 类型，在系统的提示下选取如图1.49所示的边线作为圆角对象，在"圆角"对话框的 圆角参数 区域中的 ⟪ 文本框中输入圆角半径值5，单击 ✓ 按钮，完成倒圆角的定义。

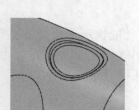

图 1.48　倒圆角 1

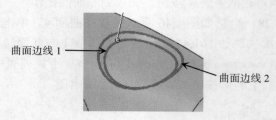

曲面边线 1

曲面边线 2

图 1.49　倒圆边线

步骤 31：创建如图 1.50 所示的倒圆角 2。单击 特征 功能选项卡 🔷 下的 · 按钮，选择 🔷 圆角 命令，在"圆角"对话框中选择"固定大小圆角" 🔷 类型，在系统的提示下选取如图 1.51 所示的边线作为圆角对象，在"圆角"对话框的 圆角参数 区域中的 🗝 文本框中输入圆角半径值 10，单击 ✓ 按钮，完成倒圆角的定义。

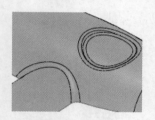

图 1.50　倒圆角 2

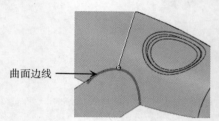

曲面边线

图 1.51　倒圆边线

步骤 32：创建如图 1.52 所示的倒圆角 3。单击 特征 功能选项卡 🔷 下的 · 按钮，选择 🔷 圆角 命令，在"圆角"对话框中选择"固定大小圆角" 🔷 类型，在系统的提示下选取如图 1.53 所示的边线作为圆角对象，在"圆角"对话框的 圆角参数 区域中的 🗝 文本框中输入圆角半径值 5，单击 ✓ 按钮，完成倒圆角的定义。

图 1.52　倒圆角 3

曲面边线

图 1.53　倒圆边线

步骤 33：创建如图 1.54 所示的拉伸曲面 1。单击 曲面 功能选项卡中的 🔷 按钮，在系统的提示下选取"上视基准面"作为草图平面，绘制如图 1.55 所示的截面草图；在"拉伸曲面"对话框 方向 1(1) 区域的下拉列表中选择 给定深度，输入深度值 47；单击 ✓ 按钮，完成拉伸曲面 1 的创建。

步骤 34：绘制如图 1.56 所示的剪裁曲面 2。单击 曲面 功能选项卡中的 🔷 剪裁曲面 按钮，在 剪裁类型(T) 区域选中 ⦿ 标准(D) 类型，选取如图 1.56 所示的曲面作为剪裁工具，选中 ⦿ 保留选择(K)

单选项，选取如图 1.57 所示的面作为要保留的面，单击"曲面基准面"对话框中的 ✓ 按钮，完成剪裁曲面的创建。

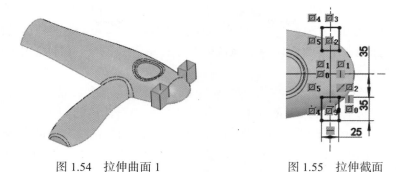

图 1.54　拉伸曲面 1　　　　　　　　　图 1.55　拉伸截面

步骤 35：参考步骤 34 创建如图 1.58 所示的剪裁曲面 3。

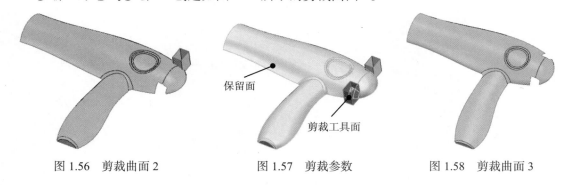

保留面

剪裁工具面

图 1.56　剪裁曲面 2　　　　　图 1.57　剪裁参数　　　　　图 1.58　剪裁曲面 3

步骤 36：绘制草图 13。单击 草图 功能选项卡中的 ▭ 草图绘制 按钮，在系统的提示下，选取"上视基准面"作为草图平面，绘制如图 1.59 所示的草图。

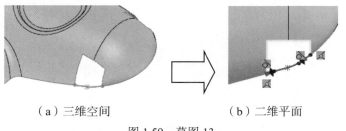

（a）三维空间　　　　　　　　　（b）二维平面

图 1.59　草图 13

步骤 37：绘制如图 1.60 所示的放样曲面 5。单击 曲面 功能选项卡中的 ▮（放样曲面）按钮，在绘图区域依次选取如图 1.61 所示的曲面边线 1 与曲面边线 2 作为放样截面；在"放样曲面"对话框中激活 引导线(G) 区域的文本框，然后在绘图区域中依次选取如图 1.61 所示的引导线 1 与引导线 2；在"放样曲面"对话框中 开始/结束约束(C) 区域的 开始约束(S): 与 结束约束(E): 下拉列表中均选择"与面相切"类型，在 引导线(G) 区域选中引导线 1，在约束下拉列表中选择"与面相切"类型；单击"放样曲面"对话框中的 ✓ 按钮，完成放样曲面的创建。

步骤38：创建如图1.62所示的镜像1。选择 特征 功能选项卡中的 镜像 命令，选取"前视基准面"作为镜像中心平面，在"镜像"对话框中激活 要镜像的实体(B) 区域，然后在绘图区域选取步骤37创建的放样曲面作为要镜像的对象；单击"镜像"对话框中的 ✓ 按钮，完成镜像特征的创建。

步骤39：创建缝合曲面2。单击 曲面 功能选项卡中的 按钮，选取所有曲面作为要缝合的对象；单击"缝合曲面"对话框中的 ✓ 按钮，完成缝合曲面的创建。

步骤40：创建如图1.63所示的加厚曲面。单击 曲面 功能选项卡中的 加厚 按钮，选取整个曲面作为要加厚的对象，在 厚度 区域将方向设置为 （双向），在 输入厚度值2；单击"加厚"对话框中的 ✓ 按钮，完成加厚的创建。

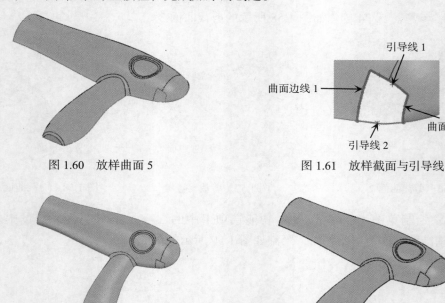

图1.60　放样曲面5　　　　　　　　　图1.61　放样截面与引导线

图1.62　镜像1　　　　　　　　　　　图1.63　加厚曲面

步骤41：创建如图1.64所示的切除-拉伸。单击 特征 功能选项卡中的 按钮，在系统的提示下选取"前视基准面"作为草图平面，绘制如图1.65所示的截面草图；在"切除-拉伸"对话框 方向1(1) 区域的下拉列表中选择 完全贯穿-两者 ；单击 ✓ 按钮，完成切除-拉伸的创建。

步骤42：保存文件。选择"快速访问工具栏"中的 保存(S) 命令，系统会弹出"另存为"对话框，在 文件名(N): 文本框中输入"吹风机外壳"，单击"保存"按钮，完成保存操作。

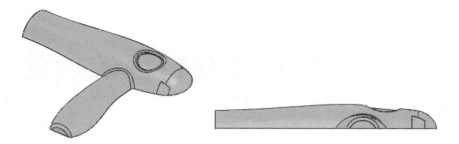

图 1.64　切除 - 拉伸

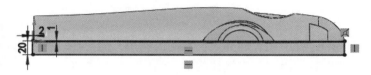

图 1.65　截面草图

第2章 曲面基准特征的创建

基准特征在建模的过程中主要起到定位参考的作用，需要注意基准特征并不能帮助我们得到某个具体的实体结构，虽然基准特征并不能帮助我们得到某个具体的实体结构，但是在创建模型中的很多实体结构时，如果没有合适的基准特征，则将很难或者不能完成结构的具体创建，例如创建如图2.1所示的模型，该模型有一个倾斜结构，要想得到这个倾斜结构，就需要创建一个倾斜的基准平面。

基准特征在 SOLIDWORKS 中主要包括基准面、基准轴、基准点及基准坐标系。这些几何元素可以作为创建其他几何体的参照，在创建零件中的一般特征、曲面及装配时起到了非常重要的作用。

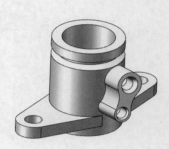

图 2.1　基准特征

2.1　基准面

基准面也称为基准平面，在创建一般特征时，如果没有合适的平面了，就可以自己创建出一个基准平面，此基准平面可以作为特征截面的草图平面来使用，也可以作为参考平面来使用，基准平面是一个无限大的平面，在 SOLIDWORKS 中为了查看方便，基准平面的显示大小可以自己调整。在 SOLIDWORKS 中，软件向我们提供了很多种创建基准平面的方法，接下来就对一些常用的创建方法进行具体介绍。

1. 平行且有一定间距创建基准面

通过平行且有一定间距创建基准面需要提供一个平面参考，新创建的基准面与所选参考面平行，并且有一定的间距值。下面以创建如图2.2所示的模型为例介绍平行且有一定间距创建基准面的一般创建方法。

步骤1：新建一个零件三维模型文件。选择快速访问工具栏中的 □· 命令，在系统弹出的"新建 SOLIDWORKS 文件"对话框中选择"零件"，然后单击"确定"按钮进入零件设计环境。

18min

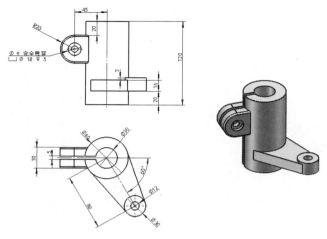

图 2.2 平行且有一定间距基准面

步骤 2：创建如图 2.3 所示的凸台 - 拉伸 1。单击 特征 功能选项卡中的 按钮，在系统的提示下选取"上视基准面"作为草图平面，绘制如图 2.4 所示的截面草图；在"凸台 - 拉伸"对话框 方向1(1) 区域的下拉列表中选择 给定深度，输入深度值 120；单击 ✓ 按钮，完成凸台 - 拉伸 1 的创建。

图 2.3 凸台 - 拉伸 1

图 2.4 截面草图

步骤 3：创建如图 2.5 所示的凸台 - 拉伸 2。单击 特征 功能选项卡中的 按钮，在系统的提示下选取"前视基准面"作为草图平面，绘制如图 2.6 所示的截面草图；在"凸台 - 拉伸"对话框 方向1(1) 区域的下拉列表中选择 两侧对称，输入深度值 30；单击 ✓ 按钮，完成凸台 - 拉伸 2 的创建。

步骤 4：创建基准面 1。单击 特征 功能选项卡 下的 按钮，选择 基准面 命令，选取"上视基准面"作为参考平面，在"基准面"对话框 文本框中输入间距值 20（方向向上）。单击 ✓ 按钮，完成基准面的定义，如图 2.7 所示。

步骤 5：创建如图 2.8 所示的凸台 - 拉伸 3。单击 特征 功能选项卡中的 按钮，在系统的提示下选取"基准面 1"作为草图平面，绘制如图 2.9 所示的截面草图；在"凸台 - 拉伸"对话框 **方向1(1)** 区域的下拉列表中选择 给定深度 ，输入深度值 16（方向向上）；单击 ✓ 按钮，完成凸台 - 拉伸 3 的创建。

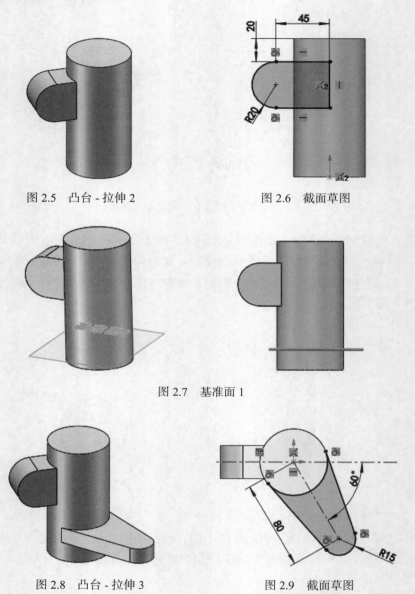

图 2.5　凸台 - 拉伸 2　　　　　　　　　图 2.6　截面草图

图 2.7　基准面 1

图 2.8　凸台 - 拉伸 3　　　　　　　　　图 2.9　截面草图

步骤 6：创建如图 2.10 所示的凸台 - 拉伸 4。单击 特征 功能选项卡中的 🔧 按钮，在系统的提示下选取如图 2.10 所示的模型表面作为草图平面，绘制如图 2.11 所示的截面草图；在"凸台 - 拉伸"对话框 **方向1(1)** 区域的下拉列表中选择 给定深度 ，输入深度值 3（方向向上）；单击 ✓ 按钮，完成凸台 - 拉伸 4 的创建。

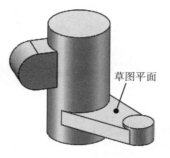

图2.10　凸台-拉伸4

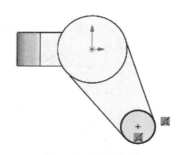

图2.11　截面草图

步骤7：创建如图2.12所示的孔1。单击 特征 功能选项卡 ⊚ 下的 · 按钮，选择 ⊚ 异型孔向导 命令，在"孔规格"对话框中单击 ⬚ 位置 选项卡，选取如图2.12所示的模型表面作为打孔平面，捕捉如图2.12所示圆弧的圆心作为参考点，以确定打孔的位置，在"孔位置"对话框中单击 ⬚ 类型 选项卡，在 孔类型(T) 区域中选中"柱形沉头孔" 🔘 ，在 标准 下拉列表中选择GB，在 类型 下拉列表中选择 内六角花形圆柱头螺钉 GB/T 61! 类型，在"孔规格"对话框中 孔规格 区域的 大小 下拉列表中选择"M8"，选中 ☑ 显示自定义大小(Z) 复选框，设置如图2.13所示的参数，在 终止条件(C) 区域的下拉列表中选择"完全贯穿"，单击 ✔ 按钮完成孔的创建。

图2.12　孔1

🔧	9.000mm
🔧	18.000mm
🔧	5.000mm

图2.13　孔参数

步骤8：创建如图2.14所示的孔2。单击 特征 功能选项卡 ⊚ 下的 · 按钮，选择 ⊚ 异型孔向导 命令，在"孔规格"对话框中单击 ⬚ 位置 选项卡，选取如图2.14所示的模型表面作为打孔平面，捕捉如图2.14所示圆弧的圆心作为参考点，以确定打孔的位置，在"孔位置"对话框中单击 ⬚ 类型 选项卡，在 孔类型(T) 区域中选中"孔" 🔘 ，在 标准 下拉列表中选择GB，在 类型 下拉列表中选择"暗销孔"类型，在"孔规格"对话框中 孔规格 区域选中 ☑ 显示自定义大小(Z) 复选框，在 🔧 文本框中输入孔的直径值30，在 终止条件(C) 区域的下拉列表中选择"完全贯穿"，单击 ✔ 按钮完成孔的创建。

步骤9：创建如图2.15所示的孔3。单击 特征 功能选项卡 ⊚ 下的 · 按钮，选择 ⊚ 异型孔向导 命令，在"孔规格"对话框中单击 ⬚ 位置 选项卡，选取如图2.15所示的模型表面作为打孔平面，捕捉如图 2.15 所示圆弧的圆心作为参考点，以确定打孔的位置，在"孔位置"对话框中单击 类型 选项卡，在 孔类型(T) 区域中选中"孔" ⬛，在 标准 下拉列表中选择 GB，在 类型 下拉列表中选择"暗销孔"类型，在"孔规格"对话框中 孔规格 区域选中 ☑显示自定义大小(Z) 复选框，在 ⬛ 文本框中输入孔的直径值 12，在 终止条件(C) 区域的下拉列表中选择"完全贯穿"，单击 ✓ 按钮完成孔的创建。

图 2.14　孔 2

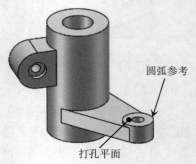

图 2.15　孔 3

步骤 10：创建如图 2.16 所示的切除 - 拉伸 1。单击 特征 功能选项卡中的 ⬛ 按钮，在系统的提示下选取如图 2.16 所示的模型表面作为草图平面，绘制如图 2.17 所示的截面草图；在"切除 - 拉伸"对话框 方向 1(1) 区域的下拉列表中选择 完全贯穿 ，在 薄壁特征(T) 区域的下拉列表中选择 两侧对称 类型，在厚度文本框中输入 5；单击 ✓ 按钮，完成切除 - 拉伸的创建。

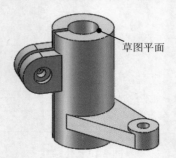

图 2.16　切除 - 拉伸 1

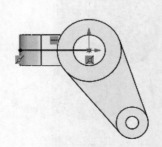

图 2.17　截面草图

步骤 11：创建如图 2.18 所示的倒圆角 1。单击 特征 功能选项卡 ⬛ 下的 ⌄ 按钮，选择 ⬛圆角 命令，在"圆角"对话框中选择"固定大小圆角" ⬛ 类型，在系统的提示下选取如图 2.19 所示的边线作为圆角对象，在"圆角"对话框的 圆角参数 区域中的 ⬉ 文本框中输入圆角半径值 2，单击 ✓ 按钮，完成倒圆角的定义。

2. 通过轴与面成一定角度创建基准面

通过轴与面有一定角度创建基准面需要提供一个平面参考与一个轴参考，新创建的基准面通过所选的轴，并且与所选面成一定的夹角；下面以创建如图 2.20 所示的基准面为例介绍通过轴与面有一定角度创建基准面的一般创建方法。

▶ 16min

图 2.18   倒圆角 1

图 2.19   倒圆边线

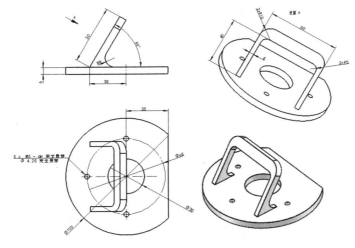

图 2.20   通过轴与面成一定角度创建基准面

步骤 1：新建一个零件三维模型文件。选择快速访问工具栏中的 命令，在系统弹出的 "新建 SOLIDWORKS 文件" 对话框中选择 "零件"，然后单击 "确定" 按钮进入零件设计环境。

步骤 2：创建如图 2.21 所示的凸台 - 拉伸 1。单击 特征 功能选项卡中的 按钮，在系统的提示下选取 "上视基准面" 作为草图平面，绘制如图 2.22 所示的截面草图；在 "凸台 - 拉伸" 对话框 方向 1(1) 区域的下拉列表中选择 给定深度，输入深度值 6；单击 ✓ 按钮，完成凸台 - 拉伸 1 的创建。

图 2.21   凸台 - 拉伸 1

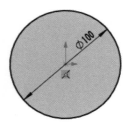

图 2.22   截面草图

步骤3：绘制草图1。单击 草图 功能选项卡中的 □ 草图绘制 按钮，在系统的提示下，选取模型上表面作为草图平面，绘制如图2.23所示的草图。

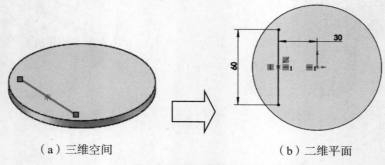

（a）三维空间　　　　　　　　（b）二维平面

图2.23　草图1

步骤4：创建基准面1。单击 特征 功能选项卡 🖋 下的 · 按钮，选择 📄基准面 命令，选取步骤3创建的直线作为轴的参考，采用系统默认的"重合" ⊼ 类型，选取圆柱上表面作为参考平面，在 第二参考 区域中单击🔯，输入角度值60，在"基准面"对话框中单击 ✓ 按钮，完成基准面的定义，如图2.24所示。

步骤5：创建如图2.25所示的凸台-拉伸2。单击 特征 功能选项卡中的 🗊 按钮，在系统的提示下选取"基准面1"作为草图平面，绘制如图2.26所示的截面草图；在"凸台-拉伸"对话框 方向1(1) 区域的下拉列表中选择 给定深度，输入深度值6，单击↗按钮使方向朝向实体；单击 ✓ 按钮，完成凸台-拉伸2的创建。

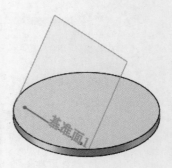

图2.24　基准面1

图2.25　凸台-拉伸2

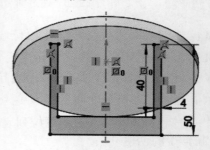

图2.26　截面草图

步骤6：创建如图2.27所示的切除-拉伸1。单击 特征 功能选项卡中的 🗊 按钮，在系统的提示下选取模型上表面作为草图平面，绘制如图2.28所示的截面草图；在"切除-拉伸"对话框 方向1(1) 区域的下拉列表中选择 完全贯穿-两者；单击 ✓ 按钮，完成切除-拉伸的创建。

步骤7：创建如图2.29所示的孔1。单击 特征 功能选项卡 🕳 下的 · 按钮，选择命令，在"孔规格"对话框中单击 位置 选项卡，选取如图 2.29 所示的模型表面作为打孔平面，捕捉如图 2.29 所示圆弧的圆心作为参考点，以确定打孔的位置，在"孔位置"对话框中单击 类型 选项卡，在 孔类型(T) 区域中选中"孔 "，在 标准 下拉列表中选择 GB，在 类型 下拉列表中选择"暗销孔"类型，在"孔规格"对话框中 孔规格 区域选中 ☑显示自定义大小(I) 复选框，在 文本框中输入孔的直径值 30，在 终止条件(C) 区域的下拉列表中选择"完全贯穿"，单击 ✓ 按钮完成孔的创建。

图 2.27 切除 - 拉伸 1

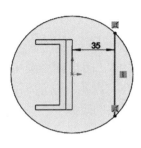

图 2.28 截面草图

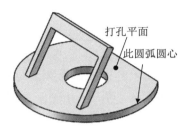

图 2.29 孔 1

步骤 8：创建如图 2.30 所示的孔 2。单击 特征 功能选项卡 下的 按钮，选择 异型孔向导 命令，在"孔规格"对话框中单击 位置 选项卡，选取如图 2.30 所示的模型表面作为打孔平面，在打孔面上的任意位置单击（单击 3 个点），以确定打孔的初步位置，在"孔位置"对话框中单击 类型 选项卡，在 孔类型(T) 区域中选中"直螺纹孔 "，在 标准 下拉列表中选择 GB，在 类型 下拉列表中选择 底部螺纹孔 类型，在"孔规格"对话框中 孔规格 区域的 大小 下拉列表中选择"M5"，在 终止条件(C) 区域的下拉列表中均选择"完全贯穿"，单击 ✓ 按钮完成孔的初步创建，在设计树中右击 M5 螺纹孔1 下的定位草图，选择 命令，系统进入草图环境，将约束添加至如图 2.31 所示的效果，单击 按钮完成定位。

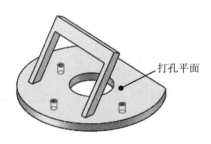

图 2.30 孔 2

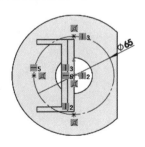

图 2.31 精确定位

步骤 9：创建如图 2.32 所示的倒圆角 1。单击 特征 功能选项卡 下的 按钮，选择 圆角 命令，在"圆角"对话框中选择"固定大小圆角 "类型，在系统的提示下选取如图 2.33 所示的边线作为圆角对象，在"圆角"对话框的 圆角参数 区域中的 文本框中输入圆角半径值 5，单击 ✓ 按钮，完成圆角的定义。

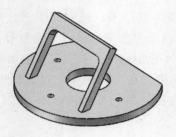

图 2.32　倒圆角 1

图 2.33　倒圆边线

步骤 10：创建如图 2.34 所示的倒圆角 2。单击 特征 功能选项卡 ⬡ 下的 · 按钮，选择 ⬡圆角 命令，在"圆角"对话框中选择"固定大小圆角" ⬡ 类型，在系统的提示下选取如图 2.35 所示的边线作为圆角对象，在"圆角"对话框的 圆角参数 区域中的 ⬉ 文本框中输入圆角半径值 10，单击 ✓ 按钮，完成倒圆角的定义。

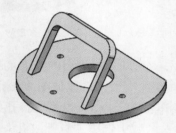

图 2.34　倒圆角 2

图 2.35　倒圆边线

步骤 11：创建如图 2.36 所示的倒圆角 3。单击 特征 功能选项卡 ⬡ 下的 · 按钮，选择 ⬡圆角 命令，在"圆角"对话框中选择"固定大小圆角" ⬡ 类型，在系统的提示下选取如图 2.37 所示的边线作为圆角对象，在"圆角"对话框的 圆角参数 区域中的 ⬉ 文本框中输入圆角半径值 8，单击 ✓ 按钮，完成倒圆角的定义。

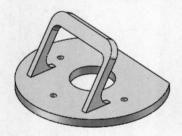

图 2.36　倒圆角 3

图 2.37　倒圆边线

3. 垂直于曲线创建基准面

垂直于曲线创建基准面需要提供曲线参考与一个点的参考，一般情况下点是曲线端点或者曲线上的点，新创建的基准面通过所选的点，并且与所选曲线垂直；下面以创建如图 2.38 所示的基准面为例介绍垂直于曲线创建基准面的一般创建方法。

▷ 16min

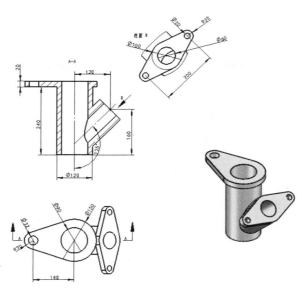

图 2.38　垂直于曲线创建基准面

步骤 1：新建一个零件三维模型文件。选择快速访问工具栏中的 命令，在系统弹出的"新建 SOLIDWORKS 文件"对话框中选择"零件"，然后单击"确定"按钮进入零件设计环境。

步骤 2：创建如图 2.39 所示的凸台 - 拉伸 1。单击 特征 功能选项卡中的 按钮，在系统的提示下选取"上视基准面"作为草图平面，绘制如图 2.40 所示的截面草图；在"凸台 - 拉伸"对话框 方向1(1) 区域的下拉列表中选择 给定深度，输入深度值 240；单击 ✔ 按钮，完成凸台 - 拉伸 1 的创建。

图 2.39　凸台 - 拉伸 1

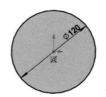

图 2.40　截面草图

步骤 3：绘制草图 1。单击 草图 功能选项卡中的 草图绘制 按钮，在系统的提示下，选取"前视基准面"作为草图平面，绘制如图 2.41 所示的草图。

步骤 4：创建基准面 1。单击 特征 功能选项卡 下的 按钮，选择 基准面 命令，选取步骤 3 创建的直线的右上角端点作为参考，采用系统默认的"重合" 类型，选取步骤 3 创建的直线作为曲线参考，采用系统默认的 （垂直）类型，在"基准面"对话框中单击 ✔ 按钮，完成基准面的定义，如图 2.42 所示。

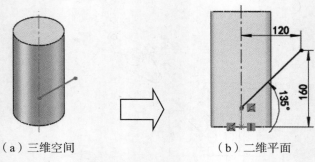

（a）三维空间   （b）二维平面

图 2.41　草图 1

步骤 5：创建如图 2.43 所示的凸台 - 拉伸 2。单击 特征 功能选项卡中的 ▣ 按钮，在系统的提示下选取"基准面 1"作为草图平面，绘制如图 2.44 所示的截面草图；在"凸台 - 拉伸"对话框 方向1(1) 区域的下拉列表中选择 成形到面 ，选取步骤 2 创建的拉伸的圆柱外表面作为参考；单击 ✔ 按钮，完成凸台 - 拉伸 2 的创建。

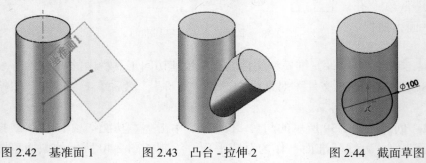

图 2.42　基准面 1   图 2.43　凸台 - 拉伸 2   图 2.44　截面草图

步骤 6：创建如图 2.45 所示的凸台 - 拉伸 3。单击 特征 功能选项卡中的 ▣ 按钮，在系统的提示下选取凸台 - 拉伸 1 的上表面作为草图平面，绘制如图 2.46 所示的截面草图；在"凸台 - 拉伸"对话框 方向1(1) 区域的下拉列表中选择 给定深度 ，输入深度值 30；单击 ✔ 按钮，完成凸台 - 拉伸 3 的创建。

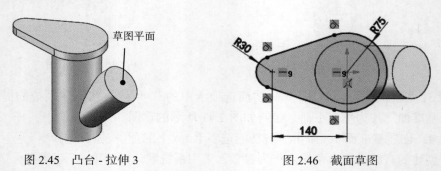

图 2.45　凸台 - 拉伸 3   图 2.46　截面草图

步骤 7：创建如图 2.47 所示的凸台 - 拉伸 4。单击 特征 功能选项卡中的 ▣ 按钮，在系统的提示下选取如图 2.45 所示的模型表面作为草图平面，绘制如图 2.48 所示的截面草图；

在"凸台 - 拉伸"对话框 方向1(1) 区域的下拉列表中选择 给定深度，输入深度值 20，单击 ↗ 按钮使方向向内；单击 ✓ 按钮，完成凸台 - 拉伸 4 的创建。

图 2.47　凸台 - 拉伸 4

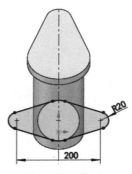

图 2.48　截面草图

步骤 8：创建如图 2.49 所示的孔 1。单击 特征 功能选项卡 ⊚ 下的 · 按钮，选择 ⊚ 异型孔向导 命令，在"孔规格"对话框中单击 ⛇ 位置 选项卡，选取如图 2.49 所示的模型表面作为打孔平面，捕捉如图 2.49 所示圆弧的圆心作为参考点，以确定打孔的位置，在"孔位置"对话框中单击 ⛇ 类型 选项卡，在 孔类型(T) 区域中选中"孔" ▯，在 标准 下拉列表中选择 GB，在 类型 下拉列表中选择"暗销孔"类型，在"孔规格"对话框中 孔规格 区域选中 ☑ 显示自定义大小(Z) 复选框，在 ⬓ 文本框中输入孔的直径 90，在 终止条件(C) 区域的下拉列表中选择"完全贯穿"，单击 ✓ 按钮完成孔的创建。

步骤 9：创建如图 2.50 所示的孔 2。单击 特征 功能选项卡 ⊚ 下的 · 按钮，选择 ⊚ 异型孔向导 命令，在"孔规格"对话框中单击 ⛇ 位置 选项卡，选取如图 2.50 所示的模型表面作为打孔平面，捕捉如图 2.50 所示圆弧的圆心作为参考点，以确定打孔的位置，在"孔位置"对话框中单击 ⛇ 类型 选项卡，在 孔类型(T) 区域中选中"孔" ▯，在 标准 下拉列表中选择 GB，在 类型 下拉列表中选择"暗销孔"类型，在"孔规格"对话框中 孔规格 区域选中 ☑ 显示自定义大小(Z) 复选框，在 ⬓ 文本框中输入孔的直径值 32，在 终止条件(C) 区域的下拉列表中选择"完全贯穿"，单击 ✓ 按钮完成孔的创建。

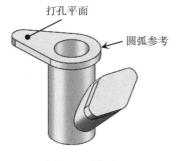

图 2.49　孔 1

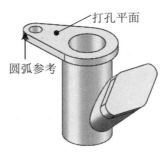

图 2.50　孔 2

　　步骤10：创建如图2.51所示的孔3。单击 特征 功能选项卡 🐚 下的 · 按钮，选择 🍥 异型孔向导 命令，在"孔规格"对话框中单击 🔓 位置 选项卡，选取如图2.51所示的模型表面作为打孔平面，捕捉如图2.51所示圆弧的圆心作为参考点，以确定打孔的位置，在"孔位置"对话框中单击 👖 类型 选项卡，在 孔类型(T) 区域中选中"孔" ▯，在 标准 下拉列表中选择GB，在 类型 下拉列表中选择"暗销孔"类型，在"孔规格"对话框中 孔规格 区域选中 ☑显示自定义大小(Z) 复选框，在 ⬘ 文本框中输入孔的直径值60，在 终止条件(C) 区域的下拉列表中选择"成形到面"选取右视基准面作为参考，单击 ✓ 按钮完成孔的创建。

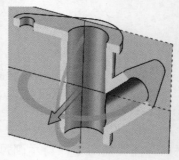

打孔平面

圆弧参考

图2.51　孔3

　　步骤11：创建如图2.52所示的孔4。单击 特征 功能选项卡 🐚 下的 · 按钮，选择 🍥 异型孔向导 命令，在"孔规格"对话框中单击 🔓 位置 选项卡，选取如图2.52所示的模型表面作为打孔平面，捕捉如图2.52所示圆弧的圆心（共两个）作为参考点，以确定打孔的位置，在"孔位置"对话框中单击 👖 类型 选项卡，在 孔类型(T) 区域中选中"孔" ▯，在 标准 下拉列表中选择GB，在 类型 下拉列表中选择"暗销孔"类型，在"孔规格"对话框中 孔规格 区域选中 ☑显示自定义大小(Z) 复选框，在

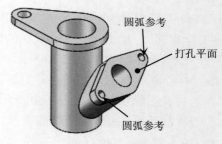

圆弧参考

打孔平面

圆弧参考

图2.52　孔4

⬘ 文本框中输入孔的直径值20，在 终止条件(C) 区域的下拉列表中选择"成形到下一面"，单击 ✓ 按钮完成孔的创建。

4. 其他常用的创建基准面的方法

（1）通过3点创建基准平面，所创建的基准面通过选取的3个点，如图2.53所示。

（2）通过直线和点创建基准平面，所创建的基准面通过选取的直线和点，如图2.54所示。

（3）通过与某一平面平行并且通过点创建基准平面，所创建的基准面通过选取的点，并且与参考平面平行，如图2.55所示。

（4）通过两个平行平面创建基准平面，所创建的基准面在所选两个平行基准平面的中间位置，如图2.56所示。

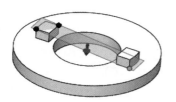

图 2.53　通过 3 点创建基准面

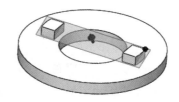

图 2.54　通过直线和点创建基准面

图 2.55　通过平行通过点创建基准面

图 2.56　通过两平行面创建基准面

（5）通过两个相交平面创建基准平面，所创建的基准面在所选两个相交基准平面的角平分位置，如图 2.57 所示。

（6）通过与曲面相切创建基准平面，所创建的基准面与所选曲面相切，并且还需要其他参考，例如与某个平面平行或者垂直，或者通过某个对象，如图 2.58 所示。

图 2.57　通过相交平面创建基准面

图 2.58　通过与曲面相切创建基准面

2.2　基准轴

基准轴与基准面一样，可以作为特征创建时的参考，也可以为创建基准面、同轴放置项目及圆周阵列等提供参考。在 SOLIDWORKS 中，软件向我们提供了很多种创建基准轴的方法，接下来就对一些常用的创建方法进行具体介绍。

1. 通过两平面创建基准轴

通过两平面创建基准轴需要提供两个平面的参考。下面以创建如图 2.59 所示的机械零件为例介绍通过两平面创建基准轴的一般创建方法。

步骤 1：新建一个零件三维模型文件。选择快速访问工具栏中的 □·命令，在系统弹出

▶ 25min

的"新建 SOLIDWORKS 文件"对话框中选择"零件"，然后单击"确定"按钮进入零件设计环境。

步骤 2：创建如图 2.60 所示的旋转 1。选择 特征 功能选项卡中的旋转凸台基体 🍥 命令，在系统提示"选择一基准面来绘制特征横截面"下，选取"前视基准面"作为草图平面，绘制如图 2.61 所示的截面草图，在"旋转"对话框的 旋转轴(A) 区域中选取如图 2.61 所示的竖直直线作为旋转轴，采用系统默认的旋转方向，在"旋转"对话框的 方向 1(1) 区域的下拉列表中选择 给定深度 ，在 ᴵᵍ 文本框中输入旋转角度值 360，单击"旋转"对话框中的 ✓ 按钮，完成特征的创建。

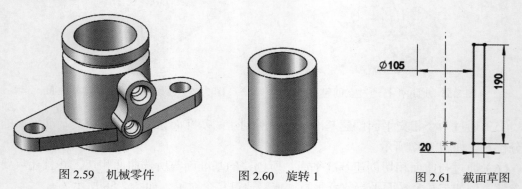

图 2.59　机械零件　　　　图 2.60　旋转 1　　　　图 2.61　截面草图

步骤 3：创建如图 2.62 所示的旋转切除 1。选择 特征 功能选项卡中的旋转切除 命令，在系统提示"选择一基准面来绘制特征横截面"下，选取"前视基准面"作为草图平面，绘制如图 2.63 所示的截面草图，在"旋转切除"对话框的 旋转轴(A) 区域中选取如图 2.63 所示的竖直直线作为旋转轴，采用系统默认的旋转方向，在"旋转切除"对话框的 方向 1(1) 区域的下拉列表中选择 给定深度 ，在 ᴵᵍ 文本框中输入旋转角度值 360，单击"旋转切除"对话框中的 ✓ 按钮，完成特征的创建。

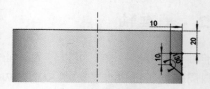

图 2.62　旋转切除 1　　　　图 2.63　截面草图

步骤 4：创建基准面 1。单击 特征 功能选项卡 下的 按钮，选择 基准面 命令，选取"上视基准面"作为参考平面，在"基准面"对话框 文本框中输入间距值 20（方向向上）。单击 ✓ 按钮，完成基准面的定义，如图 2.64 所示。

步骤 5：创建如图 2.65 所示的凸台 - 拉伸 1。单击 特征 功能选项卡中的 按钮，在系

统的提示下选取"基准面 1"作为草图平面，绘制如图 2.66 所示的截面草图；在"凸台 -
拉伸"对话框 方向1(1) 区域的下拉列表中选择 给定深度，输入深度值 35（方向向上）；单击 ✓ 按
钮，完成凸台 - 拉伸 1 的创建。

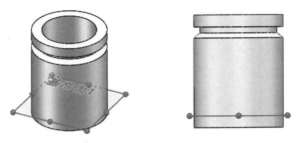

图 2.64 基准面 1

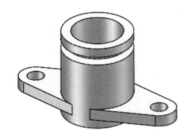

图 2.65 凸台 - 拉伸 1

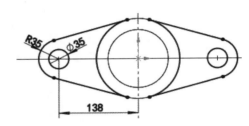

图 2.66 截面草图

步骤 6：创建如图 2.67 所示的基准面 2。单击 特征 功能选项卡 ▯ 下的 ▯ 按钮，选
择 ▯ 基准面 命令，选取如图 2.68 所示的轴线作为轴的参考（轴线为临时轴），采用系统默
认的"重合" ▯ 类型，选取右视基准面作为参考平面，在 第二参考 区域中单击 ▯，输入角度值
12，在"基准面"对话框中单击 ✓ 按钮，完成基准面的定义，如图 2.67 所示。

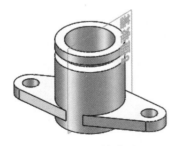

图 2.67 基准面 2

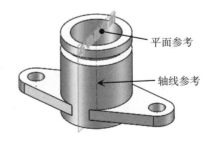

图 2.68 基准参考

步骤 7：创建如图 2.69 所示的基准面 3。单击 特征 功能选项卡 ▯ 下的 ▯ 按钮，选择
▯ 基准面 命令，选取如图 2.68 所示的轴线作为轴的参考（轴线为临时轴），采用系统默认
的"重合" ▯ 类型，选取基准面 2 作为参考平面，在 第二参考 区域中选择"垂直" ▯ 类型，在

"基准面"对话框中单击 ✔ 按钮，完成基准面的定义，如图 2.69 所示。

步骤 8：创建如图 2.70 所示的基准面 4。单击 [特征] 功能选项卡 ⸰🖢 下的 ⸱ 按钮，选择 [🗀基准面] 命令，选取基准面 3 作为参考平面，在"基准面"对话框🗔文本框中输入间距值 140，选中 ☑反转等距 复选框使方向如图 2.70 所示。单击 ✔ 按钮，完成基准面的定义。

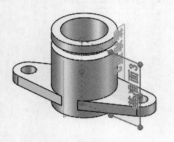 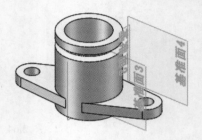

图 2.69　基准面 3　　　　　图 2.70　基准面 4

步骤 9：创建如图 2.71 所示的基准轴 1。单击 [特征] 功能选项卡 ⸰🖢 下的 ⸱ 按钮，选择 [🖉基准轴] 命令，在"基准轴"对话框选择 ⟨🖎两平面(II)⟩ 单选项，选取如图 2.71 所示的面 1 与基准面 4 作为参考，在"基准轴"对话框中单击 ✔ 按钮，完成基准轴的定义。

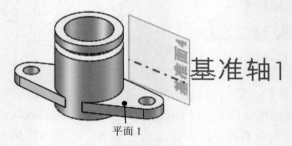

平面 1

图 2.71　基准轴 1

步骤 10：创建如图 2.72 所示的基准面 5。单击 [特征] 功能选项卡 ⸰🖢 下的 ⸱ 按钮，选择 [🗀基准面] 命令，选取步骤 9 创建的基准轴 1 作为轴的参考，采用系统默认的"重合" ⟨⟨⟩ 类型，选取基准面 4 作为参考平面，在 [第二参考] 区域中单击 🗔，输入角度值 10，选中 ☑反转等距 复选框使方向如图 2.72 所示，在"基准面"对话框中单击 ✔ 按钮，完成基准面的定义。

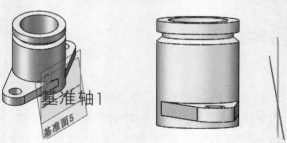

图 2.72　基准面 5

步骤 11：创建如图 2.73 所示的凸台 - 拉伸 2。单击 特征 功能选项卡中的 🔲 按钮，在系统的提示下选取"基准面 5"作为草图平面，绘制如图 2.74 所示的截面草图；在"凸台 - 拉伸"对话框 方向1(1) 区域的下拉列表中选择 成形到一面；单击 ✓ 按钮，完成凸台 - 拉伸 2 的创建。

图 2.73　凸台 - 拉伸 2

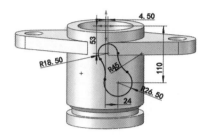

图 2.74　截面草图

步骤 12：创建如图 2.75 所示的基准面 6。单击 特征 功能选项卡 🔲 下的 · 按钮，选择 🔲 基准面 命令，选取如图 2.76 所示的轴 1 与轴 2 作为参考，采用系统默认的"重合" 类型，在"基准面"对话框中单击 ✓ 按钮，完成基准面的定义。

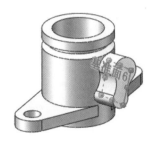

图 2.75　基准面 6

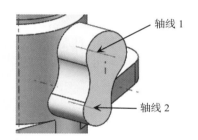

图 2.76　基准参考

步骤 13：创建如图 2.77 所示的旋转切除 2。选择 特征 功能选项卡中的旋转切除 🔲 命令，在系统提示"选择一基准面来绘制特征横截面"下，选取"基准面 6"作为草图平面，绘制如图 2.78 所示的截面草图，在"旋转切除"对话框的 旋转轴(A) 区域中选取如图 2.78 所示的轴线作为旋转轴，采用系统默认的旋转方向，在"旋转切除"对话框的 方向1(1) 区域的下拉列表中选择 给定深度，在 🔲 文本框中输入旋转角度值 360，单击"旋转切除"对话框中的 ✓ 按钮，完成特征的创建。

步骤 14：创建如图 2.79 所示的旋转切除 3。选择 特征 功能选项卡中的旋转切除 🔲 命令，在系统提示"选择一基准面来绘制特征横截面"下，选取"基准面 6"作为草图平面，绘制如图 2.80 所示的截面草图，在"旋转切除"对话框的 旋转轴(A) 区域中选取如图 2.80 所示的竖直直线作为旋转轴，采用系统默认的旋转方向，在"旋转切除"对话框的 方向1(1) 区域的下拉列表中选择 给定深度，在 🔲 文本框中输入旋转角度值 360，单击"旋转切除"对话框中的 ✓ 按钮，完成特征的创建。

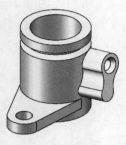

图 2.77　旋转切除 2

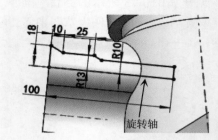

图 2.78　截面草图

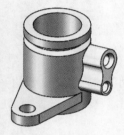

图 2.79　旋转切除 3

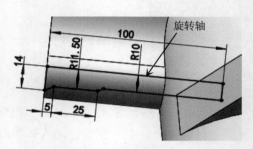

图 2.80　截面草图

2. 其他常用的创建基准轴的方法

（1）通过直线 / 边 / 轴创建基准轴需要提供一个草图直线、边或者轴的参考，如图 2.81 所示。

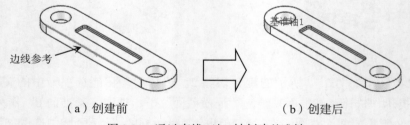

（a）创建前　　　　　　　　　　　（b）创建后

图 2.81　通过直线 / 边 / 轴创建基准轴

（2）通过两点 / 顶点创建基准轴需要提供两个点的参考，如图 2.82 所示。

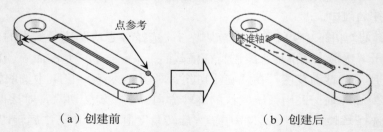

（a）创建前　　　　　　　　　　　（b）创建后

图 2.82　通过两点 / 顶点创建基准轴

（3）通过圆柱 / 圆锥面创建基准轴需要提供一个圆柱或者圆锥面的参考，系统会自动提取这个圆柱或者圆锥面的中心轴，如图 2.83 所示。

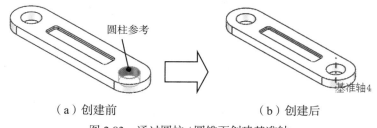

（a）创建前　　　　　　　　　　　（b）创建后

图 2.83　通过圆柱 / 圆锥面创建基准轴

（4）通过点和面 / 基准面创建基准轴需要提供一个点参考和一个面的参考，点确定轴的位置，面确定轴的方向，如图 2.84 所示。

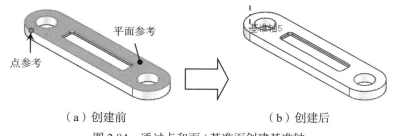

（a）创建前　　　　　　　　　　　（b）创建后

图 2.84　通过点和面 / 基准面创建基准轴

2.3　基准点

点是最小的几何单元，由点可以得到线，由点也可以得到面，所以在创建基准轴或者基准面时，如果没有合适的点了，就可以通过基准点命令进行创建，另外基准点也可以作为其他实体特征创建的参考元素。SOLIDWORKS 软件提供了很多种创建基准点的方法，接下来就对一些常用的创建方法进行具体介绍。

1. 通过沿曲线创建基准点

通过沿曲线创建基准点需要提供一个圆弧或者圆的参考。下面以创建如图 2.85 所示的阶梯轴为例介绍通过沿曲线创建基准点的一般创建方法。

步骤 1：新建一个零件三维模型文件。选择快速访问工具栏中的 命令，在系统弹出的"新建 SOLIDWORKS 文件"对话框中选择"零件"，然后单击"确定"按钮进入零件设计环境。

步骤 2：创建如图 2.86 所示的旋转 1。选择 特征 功能选项卡中的旋转凸台基体 命令，在系统提示"选择一基准面来绘制特征横截面"下，选取"前视基准面"作为草图平面，绘制如图 2.87 所示的截面草图，在"旋转"对话框的 旋转轴(A) 区域中选取如图 2.87 所示的水平构造线作为旋转轴，采用系统默认的旋转方向，在"旋转"对话框的 方向1(1) 区域的下拉列表中选择 给定深度，在 ⌽ 文本框中输入旋转角度值 360，单击"旋转"对话框中的 ✓ 按钮，完成特征的创建。

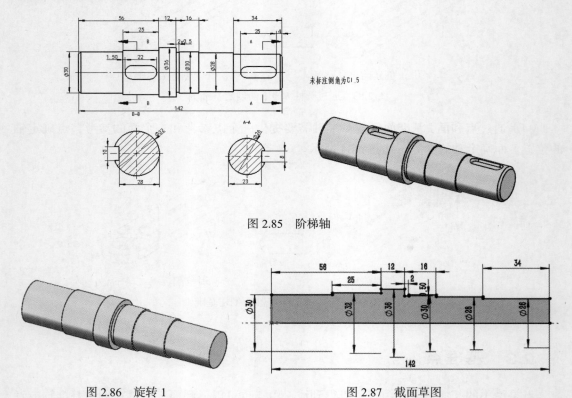

图 2.85　阶梯轴

图 2.86　旋转 1　　　　　　　　　　图 2.87　截面草图

步骤 3：创建如图 2.88 所示的基准点。单击 特征 功能选项卡 ⁕ 下的 · 按钮，选择 · 点 命令，在"点"对话框选择 ✍（沿曲线）单选项，选取如图 2.88 所示的圆形边线作为参考，选中 ◉ 百分比(G) 单选项，在比例文本框中输入 75%，在"点"对话框中单击 ✓ 按钮，完成基准点的定义。

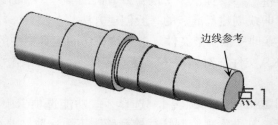

图 2.88　基准点

　　步骤4：创建如图2.89所示的基准面1。单击 特征 功能选项卡 🗐 下的 · 按钮，选择 🗐 基准面 命令，选取如图2.89所示的圆柱面与点1作为参考，在"基准面"对话框中单击 ✓ 按钮，完成基准面的定义。

　　步骤5：创建如图2.90所示的基准面2。单击 特征 功能选项卡 🗐 下的 · 按钮，选择 🗐 基准面 命令，选取基准面1作为参考平面，在"基准面"对话框 🗐 文本框中输入间距值23，选中 ☑反转等距 复选框使方向如图2.90所示。单击 ✓ 按钮，完成基准面的定义。

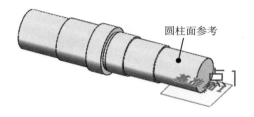

图2.89　基准面1

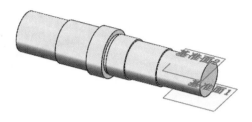

图2.90　基准面2

　　步骤6：创建如图2.91所示的切除-拉伸1。单击 特征 功能选项卡中的 🗐 按钮，在系统的提示下选取基准面2作为草图平面，绘制如图2.92所示的截面草图；在"切除-拉伸"对话框 方向1(1) 区域的下拉列表中选择 完全贯穿 ；单击 ✓ 按钮，完成切除-拉伸的创建。

图2.91　切除-拉伸1

图2.92　截面草图

　　步骤7：创建如图2.93所示的基准面3。单击 特征 功能选项卡 🗐 下的 · 按钮，选择 🗐 基准面 命令，选取如图2.93所示的圆柱面作为参考，采用系统默认的"相切" 🗐 类型，选中 ☑反转等距 复选项使方向向下，选取"上视基准面"作为第二参考，在 第二参考 区域中选择"平行" 🗐 类型，在"基准面"对话框中单击 ✓ 按钮，完成基准面的定义。

　　步骤8：创建如图2.94所示的基准面4。单击 特征 功能选项卡 🗐 下的 · 按钮，选择 🗐 基准面 命令，选取基准面3作为参考平面，在"基准面"对话框 🗐 文本框中输入间距值28，选中 ☑反转等距 复选框使方向如图2.94所示。单击 ✓ 按钮，完成基准面的定义。

　　步骤9：创建如图2.95所示的切除-拉伸2。单击 特征 功能选项卡中的 🗐 按钮，在系统的提示下选取基准面4作为草图平面，绘制如图2.96所示的截面草图；在"切除-拉伸"对话框 方向1(1) 区域的下拉列表中选择 完全贯穿 ；单击 ✓ 按钮，完成切除-拉伸的创建。

　　步骤10：创建如图2.97所示的倒角1。单击 特征 功能选项卡 🗐 下的 · 按钮，选择 🗐 倒角命令，在"倒角"对话框中选择"角度距离" 单选项，在系统的提示下选取如图2.98所示的边线作为倒角对象，在"倒角"对话框的 倒角参数 区域中的 文本框中输入倒角距离值1.5，在 文本框中输入倒角角度值45，在"倒角"对话框中单击 ✓ 按钮，完成倒角的定义。

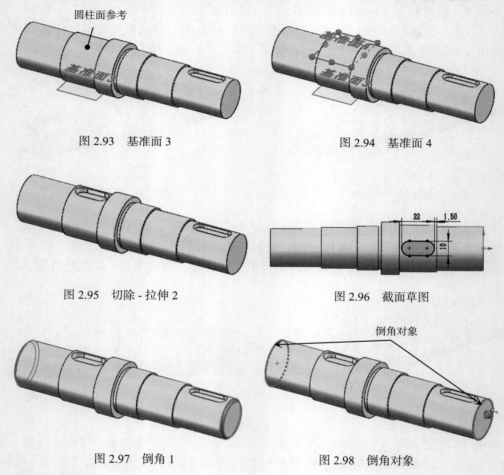

图2.93　基准面3

图2.94　基准面4

图2.95　切除-拉伸2

图2.96　截面草图

图2.97　倒角1

图2.98　倒角对象

2. 其他创建基准点的方式

（1）通过圆弧中心创建基准点需要提供一个圆弧或者圆的参考，如图2.99所示。

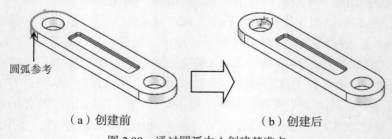

（a）创建前　　　　　　　　　　（b）创建后

图2.99　通过圆弧中心创建基准点

（2）通过面中心创建基准点需要提供一个面（平面、圆弧面、曲面）的参考，如图 2.100 所示。

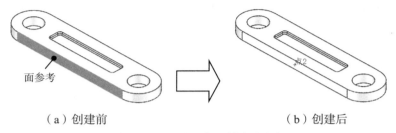

面参考

（a）创建前　　　　　　　　（b）创建后

图 2.100　通过面中心创建基准点

（3）通过交叉点创建基准点，这种方式做基准点需要提供两个相交的曲线对象，如图 2.101 所示。

（4）通过投影创建基准点，这种方式做基准点需要提供一个要投影的点（曲线端点、草图点或者模型端点），以及要投影到的面（基准面、模型表面或者曲面）。

（5）通过在点上创建基准点，这种方式做基准点需要提供一些点（必须是草图点）。

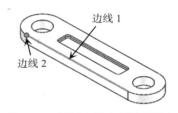

边线 1

边线 2

图 2.101　通过交叉点创建基准点

2.4　基准坐标系

▷ 4min

基准坐标系可以定义零件或者装配的坐标系，添加基准坐标系有以下几点作用：①在使用测量分析工具时使用；②在将 SOLIDWORKS 文件导出到其他中间格式时使用；③在装配配合时使用。

下面以创建如图 2.102 所示的基准坐标系为例介绍创建基准坐标系的一般创建方法。

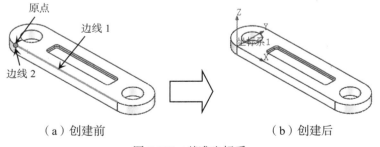

原点

边线 1

边线 2

（a）创建前　　　　　　　　（b）创建后

图 2.102　基准坐标系

步骤 1：打开文件 D:\SOLIDWORKS 曲面设计 \ch02\ 基准坐标系 -ex.SLDPRT。

步骤 2：选择命令。单击 特征 功能选项卡 下的 按钮，选择 坐标系 命令，系统会弹出如图 2.103 所示的"坐标系"对话框。

图 2.103　"坐标系"对话框

步骤 3：定义坐标系原点。选取如图 2.102（a）所示的原点。

步骤 4：定义坐标系 X 轴。选取如图 2.102（a）所示的边线 1 作为 X 轴方向。

步骤 5：定义坐标系 Z 轴。激活 Z 轴的选择文本框，选取如图 2.102（a）所示的边线 2 作为 Z 轴方向，单击 按钮调整到如图 2.102（b）所示的方向。

步骤 6：完成操作。在"坐标系"对话框中单击 按钮，完成基准坐标系的定义，如图 2.102（b）所示。

第 3 章　曲面线框设计

曲线是曲面的基础，是曲面造型中必要的基础要素，因此了解和掌握常用曲线的创建方法是学习曲面的基本必备技能，曲线在曲面中的作用类似于草图在特征中的作用。

3.1　三维草图

3.1.1　空间直线

空间直线是指在空间中直接绘制直线，它与二维草图直线的主要区别为空间直线不需要选择草图平面，二维草图直线需要选择草图平面；空间直线可以在空间中的任意位置绘制直线，二维草图直线只可以在二维平面中绘制直线。

下面以如图 3.1 所示的零件为例，介绍空间水平竖直直线的一般操作过程。

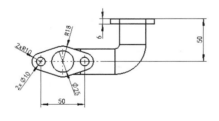

连接管的弯曲半径为R20

15min

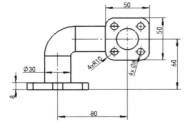

图 3.1　空间直线

步骤 1：新建一个零件三维模型文件。选择快速访问工具栏中的 [] 命令，在系统弹出的"新建 SOLIDWORKS 文件"对话框中选择"零件"，然后单击"确定"按钮进入零件设计环境。

步骤 2：创建如图 3.2 所示的三维草图。

（1）选择命令。选择 草图 功能选项卡"草图绘制"节点下的 3D 3D 草图 命令。

（2）选择 草图 功能选项卡中的 ⁄· 命令，系统默认在 XY 平面进行绘制对象，如图 3.3 所示。

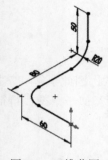

图 3.2　三维草图

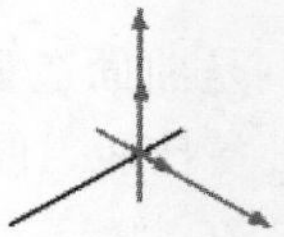

图 3.3　XY 平面

（3）绘制直线 1。在原点位置单击确定直线的起点，沿 X 轴负方向移动鼠标，如图 3.4 所示，在合适位置单击即可确定直线端点。

（4）切换绘图平面。按键盘上的 Tab 键可以切换绘图平面，将平面切换至 YZ 平面，如图 3.5 所示。

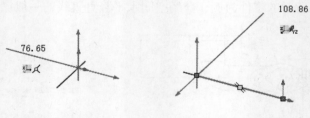

图 3.4　X 轴负方向

图 3.5　YZ 平面

（5）绘制直线 2 与直线 3。沿 Z 轴负方向移动鼠标，在合适位置单击即可确定直线端点，沿 Y 轴正方向移动鼠标，在合适位置单击即可确定直线端点，完成后如图 3.6 所示。

（6）标注直线尺寸。选择 草图 功能选项卡下的 ⁄ （智能尺寸）命令，标注 3 条直线的长度，如图 3.7 所示，将尺寸修改至如图 3.8 所示。

（7）添加倒圆角。选择 草图 功能选项卡下的 ⌐ （绘制圆角）命令，在 ⌐ 文本框中输入半径值 20，选取直线 1 与直线 2 的角点作为第 1 个倒角对象，选取直线 2 与直线 3 的角点作为第 2 个倒角对象，单击 ✓ 按钮完成圆角的创建。

（8）单击图形区右上角的 ⌐ 按钮完成草图绘制。

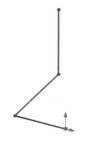

图 3.6 直线 2 与直线 3

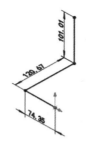

图 3.7 标注直线尺寸

图 3.8 修改尺寸

步骤 3：创建如图 3.9 所示的扫描 1。单击 特征 功能选项卡中的 ✐扫描 按钮，在"扫描"对话框的 轮廓和路径(P) 区域选中 ◉图形轮廓(C) 单选项，在 ⌀ 文本框输入 30，选取步骤 2 创建的三维草图作为路径。

步骤 4：创建如图 3.10 所示的凸台 - 拉伸 1。单击 特征 功能选项卡中的 🗐 按钮，在系统的提示下选取如图 3.9 所示的模型表面作为草图平面，绘制如图 3.11 所示的截面草图；在"凸台 - 拉伸"对话框 方向1(1) 区域的下拉列表中选择 给定深度 ，输入深度值 8（方向向内）；单击 ✔ 按钮，完成凸台 - 拉伸 1 的创建。

图 3.9 扫描 1

图 3.10 凸台 - 拉伸 1

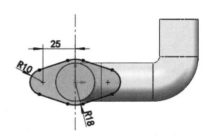

图 3.11 截面草图

步骤 5：创建如图 3.12 所示的凸台 - 拉伸 2。单击 特征 功能选项卡中的 🗐 按钮，在系统的提示下选取如图 3.10 所示的模型表面作为草图平面，绘制如图 3.13 所示的截面草图；在"凸台 - 拉伸"对话框 方向1(1) 区域的下拉列表中选择 给定深度 ，输入深度值 6（方向向下）；单击 ✔ 按钮，完成凸台 - 拉伸 2 的创建。

图 3.12 凸台 - 拉伸 2

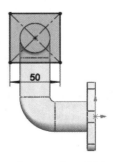

图 3.13 截面草图

步骤6：创建如图3.14所示的扫描切除1。单击 特征 功能选项卡中的 🔏 扫描切除 按钮，在"扫描"对话框的 轮廓和路径(P) 区域选中 ⊙圆形轮廓(C) 单选项，在 ⌀ 文本框输入25，选取步骤2创建的三维草图作为路径。

步骤7：创建如图3.15所示的圆角1。单击 特征 功能选项卡 🎲 下的 ▾ 按钮，选择 🔘 圆角 命令，在"圆角"对话框中选择"固定大小圆角" 🔘 （固定大小圆角）类型，在系统的提示下选取步骤5创建长方体的4条竖直边线作为圆角对象，在"圆角"对话框的 圆角参数 区域中的 ⌒ 文本框中输入圆角半径值10，单击 ✔ 按钮，完成圆角的定义。

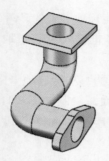

图 3.14   扫描切除 1

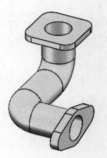

图 3.15   圆角 1

步骤8：创建如图3.16所示的孔1。单击 特征 功能选项卡 🎲 下的 ▾ 按钮，选择 🔘 异型孔向导 命令，在"孔规格"对话框中单击 🔒 位置 选项卡，选取如图3.16所示的模型表面作为打孔平面，捕捉步骤7创建圆角的4个圆弧圆心作为参考点，以确定打孔的位置，在"孔位置"对话框中单击 🔘 类型 选项卡，在 孔类型(T) 区域中选中 🔲 （孔），在 标准 下拉列表中选择GB，在 类型 下拉列表中选择"钻孔大小"类型，在"孔规格"对话框中 孔规格 区域的"大小"下拉列表中选择"Φ8"，在 终止条件(C) 区域的下拉列表中选择"成形到下一面"，单击 ✔ 按钮完成孔的创建。

步骤9：创建如图3.17所示的孔2。单击 特征 功能选项卡 🎲 下的 ▾ 按钮，选择 🔘 异型孔向导 命令，在"孔规格"对话框中单击 🔒 位置 选项卡，选取如图3.17所示的模型表面作为打孔平面，捕捉如图3.17所示的两个圆弧圆心作为参考点，以确定打孔的位置，在"孔位置"对话框中单击 🔘 类型 选项卡，在 孔类型(T) 区域中选中 🔲，在 标准 下拉列表中选择GB，在 类型 下拉列表中选择"钻孔大小"类型，在"孔规格"对话框中 孔规格 区域的"大小"下拉列表中选择"Φ10"，在 终止条件(C) 区域的下拉列表中选择"成形到下一面"，单击 ✔ 按钮完成孔的创建。

下面以如图3.18所示的零件为例，介绍空间倾斜直线的一般操作过程。

步骤1：新建一个零件三维模型文件。选择快速访问工具栏中的 🗋 命令，在系统弹出的"新建SOLIDWORKS文件"对话框中选择"零件"，然后单击"确定"按钮进入零件设计环境。

▶ 8min

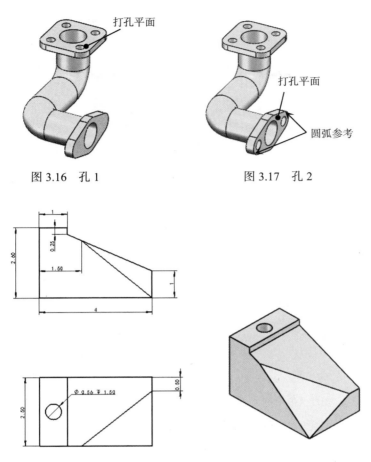

图 3.16　孔 1　　　　　图 3.17　孔 2

图 3.18　空间倾斜直线

步骤 2：创建如图 3.19 所示的凸台 - 拉伸 1。单击 特征 功能选项卡中的 ▥ 按钮，在系统的提示下选取"前视基准面"作为草图平面，绘制如图 3.19 所示的截面草图；在"凸台 - 拉伸"对话框 方向 1(1) 区域的下拉列表中选择 两侧对称 ，输入深度值 2.5；单击 ✓ 按钮，完成凸台 - 拉伸 1 的创建。

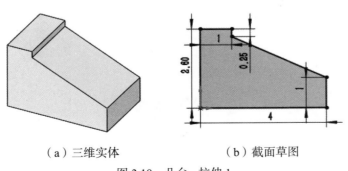

（a）三维实体　　　　　（b）截面草图

图 3.19　凸台 - 拉伸 1

步骤3：创建如图 3.20 所示的孔 1。单击 特征 功能选项卡 ⬡ 下的 ▾ 按钮，选择 ⬡ 异型孔向导 命令，在"孔规格"对话框中单击 ☐ 位置 选项卡，选取如图 3.20 所示的模型表面作为打孔平面，在打孔面上的任意位置单击，以确定打孔的初步位置，在"孔位置"对话框中单击 ☐ 类型 选项卡，在 孔类型(T) 区域中选中 ⬚，在 标准 下拉列表中选择 GB，在 类型 下拉列表中选择"钻孔大小"类型，在"孔规格"对话框中 孔规格 区域选中 ☑ 显示自定义大小(Z) 复选项，在 ⬚ 文本框中输入直径值 0.562，在 终止条件(C) 区域的下拉列表中选择"给定深度"，在 ⬚ 文本框中输入深度值 1.5，单击 ✓ 按钮完成孔的初步创建，在设计树中右击"孔特征"下的"定位草图"，选择 ☑ 命令，系统进入草图环境，将约束添加至如图 3.21 所示的效果，单击 ⬡ 按钮完成定位。

步骤4：创建如图 3.22 所示的三维草图。

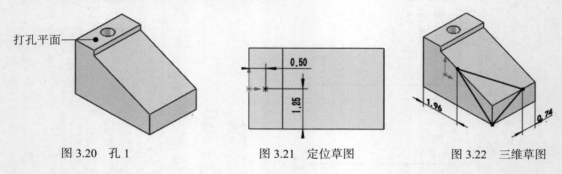

图 3.20　孔 1　　　　　图 3.21　定位草图　　　　　图 3.22　三维草图

（1）选择命令。选择 草图 功能选项卡"草图绘制"节点下的 ⬚ 3D 草图 命令。

（2）选择 草图 功能选项卡中的 ✐ 命令，绘制如图 3.23 所示的 3 条直线。

（3）标注直线尺寸。选择 草图 功能选项卡下的 ⬠ 命令，标注直线端点的间距，如图 3.24 所示，将尺寸修改至如图 3.22 所示。

（4）单击图形区右上角的 ⬡ 按钮完成草图绘制。

步骤5：创建如图 3.25 所示的切除 - 拉伸 1。单击 特征 功能选项卡中的 ⬚ 按钮，选取步骤 4 创建的草图作为拉伸截面，在"切除 - 拉伸"对话框 方向 1(1) 区域的下拉列表中选择 完全贯穿，激活"切除 - 拉伸"对话框中的"拉伸方向"文本框，选取如图 3.25 所示的边线作为方向，方向向右，单击 ✓ 按钮，完成切除 - 拉伸的创建。

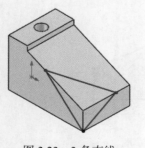
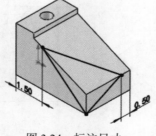
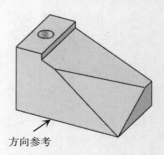

图 3.23　3 条直线　　　　　图 3.24　标注尺寸　　　　　图 3.25　切除 - 拉伸 1

3.1.2　空间圆弧

空间圆弧是指在空间中直接绘制圆弧对象，空间圆弧的绘制方法与平面圆弧比较类似。下面以如图 3.26 所示的圆弧为例介绍空间圆弧的一般绘制方法。

步骤 1：打开文件 D:\SOLIDWORKS 曲面设计 \ch03\ch03.01\ 空间圆弧 -ex。

步骤 2：进入三维草图环境。选择 草图 功能选项卡 "草图绘制" 节点下的 3D 3D草图 命令进入三维草图环境。

步骤 3：选择命令。选择 草图 功能选项卡绘制区域中的 ⌒ 节点，在系统弹出的快捷菜单中选择 ⌒ 3 点圆弧(T) 命令。

步骤 4：定义圆弧参考点。依次选取如图 3.27 所示的点 1、点 2 与点 3 作为参考点。

步骤 5：单击图形区右上角的 ↳ 按钮完成草图绘制。

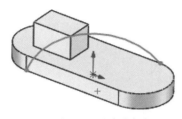
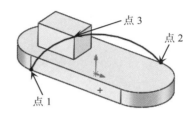

图 3.26　空间圆弧　　　　　　　图 3.27　圆弧参考点

3.1.3　三维草图案例：节能灯

本案例将介绍节能灯的创建过程，主要使用旋转、扫描、三维草图、阵列等工具，其中三维草图的创建是模型创建的关键；节能灯的主体分为两部分，上半部分为一个旋转体，下半部分由多个灯管组成。此模型的难点在于下方灯管的创建，由于灯管呈现圆周排布规律，因此可以考虑使用圆周阵列实现。在创建其中一个灯管时的整体思路为扫描，扫描的路径可以分为上方的两根竖直段、下方的直线圆弧段及中间的圆角过渡段，上下两段均可以使用普通二维草图绘制得到，中间的圆弧过渡段使用普通二维草图很难实现，因此可以考虑将上下两段的二维草图复制到三维草图，然后利用圆角连接上下两段的对象即可。该零件模型及设计树如图 3.28 所示。

步骤 1：新建一个零件三维模型文件。选择快速访问工具栏中的 ◻ 命令，在系统弹出的 "新建 SOLIDWORKS 文件" 对话框中选择 "零件"，然后单击 "确定" 按钮进入零件设计环境。

步骤 2：创建如图 3.29 所示的旋转 1。选择 特征 功能选项卡中的旋转凸台基体 ◈ 命令，在系统提示 "选择一基准面来绘制特征横截面" 下，选取 "前视基准面" 作为草图平面，绘制如图 3.30 所示的截面草图，在 "旋转" 对话框 旋转轴(A) 区域中选取图 3.30 中的竖直构造线作为旋转轴，采用系统默认的旋转方向，在 "旋转" 对话框的 方向 1(1) 区域的下拉列表中选择 给定深度 ，在 ◻ 文本框中输入旋转角度值 360，单击 "旋转" 对话框中的 ✓ 按钮，完成特征的创建。

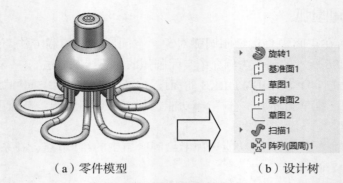

（a）零件模型　　　　　　　　　（b）设计树

图 3.28　零件模型及设计树

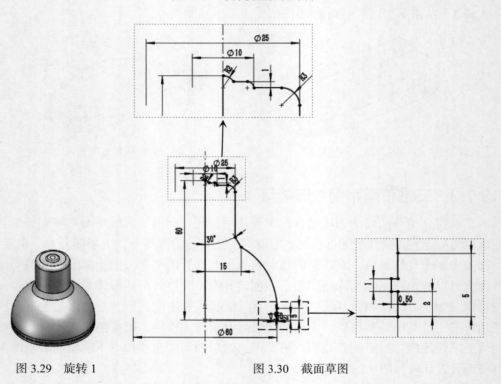

图 3.29　旋转 1　　　　　　　　　　图 3.30　截面草图

步骤 3：创建如图 3.31 所示的基准面 1。单击 特征 功能选项卡 ▾ 下的 · 按钮，选择 基准面 命令，选取"前视基准面"作为参考平面，在"基准面"对话框 文本框中输入间距值 18（方向向前）。单击 ✓ 按钮，完成基准面的定义。

步骤 4：绘制如图 3.32 所示的草图 1。单击 草图 功能选项卡中的 草图绘制 按钮，在系统的提示下，选取"基准面 1"作为草图平面，绘制如图 3.32 所示的草图。

步骤 5：创建如图 3.33 所示的基准面 2。单击 特征 功能选项卡 ▾ 下的 · 按钮，选择 基准面 命令，选取旋转特征 1 的下平面作为参考平面，在"基准面"对话框 文本框中输入间距值 36（方向向下）。单击 ✓ 按钮，完成基准面的定义。

步骤 6：绘制如图 3.34 所示的草图 2。单击 草图 功能选项卡中的 ▢ 草图绘制 按钮，在系统的提示下，选取"基准面 2"作为草图平面，绘制如图 3.34 所示的草图。

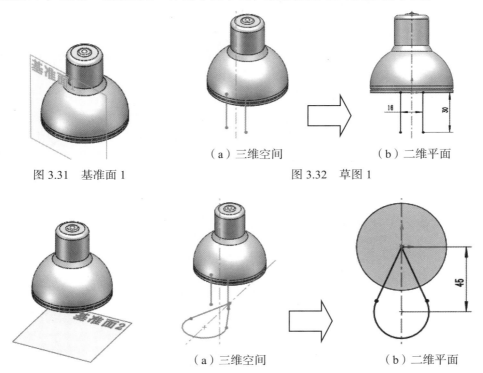

图 3.31　基准面 1

（a）三维空间　　　　　　（b）二维平面

图 3.32　草图 1

图 3.33　基准面 2

（a）三维空间　　　　　　（b）二维平面

图 3.34　草图 2

说明：草图 2 的两侧斜线与草图 1 中左右两个端点投影后重合。

步骤 7：创建如图 3.35 所示的三维草图。

（1）选择命令。选择 草图 功能选项卡"草图绘制"节点下的 ⬚ 3D 草图 命令。

（2）选择 草图 功能选项卡中的 ▢（转换实体引用）命令，将草图 1 与草图 2 复制到当前草图，如图 3.36 所示。

图 3.35　三维草图

直线 1
直线 3
直线 4
直线 2

图 3.36　转换实体引用

（3）添加倒圆角。选择 草图 功能选项卡下的⌐（绘制圆角）命令，在 ⌐ 文本框中输入半径值15，选取如图3.36所示的直线1与直线2作为第1个组倒角对象，选取直线3与直线4的角点作为第2组倒角对象，单击✓按钮完成倒圆角的创建。

（4）单击图形区右上角的↳按钮完成草图绘制。

步骤8：创建如图3.37所示的扫描1。单击 特征 功能选项卡中的 🖉扫描 按钮，在"扫描"对话框的 轮廓和路径(P) 区域选中 ⊙圆形轮廓(C) 单选项，在 ⌀ 文本框输入6，选取步骤7创建的三维草图作为路径。

步骤9：创建如图3.38所示的圆周阵列1。单击 特征 功能选项卡 ▦ 下的 · 按钮，选择 🗗 圆周阵列 命令，在"阵列圆周"对话框中 ☑特征和面 单击激活 ⌾ 后的文本框，选取步骤8创建的扫描特征作为阵列的源对象，在"阵列圆周"对话框中激活 方向1(1) 区域中 ⟳ 后的文本框，选取如图3.38所示的圆柱面（系统会自动选取圆柱面的中心轴作为圆周阵列的中心轴），选中 ⊙等间距 复选项，在 ⌖ 文本框中输入间距值360，在 ❀ 文本框中输入数量5，单击✓按钮，完成圆周阵列的创建。

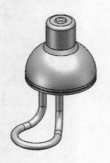
图3.37　扫描1

圆周阵列轴参考

图3.38　圆周阵列1

3.2　样条曲线

3.2.1　平面样条曲线

下面以如图3.39所示的果盘零件为例，介绍平面样条曲线绘制的一般操作过程。

步骤1：新建一个零件三维模型文件。选择快速访问工具栏中的 🗋· 命令，在系统弹出的"新建SOLIDWORKS文件"对话框中选择"零件"，然后单击"确定"按钮进入零件设计环境。

步骤2：绘制如图3.40所示的草图1（果盘上边缘草图）。

图3.39　果盘

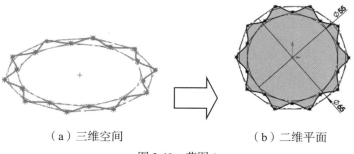

（a）三维空间　　　　　　（b）二维平面

图 3.40　草图 1

（1）进入草图环境。单击 草图 功能选项卡中的 [草图绘制] 按钮，在系统的提示下，选取"上视基准面"作为草图平面。

（2）选择多边形命令绘制如图 3.41 所示的第 1 个正十边形（注意绘制的位置与角度）。

（3）选择多边形命令绘制如图 3.42 所示的第 2 个正十边形（注意绘制的位置与角度）。

（4）选择样条曲线命令，依次连接多边形的顶点绘制如图 3.43 所示的样条曲线。

图 3.41　正十边形（1）　　　图 3.42　正十边形（2）　　　图 3.43　样条曲线

（5）查看样条曲线曲率。选中绘制的样条曲线，在样条曲线对话框选项区域中选择 ☑显示曲率(S) 复选框，在系统弹出的"曲率比例"对话框中设置如图 3.44 所示的参数，完成后如图 3.45 所示。

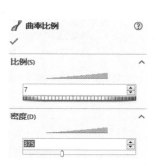

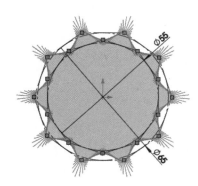

图 3.44　"曲率比例"对话框　　　图 3.45　曲率显示

（6）单击图形区右上角的 ⌐ 按钮完成草图绘制。

步骤3：绘制如图3.46所示的草图2。单击 草图 功能选项卡中的 ⌐草图绘制 按钮，在系统的提示下，选取"前视基准面"作为草图平面，绘制如图3.46所示的草图。

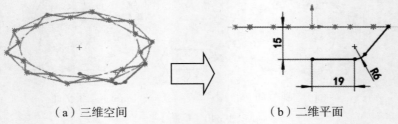

（a）三维空间   （b）二维平面

图 3.46 草图 2

说明：草图2的右上角端点与草图1穿透重合。

步骤4：创建基准面1。单击 特征 功能选项卡 ⅲ 下的 · 按钮，选择 ◫基准面 命令，选取"上视基准面"作为第一参考，选取如图3.47所示的端点（草图2的左下角端点）作为第二参考。单击 ✓ 按钮，完成基准面的定义，如图3.48所示。

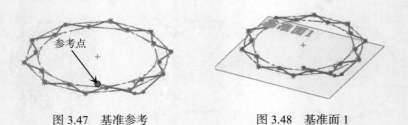

图 3.47 基准参考   图 3.48 基准面 1

步骤5：绘制如图3.49所示的草图3。单击 草图 功能选项卡中的 ⌐草图绘制 按钮，在系统的提示下，选取"基准面1"作为草图平面，绘制如图3.49所示的草图。

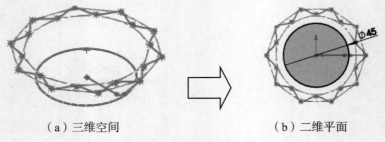

（a）三维空间   （b）二维平面

图 3.49 草图 3

步骤6：创建如图3.50所示的扫描曲面1。单击 曲面 功能选项卡下的（扫描曲面）🖉 按钮，选取草图2作为截面，选取草图3作为路径，激活 引导线(C) 区域的选择框，选取草图1作为引导线，单击 ✓ 按钮，完成扫描曲面的创建。

步骤 7：创建如图 3.51 所示的曲面加厚。单击 曲面 功能选项卡下的 加厚 按钮，选取步骤 6 创建的曲面作为参考，在厚度区域选中 单选项（厚度向内），在 文本框中输入厚度值 1，单击 按钮，完成曲面加厚的创建。

图 3.50 扫描曲面 1 　　　　　图 3.51 曲面加厚

样条曲线初步绘制完成后，用户可以通过软件提供的如图 3.52 所示的样条曲线工具条进行相关的编辑调整，下面对样条曲线工具条中各功能按钮进行具体介绍。

图 3.52 样条曲线工具栏

（1） （添加相切控制）：用于在所选点处添加永久相切约束，此功能在选中样条曲线后有效，软件在默认情况下选中样条曲线后可以查看相切控标，如图 3.53 所示，取消选中后控标自动隐藏；用户可以在选择 后选择要添加永久相切约束的控制点，此时即可永久显示相切控标，如图 3.54 所示。

图 3.53 相切控制 　　　　　图 3.54 添加相切控制点

（2） （添加曲率控制）：用于在所选点处添加曲率约束控制，此功能在选中样条曲线后有效；用户可以在选择 后选择要添加曲率控制的点，后期可以通过拖动曲率控制点调整，如图 3.55 所示。

曲率大小控制点

图 3.55 曲率控制

（3） （添加样条曲线型值点）：用于添加样条曲线的控制点数目；用户可以在选择 后在需要添加的位置单击，如图 3.56 所示。

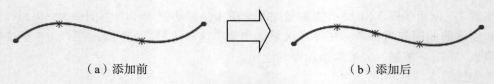

（a）添加前　　　　　　　　　　　（b）添加后

图 3.56　添加型值点

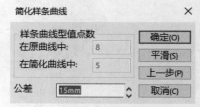

图 3.57　"简化样条曲线"对话框

（4）（简化样条曲线）：用于通过删减样条曲线控制点数目简化样条曲线，此功能在选中样条曲线后有效；用户在选择 后系统会弹出如图 3.57 所示的"简化样条曲线"对话框，通过调大公差可以减少控制点数目，如图 3.58 所示。

（5）（套合样条曲线）：用于根据现有草图或者实体边线创建光顺样条曲线；用户在选择 后系统会弹出如图 3.59 所示的"套合样条曲线"对话框，选中 删除几何体(D) 复选框（用于将原始的对象修改为构造对象）与 ☑闭合的样条曲线(L) 复选框（用于创建闭合的样条曲线），如图 3.60 所示。

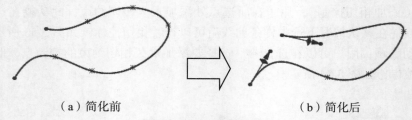

（a）简化前　　　　　　　　　　　（b）简化后

图 3.58　简化样条曲线

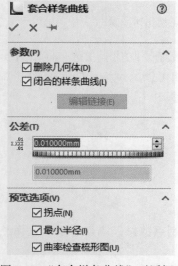

图 3.59　"套合样条曲线"对话框

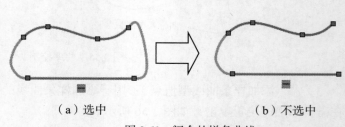

（a）选中　　　　　　　　　　　（b）不选中

图 3.60　闭合的样条曲线

（6）✂（显示拐点）：用于显示样条曲线的拐点（曲率方向发生变化的点），如图3.61所示。

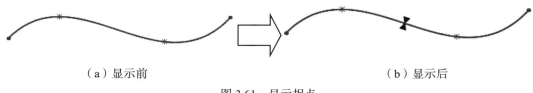

（a）显示前　　　　　　　　　　　　　　　（b）显示后

图 3.61　显示拐点

（7）⌒（显示最小半径）：用于显示样条曲线的最小半径位置点，如图3.62所示。

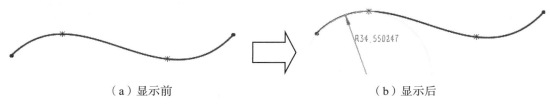

（a）显示前　　　　　　　　　　　　　　　（b）显示后

图 3.62　显示最小半径

（8）✍（显示曲率梳形图）：用于显示样条曲线的曲率梳形，如图3.63所示，在如图3.64所示的曲率比例文本框可以设置曲率梳的比例大小，如图3.65所示，在密度文本框可以设置曲率梳密度，如图3.66所示。

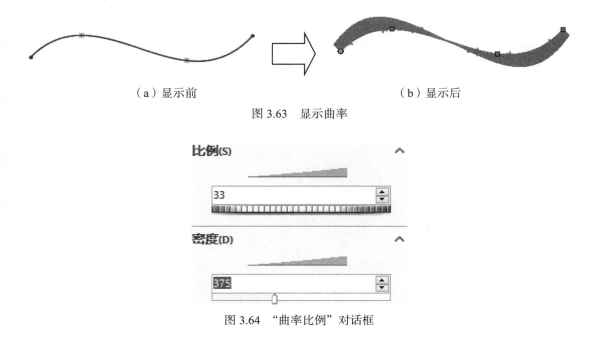

（a）显示前　　　　　　　　　　　　　　　（b）显示后

图 3.63　显示曲率

图 3.64　“曲率比例”对话框

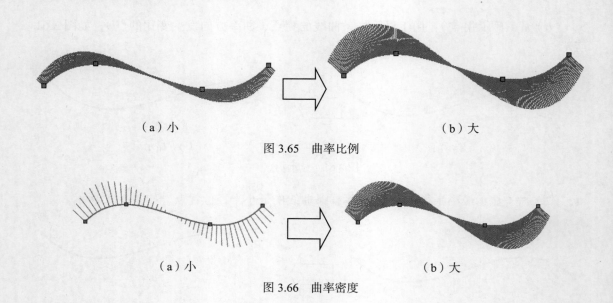

（a）小　　　　　　　　　　　　　　　（b）大

图 3.65　曲率比例

（a）小　　　　　　　　　　　　　　　（b）大

图 3.66　曲率密度

3.2.2　空间样条曲线

9min

下面以如图 3.67 所示的零件为例，介绍空间样条曲线绘制的一般操作过程。

步骤 1：新建一个零件三维模型文件。选择快速访问工具栏中的 🗋·命令，在系统弹出的"新建 SOLIDWORKS 文件"对话框中选择"零件"，然后单击"确定"按钮进入零件设计环境。

步骤 2：绘制如图 3.68 所示的草图 3。单击 草图 功能选项卡中的 ⬜ 草图绘制 按钮，在系统的提示下，选取"上视基准面"作为草图平面，绘制如图 3.66 所示的草图。

步骤 3：创建如图 3.69 所示的基准面 1。单击 特征 功能选项卡 📄 下的 · 按钮，选择 📄 基准面 命令，选取"上视基准面"作为参考平面，在"基准面"对话框 🔲 文本框中输入间距值 10（方向向上）。单击 ✓ 按钮，完成基准面的定义。

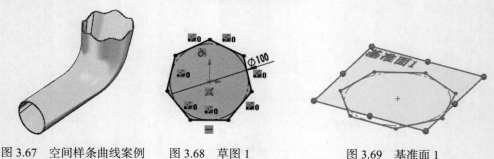

图 3.67　空间样条曲线案例　　　图 3.68　草图 1　　　　　图 3.69　基准面 1

步骤 4：绘制如图 3.70 所示的草图 2。单击 草图 功能选项卡中的 ⬜ 草图绘制 按钮，在系统的提示下，选取"基准面 1"作为草图平面，绘制如图 3.70 所示的草图。

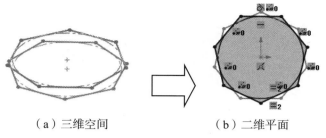

（a）三维空间　　　　　　　　（b）二维平面

图 3.70　草图 2

步骤 5：绘制如图 3.71 所示的三维草图 1。选择 草图 功能选项卡"草图绘制"节点下的 3D 3D草图 命令，选择 草图 功能选项卡中的 ∿（样条曲线）命令，依次绘制草图 1 与草图 2 的端点，得到所需样条曲线，单击图形区右上角的 ⌐◦ 按钮完成草图绘制。

步骤 6：创建如图 3.72 所示的基准面 2。单击 特征 功能选项卡 ▥ 下的 · 按钮，选择 ▥ 基准面 命令，选取"前视基准面"作为参考平面，在"基准面"对话框 ▧ 文本框中输入间距值 230（方向向左）。单击 ✓ 按钮，完成基准面的定义。

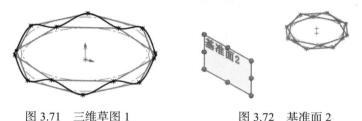

图 3.71　三维草图 1　　　　　图 3.72　基准面 2

步骤 7：绘制如图 3.73 所示的草图 3。单击 草图 功能选项卡中的 ⌐ 草图绘制 按钮，在系统的提示下，选取"基准面 2"作为草图平面，绘制如图 3.73 所示的草图。

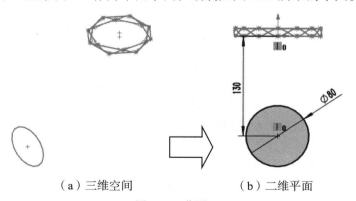

（a）三维空间　　　　　　　　（b）二维平面

图 3.73　草图 3

步骤 8：绘制如图 3.74 所示的草图 4。单击 草图 功能选项卡中的 ⌐ 草图绘制 按钮，在系统的提示下，选取"右视基准面"作为草图平面，绘制如图 3.74 所示的草图。

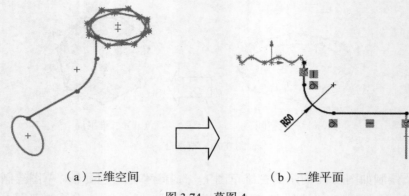

（a）三维空间　　　　　　　　　　（b）二维平面

图 3.74　草图 4

步骤 9：创建如图 3.75 所示的放样曲面 1。单击 曲面 功能选项卡下的（放样曲面）按钮，选取三维草图 1 与草图 2 作为截面，激活 引导线(G) 区域的选择框，选取草图 3 作为引导线，单击 ✔ 按钮，完成放样曲面的创建。

步骤 10：创建如图 3.76 所示的加厚曲面。单击 曲面 功能选项卡下的 加厚 按钮，选取步骤 9 创建的曲面作为参考，在厚度区域选中 单选项（厚度向内），在 文本框中输入厚度值 2，单击 ✔ 按钮，完成加厚曲面的创建。

图 3.75　放样曲面 1

图 3.76　加厚曲面

3min

3.2.3　方程式驱动的曲线

用户可通过定义"笛卡儿坐标系"（暂时还不支持其他坐标系）下的方程式来生成所需要的连续曲线。这种方法可以帮助用户设计所需要的精确数学曲线图形。

1. 一次函数

下面以如图 3.77 所示的曲线为例，介绍一次函数曲线绘制的一般操作过程。

步骤 1：新建一个零件三维模型文件。选择快速访问工具栏中的 命令，在系统弹出的"新建 SOLIDWORKS 文件"对话框中选择"零件"，然后单击"确定"按钮进入零件设计环境。

步骤 2：选择 草图 功能选项卡"草图绘制"节点下的 3D 草图 命令。

步骤3：选择命令。选择 草图 功能选项卡 ⋀ 后的 ·，在系统弹出的快捷菜单中选择
𝔽 方程式驱动的曲线 命令，系统会弹出如图 3.78 所示的"方程式驱动的曲线"对话框。

图 3.77　一次函数曲线　　　　　图 3.78　"方程式驱动的曲线"对话框

步骤4：定义 X 方向方程式。在 x_t 文本框中输入 t。
步骤5：定义 Y 方向方程式。在 y_t 文本框中输入 5*t+10。
步骤6：定义 Z 方向方程式。在 z_t 文本框中输入 0。
步骤7：定义变量 t 的参数。在 t_1 文本框中输入 0，在 t_2 文本框中输入 30。
步骤8：单击 ✓ 按钮完成一次函数曲线的绘制。

2. 二次函数

下面以如图 3.79 所示的曲线为例，介绍二次函数曲线绘制的一
般操作过程。

步骤1：新建一个零件三维模型文件。选择快速访问工具栏中
的 □· 命令，在系统弹出的"新建 SOLIDWORKS 文件"对话框中选
择"零件"，然后单击"确定"按钮进入零件设计环境。

步骤2：选择 草图 功能选项卡"草图绘制"节点下的 ⌷ 3D 草图
命令。

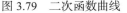

图 3.79　二次函数曲线

步骤3：选择命令。选择 草图 功能选项卡 ⋀ 后的 ·，在系统弹出
的快捷菜单中选择 𝔽 方程式驱动的曲线 命令，系统会弹出"方程式驱动的曲线"对话框。

步骤4：定义 X 方向方程式。在 x_t 文本框中输入 t。
步骤5：定义 Y 方向方程式。在 y_t 文本框中输入 t*t+5*t。
步骤6：定义 Z 方向方程式。在 z_t 文本框中输入 0。
步骤7：定义变量 t 的参数。在 t_1 文本框中输入 -10，在 t_2 文本框中输入 5。
步骤8：单击 ✓ 按钮完成二次函数曲线的绘制。

2min

3. 阿基米德曲线

下面以如图 3.80 所示的曲线为例，介绍使用方程式绘制阿基米德曲线的一般操作过程。

图 3.80　阿基米德曲线

步骤 1：新建一个零件三维模型文件。选择快速访问工具栏中的 □· 命令，在系统弹出的"新建 SOLIDWORKS 文件"对话框中选择"零件"，然后单击"确定"按钮进入零件设计环境。

步骤 2：选择 草图 功能选项卡"草图绘制"节点下的 3D 3D草图 命令。

步骤 3：选择命令。选择 草图 功能选项卡 N· 后的 ·，在系统弹出的快捷菜单中选择 方程式驱动的曲线 命令，系统会弹出"方程式驱动的曲线"对话框。

步骤 4：定义 X 方向方程式。在 x_t 文本框中输入 cos(pi/2)*10*(1+t)*cos(2*t*pi)−sin(pi/2)*10*(1+t)*sin(2*t*pi)。

步骤 5：定义 Y 方向方程式。在 y_t 文本框中输入 sin(pi/2)*10*(1+t)*cos(2*t*pi)+sin(pi/2)*10*(1+t)*sin(2*t*pi)。

步骤 6：定义 Z 方向方程式。在 z_t 文本框中输入 0。

步骤 7：定义变量 t 的参数。在 t_1 文本框中输入 0，在 t_2 文本框中输入 2。

步骤 8：单击 ✓ 按钮完成阿基米德曲线的绘制。

3.2.4　样条曲线案例：灯罩

7min

灯罩如图 3.81 所示。

步骤 1：新建模型文件，选择"快速访问工具栏"中的 □· 命令，在系统弹出的"新建 SOLIDWORKS 文件"对话框中选择"零件"，单击"确定"按钮进入零件建模环境。

步骤 2：创建草图 1。单击 草图 功能选项卡中的 □ 草图绘制 按钮，在系统的提示下，选取"上视基准面"作为草图平面，绘制如图 3.82 所示的草图。

步骤 3：创建如图 3.83 所示的基准面 1。单击 特征 功能选项卡 ▦ 下的 · 按钮，选择 ▦ 基准面 命令，选取"上视基准面"作为参考平面，在"基准面"对话框 ▦ 文本框中输入间距值 15。单击 ✓ 按钮，完成基准面的定义。

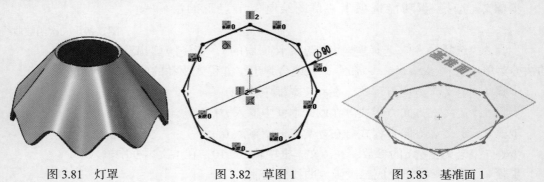

图 3.81　灯罩　　　　图 3.82　草图 1　　　　图 3.83　基准面 1

步骤4：创建如图3.84所示的草图2。单击 草图 功能选项卡中的 草图绘制 按钮，在系统的提示下，选取"基准面1"作为草图平面，绘制如图3.84所示的草图。

步骤5：创建如图3.85所示的三维草图1。单击 草图 功能选项卡中的 3D 3D草图 按钮，绘制如图3.85所示的空间样条曲线。

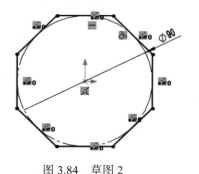

图3.84　草图2

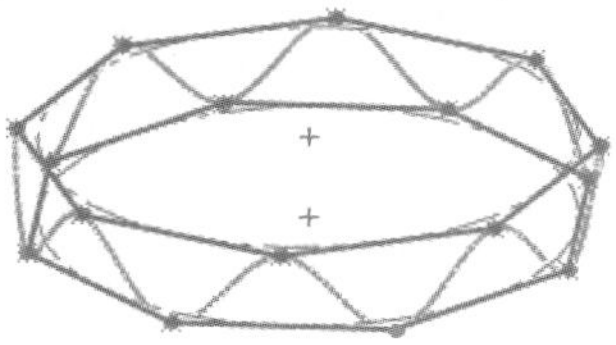

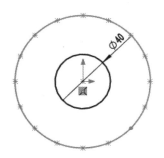

图3.85　三维草图1

步骤6：创建如图3.86所示的基准面2。单击 特征 功能选项卡 下的 按钮，选择 基准面 命令，选取"上视基准面"作为参考平面，在"基准面"对话框 文本框中输入间距值50。单击 ✔ 按钮，完成基准面的定义。

步骤7：创建如图3.87所示的草图3。单击 草图 功能选项卡中的 草图绘制 按钮，在系统的提示下，选取"基准面2"作为草图平面，绘制如图3.87所示的草图3。

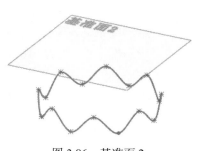

图3.86　基准面2

图3.87　草图3

步骤8：创建如图3.88所示的草图4。单击 草图 功能选项卡中的 草图绘制 按钮，在系统的提示下，选取"前视基准面"作为草图平面，绘制如图3.88所示的草图4。

步骤9：创建如图3.89所示的放样曲面。选择 曲面 功能选项卡中的 ↙ （放样曲面）命令，在绘图区域依次选取三维草图1与草图3作为放样截面，在"放样"对话框中激活 引导线(G) 区域的文本框，然后在绘图区域中选取步骤4创建的直线，单击"放样"对话框中的 ✔ 按钮，完成放样曲面的创建。

步骤10：创建加厚特征。选择 曲面 功能选项卡中的 加厚 命令，在系统的提示下选取步骤9创建的曲面作为要加厚的曲面，在 厚度 区域选中 ▤（加厚两侧）单选项，在 文本框中输入1，单击"加厚"对话框中的 ✓ 按钮，完成加厚的创建，如图3.81所示。

步骤11：保存文件。选择"快速访问工具栏"中的 █保存(S) 命令，系统会弹出"另存为"对话框，在 文件名(N): 文本框中输入"灯罩"，单击"保存"按钮，完成保存操作。

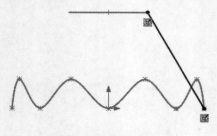

图3.88　草图4

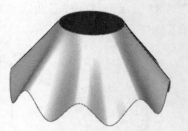

图3.89　放样曲面

3.3　通过点的曲线

3.3.1　通过 X、Y、Z 点的曲线

下面以绘制通过点1（5,10,20）、点2（10,20,30）、点3（20,30,50）、点4（30,50,30）、点5（40,30,20）与点6（20,50,30）为例，介绍通过 X、Y、Z 点的曲线的一般操作过程，如图3.90所示。

步骤1：新建模型文件。选择"快速访问工具栏"中的 █· 命令，在系统弹出的"新建SOLIDWORKS文件"对话框中选择"零件"，单击"确定"按钮进入零件建模环境。

步骤2：选择命令。单击 特征 功能选项卡 ひ 下的 · 按钮，在系统弹出的快捷菜单中选择 ひ 通过 X、Y、Z 点的曲线 命令，系统会弹出"曲线文件"对话框。

步骤3：输入点数据。在"曲线文件"对话框通过双击的方式输入如图3.91所示的点数据。

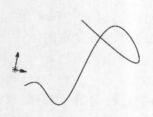

图3.90　通过 X、Y、Z 点的曲线

曲线文件　　　　　　　　　　✕

点	X	Y	Z
1	5mm	10mm	20mm
2	10mm	20mm	30mm
3	20mm	30mm	50mm
4	30mm	50mm	30mm
5	40mm	30mm	20mm
6	20mm	50mm	30mm

浏览...　保存　另存为　插入　确定　取消

图3.91　"曲线文件"对话框

说明： 在定义点数据时可以在对话框直接输入数据也可以单击 浏览... 按钮，选择

sldcrv 格式的文件即可导入数据，在通过 sldcrv 文件定义数据文件时，用户可以通过打开配套素材中的数据点.sldcrv 文件进行修改调整使用。

步骤 4：单击 确定 按钮完成曲线的绘制。

3.3.2 通过参考点的曲线

▶ 2min

下面以绘制如图 3.92 所示的曲线为例，介绍通过参考点的曲线的一般操作过程。

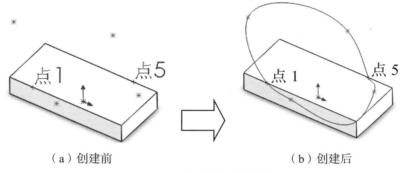

（a）创建前   （b）创建后

图 3.92 通过参考点的曲线

步骤 1：打开文件 D:\SOLIDWORKS 曲面设计 \ch03\ch03.03\ 通过参考点曲线 -ex。

步骤 2：选择命令。单击 特征 功能选项卡 ʊ 下的 · 按钮，在系统弹出的快捷菜单中选择 通过参考点的曲线 命令，系统会弹出"通过参考点的曲线"对话框。

步骤 3：选取参考点。依次选取如图 3.93 所示的点 1、点 2、点 3、点 4、点 5、点 6 与点 7 作为参考。

说明： 参考点可以是模型端点、草图点或者基准点。

步骤 4：设置封闭选项。在"通过参考点的曲线"对话框选中 ☑ 闭环曲线(O) 单选项。

步骤 5：单击 ✔ 按钮完成曲线的绘制，如图 3.92（b）所示。

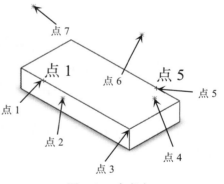

图 3.93 参考点

3.4 螺旋线与涡状线

3.4.1 螺旋线

在建模与造型的过程中，螺旋线经常会被用到，在 SOLIDWORKS 中可以通过定义螺距、圈数、半径、高度等参数创建螺旋线，在创建螺旋线 / 涡状线之前，必须绘制一个圆或选取包含单一圆的草图来定义螺旋线的断面。螺旋线包括恒定螺距与可变螺距两种类型，下面分别进行介绍。

▶ 5min

1. 恒定螺距螺旋线

下面以绘制如图 3.94 所示的螺旋线为例，介绍创建恒定螺距螺旋线的一般操作过程。

步骤 1：新建模型文件。选择"快速访问工具栏"中的 🗋 命令，在系统弹出的"新建 SOLIDWORKS 文件"对话框中选择"零件"，单击"确定"按钮进入零件建模环境。

步骤 2：选择命令。单击 特征 功能选项卡 ᙠ 下的 · 按钮，在系统弹出的快捷菜单中选择 沙 螺旋线/涡状线 命令。

步骤 3：绘制螺旋线横断面。在系统的提示下选取"上视基准面"作为草图基准面，绘制如图 3.95 所示的圆，单击 ↳ 退出草图环境。

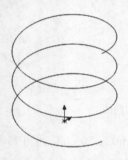

图 3.94　恒定螺距螺旋线

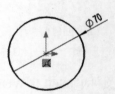

图 3.95　螺旋线横截面

步骤 4：定义螺旋线参数。在系统弹出的如图 3.96 所示的"螺旋线/涡状线"对话框的 定义方式(D): 下拉列表中选择 螺距和圈数 类型，在 参数(P) 区域选中 ◉ 恒定螺距(C) 单选项，在 螺距(I): 文本框中输入 25，在 圈数(R): 文本框中输入 3，在 起始角度(S): 文本框中输入 0，选中 ◉ 顺时针(C) 单选项。

如图 3.96 所示的"螺旋线/涡状线"对话框中各选项的说明如下。

（1）螺距和圈数 类型：用于通过螺距与圈数定义螺旋线。

（2）高度和圈数 类型：用于通过高度与圈数定义螺旋线。

（3）高度和螺距 类型：用于通过高度与螺距定义螺旋线。

（4）◉ 恒定螺距(C) 类型：用于创建恒定螺距的螺旋线。

（5）◉ 可变螺距(L) 类型：用于创建可变螺距的螺旋线。

（6）螺距(I): 类型：用于设置恒定螺距螺旋线的螺距，如图 3.97 所示。

（7）☐ 反向(V) 复选框：用于设置螺旋线的方向，如图 3.98 所示。

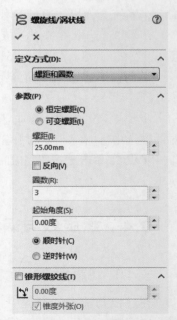

图 3.96　"螺旋线/涡状线"对话框

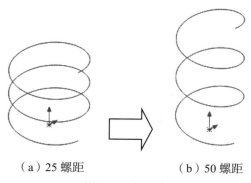

（a）25 螺距   （b）50 螺距

图 3.97　螺距参数

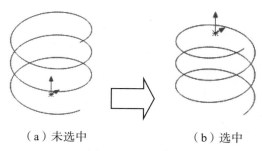

（a）未选中   （b）选中

图 3.98　反向参数

（8）圈数(R): 文本框：用于设置螺旋线的圈数。

（9）起始角度(S): 文本框：用于设置螺旋线的圈数的起始位置，如图 3.99 所示。

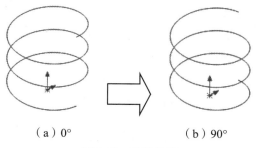

（a）0°   （b）90°

图 3.99　起始角度

（10）◉顺时针(C) 单选框：用于设置螺旋线按照顺时针方向生成，如图 3.100（a）所示。

（11）◉逆时针(W) 单选框：用于设置螺旋线按照逆时针方向生成，如图 3.100（b）所示。

2. 带有锥度的螺旋线

下面以创建如图 3.101 所示的模型为例介绍创建带有锥度的螺旋线的一般创建方法。

步骤 1：新建一个零件三维模型文件。选择快速访问工具栏中的 📄·命令，在系统弹出

▷21min

的"新建 SOLIDWORKS 文件"对话框中选择"零件"，然后单击"确定"按钮进入零件设计环境。

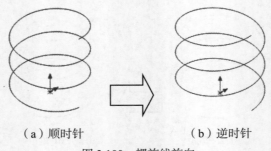

（a）顺时针 　　　　　　　（b）逆时针

图 3.100　螺旋线旋向

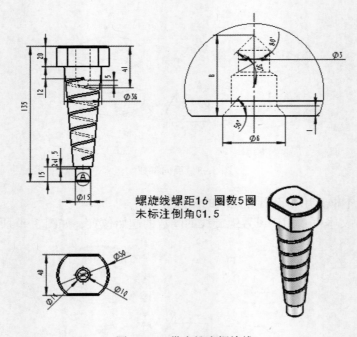

螺旋线螺距16 圈数5圈
未标注倒角C1.5

图 3.101　带有锥度螺旋线

　　步骤 2：创建如图 3.102 所示的凸台 - 拉伸 1。单击 特征 功能选项卡中的 按钮，在系统的提示下选取"上视基准面"作为草图平面，绘制如图 3.103 所示的截面草图；在"凸台 - 拉伸"对话框 方向1(1) 区域的下拉列表中选择 给定深度，输入深度值20；单击 ✔ 按钮，完成凸台 - 拉伸 1 的创建。

　　步骤 3：创建如图 3.104 所示的旋转 1。选择 特征 功能选项卡中的旋转凸台基体 命令，在系统提示"选择一基准面来绘制特征横截面"下，选取"前视基准面"作为草图平面，绘制如图 3.105 所示的截面草图，采用系统默认的旋转轴与旋转方向，在"旋转"对

话框的 **方向1(1)** 区域的下拉列表中选择 **给定深度** ，在 **㉑** 文本框中输入旋转角度值 360，单击 "旋转" 对话框中的 ✔ 按钮，完成特征的创建。

图 3.102 凸台 - 拉伸 1

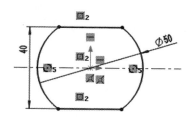

图 3.103 截面草图

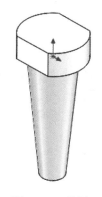

图 3.104 旋转 1

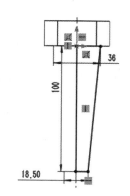

图 3.105 截面草图

步骤 4：创建如图 3.106 所示的凸台 - 拉伸 2。单击 **特征** 功能选项卡中的 ⊚ 按钮，在系统的提示下选取步骤 3 创建的直径值为 18.5 的平面作为草图平面，绘制如图 3.107 所示的截面草图；在 "凸台 - 拉伸" 对话框 **方向1(1)** 区域的下拉列表中选择 **给定深度** ，输入深度值 15；单击 ✔ 按钮，完成凸台 - 拉伸 2 的创建。

图 3.106 凸台 - 拉伸 2

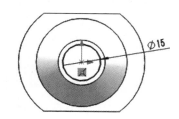

图 3.107 截面草图

步骤 5：创建如图 3.108 所示的切除 - 拉伸 1。单击 特征 功能选项卡中的 ▦ 按钮，在系统的提示下选取步骤 3 创建的直径值为 18.5 的平面作为草图平面，绘制如图 3.109 所示的截面草图；在"切除 - 拉伸"对话框 方向1(1) 区域的下拉列表中选择 给定深度 ，输入深度值 2，单击 ↗ 按钮使方向向下；选中 ☑ 薄壁特征(T) ，在类型下拉列表中选择 单向 ，在 ⊱ 文本框中输入 1.5，单击 ↗ 按钮使方向向内；单击 ✓ 按钮，完成切除 - 拉伸的创建。

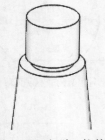

图 3.108　切除 - 拉伸 1

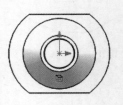

图 3.109　截面草图

步骤 6：创建如图 3.110 所示的基准面 1。单击 特征 功能选项卡 ◉ 下的 · 按钮，选择 ▦ 基准面 命令，选取如图 3.111 所示的模型表面作为参考平面，在"基准面"对话框 ⊠ 文本框中输入间距值 12，方向如图 3.110 所示。单击 ✓ 按钮，完成基准面的定义。

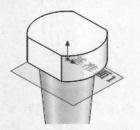

图 3.110　基准面 1

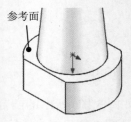

图 3.111　参考平面

步骤 7：创建如图 3.112 所示的交叉曲线。单击 草图 功能选项卡 下的 · 按钮，选择 ◎ 交叉曲线 命令，系统会弹出"交叉曲线"对话框，选取步骤 6 创建基准面 1 与步骤 3 创建的圆锥面作为参考，单击 ✓ 按钮，完成交叉曲线的创建。

步骤 8：创建如图 3.113 所示的螺旋线。单击 特征 功能选项卡 ↻ 下的 · 按钮，在系统弹出的快捷菜单中选择 ⧉ 螺旋线/涡状线 命令；在系统的提示下选取"基准面 1"作为草图基准面，绘制如图 3.114 所示的圆（复制步骤 7 创建的交叉曲线），单击 ↳ 退出草图环境；在系统弹出的"螺旋线 / 涡状线"对话框的 定义方式(D): 下拉列表中选择 螺距和圈数 类型，在 参数(P) 区域选中 ◉ 恒定螺距(C) 单选项，在 螺距(I): 文本框中输入 16，在 圈数(R): 文本框中输入 5，在 起始角度(S): 文本框中输入 0，选中 ◉ 逆时针(W) 单选项；在"螺旋线 / 涡状线"对话框选中 ☑ 锥形螺纹线(T) 复选项，在 ⬆ 文本框中输入 5，取消选中 ☐ 锥度外张(O) 复选项；单击 ✓ 按钮，完成螺旋线的创建。

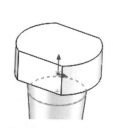

图 3.112 交叉曲线

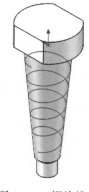

图 3.113 螺旋线

图 3.114 螺旋线截面

注意：锥形角度是根据如图 3.115 所示的方法测量得到的，从而保证螺旋线紧贴圆锥面。

步骤 9：创建如图 3.116 所示的扫描切除。单击 特征 功能选项卡中的 扫描切除 按钮，在"扫描切除"对话框的 轮廓和路径(P) 区域选中 ⊙图形轮廓(C) 单选项，在 文本框输入 2，选取步骤 8 创建的螺旋线作为路径。

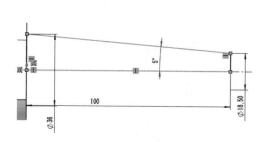

图 3.115 角度测量方法

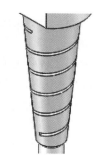

图 3.116 扫描切除

步骤 10：创建如图 3.117 所示的切除旋转 1。选择 特征 功能选项卡中的切除旋转 命令，在系统提示"选择一基准面来绘制特征横截面"下，选取如图 3.118 所示的模型表面作为草图平面，绘制如图 3.119 所示的截面草图，采用系统默认的旋转轴与旋转方向，在"切除旋转"对话框的 方向1(1) 区域的下拉列表中选择 给定深度 ，在 文本框中输入旋转角度值 360，单击"切除旋转"对话框中的 ✓ 按钮，完成特征的创建。

步骤 11：创建如图 3.120 所示的切除旋转 2。选择 特征 功能选项卡中的切除旋转 命令，在系统提示"选择一基准面来绘制特征横截面"下，选取如图 3.121 所示的模型表面作为草图平面，绘制如图 3.122 所示的截面草图，采用系统默认的旋转轴与旋转方向，在"切除旋转"对话框的 方向1(1) 区域的下拉列表中选择 给定深度 ，在 文本框中输入旋转角度值 360，单击"切除旋转"对话框中的 ✓ 按钮，完成特征的创建。

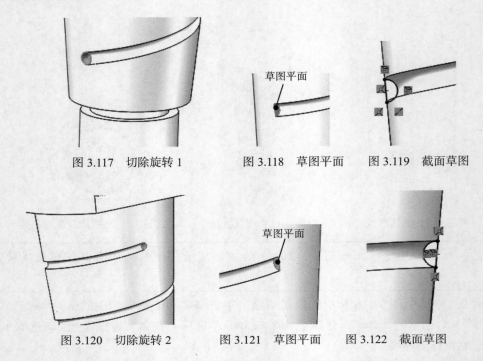

图 3.117　切除旋转 1　　　　图 3.118　草图平面　　　图 3.119　截面草图

图 3.120　切除旋转 2　　　　图 3.121　草图平面　　　图 3.122　截面草图

步骤 12：创建如图 3.123 所示的切除旋转 3。选择 特征 功能选项卡中的切除旋转 ⋒ 命令，在系统提示"选择一基准面来绘制特征横截面"下，选取"前视基准面"作为草图平面，绘制如图 3.124 所示的截面草图，采用系统默认的旋转轴与旋转方向，在"切除旋转"对话框的 方向1(1) 区域的下拉列表中选择 给定深度 ，在 ⊾ 文本框中输入旋转角度值 360，单击"切除旋转"对话框中的 ✓ 按钮，完成特征的创建。

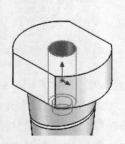

图 3.123　切除旋转 3

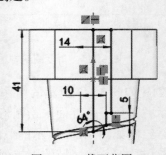

图 3.124　截面草图

步骤 13：创建如图 3.125 所示的切除旋转 4。选择 特征 功能选项卡中的切除旋转 ⋒ 命令，在系统提示"选择一基准面来绘制特征横截面"下，选取"前视基准面"作为草图平面，绘制如图 3.126 所示的截面轮廓，采用系统默认的旋转轴与旋转方向，在"切除旋转"对话框的 方向1(1) 区域的下拉列表中选择 给定深度 ，在 ⊾ 文本框中输入旋转角度值 360，单击"切除旋转"对话框中的 ✓ 按钮，完成特征的创建。

图 3.125　切除旋转 4

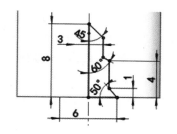

图 3.126　截面草图

步骤 14：创建如图 3.127 所示的倒角 1。单击 特征 功能选项卡 下的 按钮，选择 倒角 命令，在"倒角"对话框中选择"角度距离" 单选项，在系统的提示下选取如图 3.128 所示的边线作为倒角对象，在"倒角"对话框的 倒角参数 区域中的 文本框中输入倒角距离值 1.5，在 文本框中输入倒角角度值 45，在"倒角"对话框中单击 按钮，完成倒角的定义。

图 3.127　倒角 1

图 3.128　倒角对象

3. 可变螺距的螺旋线

下面以创建如图 3.129 所示的模型为例介绍创建可变螺距的螺旋线的一般创建方法。

步骤 1：新建一个零件三维模型文件。选择快速访问工具栏中的 命令，在系统弹出的"新建 SOLIDWORKS 文件"对话框中选择"零件"，然后单击"确定"按钮进入零件设计环境。

7min

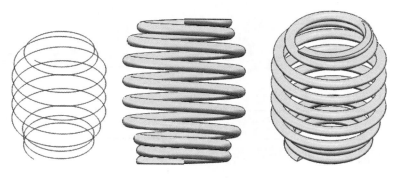

图 3.129　可变螺距螺旋线

步骤2：创建如图3.130所示的螺旋线。单击 特征 功能选项卡 ↻ 下的 · 按钮，在系统弹出的快捷菜单中选择 螺旋线/涡状线 命令；在系统的提示下选取"上视基准面"作为草图基准面，绘制如图3.131所示的圆，单击 退出草图环境；在系统弹出的"螺旋线/涡状线"对话框的 定义方式(D): 下拉列表中选择 螺距和圈数 类型，在 参数(P) 区域选中 ◉可变螺距(L) 单选项，在 区域参数(G): 区域设置如图3.132所示的参数；单击 ✓ 按钮，完成螺旋线的创建。

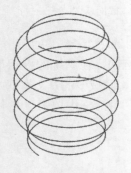

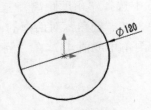

	螺距	圈数	高度	直径
1	16mm	0	0mm	120m
2	16mm	2	32mm	120m
3	30mm	3	55mm	160m
4	30mm	7	175m	160m
5	16mm	8	198m	120m
6	16mm	9	214m	120m
7				

图 3.130　创建螺旋线　　　图 3.131　草图平面　　　图 3.132　截面草图

步骤3：创建如图3.133所示的扫描1。单击 特征 功能选项卡中的 扫描 按钮，在"扫描"对话框的 轮廓和路径(P) 区域选中 ◉圆形轮廓(C) 单选项，在 ⊘ 文本框输入15，选取步骤2创建的螺旋线作为路径。

步骤4：创建如图3.134所示的切除-拉伸1。单击 特征 功能选项卡中的 按钮，在系统的提示下选取"前视基准面"作为草图平面，绘制如图3.135所示的截面草图；在"切除-拉伸"对话框 方向1(1) 区域的下拉列表中选择 完全贯穿-两者，选中 ☑反侧切除(F) 复选项；单击 ✓ 按钮，完成切除-拉伸的创建。

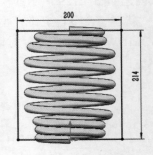

图 3.133　扫描 1　　　图 3.134　切除-拉伸 1　　　图 3.135　截面草图

注意：矩形的高度需要与螺旋线的总高度一致，矩形的宽度需要大于模型的宽度。

3.4.2　螺旋线案例：扬声器口

本案例将介绍扬声器口模型的创建过程，主要使用螺旋线、放样、拉伸、扫描、抽壳等，本案例的创建具有一定的技巧性，希望读者通过对该案例的学习掌握创建此类模型的一般方法，熟练掌握常用的建模功能。该模型及特征树如图 3.136 所示。

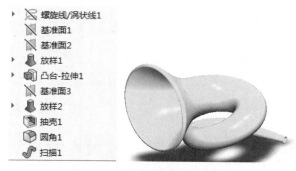

图 3.136　扬声器口模型及特征树

步骤 1：新建一个零件三维模型文件。选择快速访问工具栏中的 [] 命令，在系统弹出的"新建 SOLIDWORKS 文件"对话框中选择"零件"，然后单击"确定"按钮进入零件设计环境。

步骤 2：创建如图 3.137 所示的螺旋线。单击 特征 功能选项卡 ↻ 下的 · 按钮，在系统弹出的快捷菜单中选择 ⅋ 螺旋线/涡状线 命令；在系统的提示下选取"上视基准面"作为草图基准面，绘制如图 3.138 所示的圆，单击 ↳ 退出草图环境；在系统弹出的"螺旋线 / 涡状线"对话框的 定义方式(D): 下拉列表中选择 螺距和圈数 类型，在 参数(P) 区域选中 ⊙ 恒定螺距(C) 单选项，在 螺距(I): 文本框中输入 30，在 圈数(R): 文本框中输入 1.2，在 起始角度(S): 文本框中输入 0，选中 ⊙ 顺时针(C) 单选项；单击 ✓ 按钮，完成螺旋线的创建。

图 3.137　螺旋线

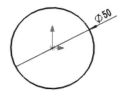

图 3.138　螺旋线截面

步骤 3：创建基准面 1。单击 特征 功能选项卡 ▯ 下的 · 按钮，选择 ▤ 基准面 命令，选取步骤 2 创建的螺旋线的上端点作为参考，采用系统默认的"重合" ⅄ 类型，选取步骤 2 创建的螺旋线作为曲线参考，采用系统默认的"垂直" ⊥ 类型，在"基准面"对话框中单击 ✓ 按钮，完成基准面的定义，如图 3.139 所示。

步骤 4：创建基准面 2。单击 特征 功能选项卡 ▯ 下的 · 按钮，选择 ▤ 基准面 命令，选取步骤 2 创建的螺旋线的下端点作为参考，采用系统默认的"重合" ⅄ 类型，选取步骤 2 创建的螺旋线作为曲线参考，采用系统默认的 ⊥ 类型，在"基准面"对话框中单击 ✓ 按钮，完成基准面的定义，如图 3.140 所示。

图 3.139 基准面 1   图 3.140 基准面 2

步骤 5：创建如图 3.141 所示的放样截面草图 1。单击 草图 功能选项卡中的 □ 草图绘制 按钮，在系统的提示下，选取"基准面 1"作为草图平面，绘制如图 3.141 所示的草图。

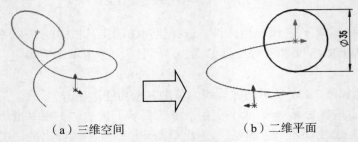

（a）三维空间   （b）二维平面

图 3.141 放样截面草图 1

步骤 6：创建如图 3.142 所示的放样截面草图 2。单击 草图 功能选项卡中的 □ 草图绘制 按钮，在系统的提示下，选取"基准面 2"作为草图平面，绘制如图 3.142 所示的草图。

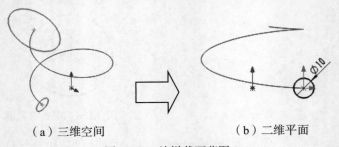

（a）三维空间   （b）二维平面

图 3.142 放样截面草图 2

步骤 7：创建如图 3.143 所示的放样特征。选择 特征 功能选项卡中的 🐛 放样凸台/基体 命令，在绘图区域依次选取放样截面草图 1 与放样截面草图 2 作为放样截面，在"放样"对话框中激活 中心线参数(B) 区域的文本框，然后在绘图区域中选取步骤 2 创建的螺旋线，单击"放样"对话框中的 ✔ 按钮，完成放样特征的创建。

步骤 8：创建如图 3.144 所示的凸台-拉伸。单击 特征 功能选项卡中的 🔘 按钮，在系统的提示下选取如图 3.145 所示的模型表面作为草图平面，绘制如图 3.146 所示的截面草图；在"凸台 - 拉伸"对话框 方向1(1) 区域的下拉列表中选择 给定深度 ，深度值为 40，选中 后将拔模角度值设置为 3；单击 ✓ 按钮，完成凸台 - 拉伸的创建。

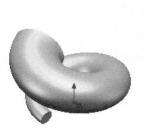

图 3.143　放样特征

图 3.144　凸台 - 拉伸

图 3.145　草图平面

步骤 9：创建如图 3.147 所示的基准面 3。单击 特征 功能选项卡 下的 按钮，选择 基准面 命令，选取如图 3.148 所示的模型表面作为参考平面，在"基准面"对话框 文本框中输入间距值 45，方向如图 3.147 所示。单击 ✓ 按钮，完成基准面的定义。

图 3.146　截面草图

图 3.147　基准面 3

图 3.148　参考平面

步骤 10：创建如图 3.149 所示的放样截面草图 3。单击 草图 功能选项卡中的 草图绘制 按钮，在系统的提示下，选取"基准面 3"作为草图平面，绘制如图 3.149 所示的草图。

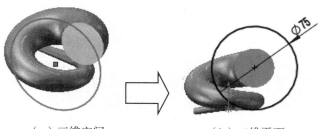

（a）三维空间　　　　　　　　　（b）二维平面

图 3.149　放样截面草图 3

步骤 11：创建如图 3.150 所示的放样特征 2。选择 特征 功能选项卡中的 放样凸台/基体 命令，在绘图区域依次选取如图 3.151 所示的面 1 与步骤 10 创建的放样截面草图 3 作为放样截面，在 开始/结束约束(C) 区域的 开始约束(S) 下拉列表中选择 与面相切 ，单击"放样"对话框中的 ✓ 按钮，完成放样特征的创建。

图 3.150　放样特征 2

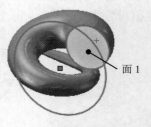

图 3.151　放样截面

步骤 12：创建如图 3.152 所示的抽壳。单击 特征 功能选项卡中的 抽壳 按钮，系统会弹出"抽壳"对话框，选取如图 3.153 所示的移除面（共计两个），在"抽壳"对话框的 参数(P) 区域的"厚度" 文本框中输入 0.5，在"抽壳"对话框中单击 ✓ 按钮，完成抽壳的创建。

图 3.152　抽壳

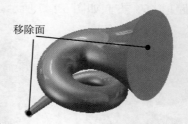

图 3.153　移除面

步骤 13：创建如图 3.154 所示的完全倒圆角。单击 特征 功能选项卡 下的 按钮，选择 圆角 命令，在"圆角"对话框中选择"完全圆角" 单选项，激活"面组 1"区域，选取如图 3.155 所示的面组 1；激活"中央面组"区域，选取如图 3.155 所示的中央面组；激活"面组 2"区域，选取如图 3.155 所示的面组 2。

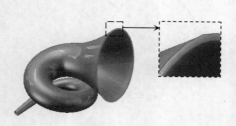

图 3.154　完全倒圆角

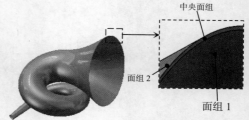

图 3.155　圆角参考

步骤 14：创建如图 3.156 所示的扫描 1。单击 特征 功能选项卡中的 扫描 按钮，在"扫描"对话框的 轮廓和路径(P) 区域选中 ◉圆形轮廓(C) 单选项，在 文本框输入 1，选取如图 3.157 所示的边线作为扫描路径。

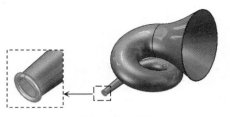
图 3.156 扫描 1

图 3.157 扫描路径

3.4.3 涡状线

涡状线就是我们在几何中所说的阿基米德螺线，也可以理解为一条平面螺旋线。下面以绘制如图 3.158 所示的涡状线为例，介绍创建涡状线的一般操作过程。

步骤 1：新建模型文件。选择"快速访问工具栏"中的 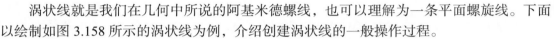 命令，在系统弹出的"新建 SOLIDWORKS 文件"对话框中选择"零件"，单击"确定"按钮进入零件建模环境。

步骤 2：选择命令。单击 特征 功能选项卡 ↺ 下的 · 按钮，在系统弹出的快捷菜单中选择 ☒ 螺旋线/涡状线 命令。

步骤 3：绘制涡状线横断面。在系统的提示下选取"上视基准面"作为草图基准面，绘制如图 3.159 所示的圆，单击 ↳ 退出草图环境。

步骤 4：定义螺旋线参数。在系统弹出的"螺旋线 / 涡状线"对话框 定义方式(D): 下拉列表中选择 涡状线 类型，在 参数(P) 区域 螺距(I): 文本框中输入 50，在 圈数(R): 文本框中输入 3，在 起始角度(S): 文本框中输入 0，选中 ⦿ 顺时针(C) 单选项。

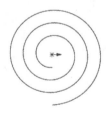
图 3.158 涡状线

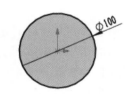
图 3.159 涡状线横截面

步骤 5：单击 ✔ 按钮完成涡状线的创建。

3.5 投影曲线

投影曲线就是将曲线沿其所在平面的法向投射到指定曲面上而生成的曲线。投影曲线的产生包括"面上草图"和"草图到草图"两种方式。

3.5.1 面上草图

下面以绘制如图 3.160 所示的曲线为例，介绍创建面上草图的一般操作过程。

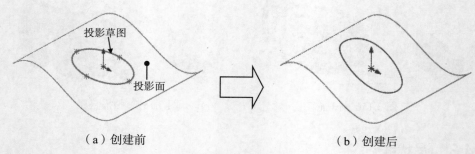

（a）创建前　　　　　　　　　　（b）创建后

图 3.160　面上草图

步骤 1：打开文件 D:\SOLIDWORKS 曲面设计 \work\ch03\ch03.05\01\ 面上草图 -ex。

步骤 2：选择命令。单击 特征 功能选项卡 ↺ 下的 · 按钮，在系统弹出的快捷菜单中选择 🔟 投影曲线 命令，系统会弹出如图 3.161 所示的"投影曲线"对话框。

步骤 3：选择投影类型。在"投影曲线"对话框 投影类型: 区域选中 ◉面上草图(K) 类型。

步骤 4：选择投影草图。在"投影曲线"对话框确认 ⌐ 文本框被激活，选取如图 3.160（a）所示的椭圆草图作为参考。

步骤 5：选择投影面。在"投影曲线"对话框确认 ⌂ 文本框被激活，选取如图 3.160（a）所示的曲面作为参考。

步骤 6：定义投影方向。在"投影曲线"对话框选中 ☑双向(B) 单选项。

说明：当投影方向选择 ☑双向(B) 时，系统将草图沿着正负双方向进行投影，当取消选中 □双向(B) 时，系统将沿着正法向方向进行投影，如图 3.162 所示，选中 ☑反转投影(R) 可以沿着负法向方向进行投影，如图 3.163 所示。

步骤 7：单击"投影曲线"对话框中的 ✓ 按钮，完成投影曲线的创建，如图 3.160（b）所示。

图 3.161　"投影曲线"对话框

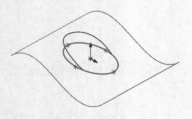

图 3.162　正法向

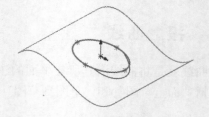

图 3.163　负法向

3.5.2　面上草图案例：足球

足球模型的绘制主要利用旋转特征创建主体结构，结合投影曲线、扫描与镜像创建球面花纹效果，完成后如图 3.164 所示。

步骤 1：新建一个零件三维模型文件。选择快速访问工具栏中的 □ 命令，在系统弹出的"新建 SOLIDWORKS 文件"对话框中选择"零件"，然后单击"确定"按钮进入零件设计环境。

步骤 2：创建如图 3.165 所示的旋转 1。选择 特征 功能选项卡中的旋转凸台基体 ◎ 命令，在系统提示"选择一基准面来绘制特征横截面"下，选取"前视基准面"作为草图平面，绘制如图 3.166 所示的截面草图，在"旋转"对话框的 旋转轴(A) 区域中选取如图 3.166 所示的竖直构造线作为旋转轴，采用系统默认的旋转方向，在"旋转"对话框的 方向1(1) 区域的下拉列表中选择 给定深度，在 ↺ 文本框中输入旋转角度值 360，单击"旋转"对话框中的 ✓ 按钮，完成特征的创建。

图 3.164　足球

图 3.165　旋转 1

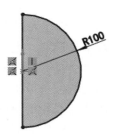

图 3.166　截面草图

步骤 3：创建如图 3.167 所示的草图 1。单击 草图 功能选项卡中的 草图绘制 按钮，在系统的提示下，选取"前视基准面"作为草图平面，绘制如图 3.167 所示的草图。

步骤 4：创建如图 3.168 所示的投影曲线 1。单击 特征 功能选项卡 ↻ 下的 ▾ 按钮，在系统弹出的快捷菜单中选择 ⬚ 投影曲线 命令，在 投影类型 区域选中 ◉ 面上草图(K) 类型，选取步骤 3 创建的草图作为投影的草图，选取球面作为投影面参考，投影方向沿 Z 轴正方向，单击 ✓ 按钮，完成投影曲线的创建。

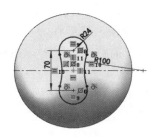

图 3.167　草图 1

图 3.168　投影曲线 1

步骤 5：创建如图 3.169 所示的草图 2。单击 草图 功能选项卡中的 [草图绘制] 按钮，在系统的提示下，选取"右视基准面"作为草图平面，绘制如图 3.169 所示的草图。

步骤 6：创建如图 3.170 所示的投影曲线 2。单击 特征 功能选项卡 ⤵ 下的 · 按钮，在系统弹出的快捷菜单中选择 ⬚ 投影曲线 命令，在 投影类型 区域选中 ◉面上草图(K) 类型，选取步骤 5 创建的草图作为投影的草图，选取球面作为投影面参考，投影方向沿 X 轴负方向，单击 ✓ 按钮，完成投影曲线的创建。

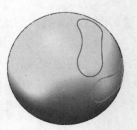

图 3.169　草图 2　　　　　　　　图 3.170　投影曲线 2

步骤 7：创建如图 3.171 所示的草图 3。单击 草图 功能选项卡中的 [草图绘制] 按钮，在系统的提示下，选取"上视基准面"作为草图平面，绘制如图 3.171 所示的草图。

步骤 8：创建如图 3.172 所示的投影曲线 3。单击 特征 功能选项卡 ⤵ 下的 · 按钮，在系统弹出的快捷菜单中选择 ⬚ 投影曲线 命令，在 投影类型 区域选中 ◉面上草图(K) 类型，选取步骤 7 创建的草图作为投影的草图，选取球面作为投影面参考，投影方向沿 Y 轴正方向，单击 ✓ 按钮，完成投影曲线的创建。

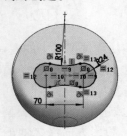

图 3.171　草图 3　　　　　　　　图 3.172　投影曲线 3

步骤 9：创建如图 3.173 所示的扫描切除 1。单击 特征 功能选项卡中的 ⬚ 扫描切除 按钮，在"扫描切除"对话框的 轮廓和路径(P) 区域选中 ◉圆形轮廓(C) 单选项，然后在 ⊘ 文本框中输入直径值 4，在绘图区域中选取步骤 4 创建的投影曲线 1 作为扫描路径，单击 ✓ 按钮完成扫描的创建。

步骤 10：参考步骤 9 创建另外两个扫描切除，完成后如图 3.174 所示。

步骤 11：创建如图 3.175 所示的镜像 1。选择 特征 功能选项卡中的 ⬚ 镜像 命令，选取"前视基准面"作为镜像中心平面，选取"扫描切除 1"作为要镜像的特征，单击"镜像"对话框中的 ✓ 按钮，完成镜像特征的创建。

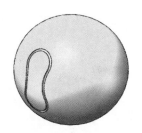

图 3.173　扫描切除 1

图 3.174　扫描切除 2 和 3

步骤 12：参考步骤 11 创建另外两个扫描切除的镜像，完成后如图 3.176 所示。

图 3.175　镜像 1

图 3.176　镜像 2 和 3

步骤 13：创建如图 3.177 所示的草图 4。单击　草图　功能选项卡中的 □ 草图绘制 按钮，在系统的提示下，选取"前视基准面"作为草图平面，绘制如图 3.177 所示的草图（草图的两端与投影曲线添加穿透约束）。

步骤 14：创建如图 3.178 所示的扫描切除 4。单击 特征 功能选项卡中的 扫描切除 按钮，在"扫描切除"对话框的 轮廓和路径(P) 区域选中 圆形轮廓(C) 单选项，然后在 文本框中输入直径值 4，在绘图区域中选取步骤 13 创建的草图作为扫描路径，单击 ✔ 按钮完成扫描的创建。

图 3.177　草图 4

图 3.178　扫描切除 4

步骤 15：创建如图 3.179 所示的镜像 4。选择 特征 功能选项卡中的 镜像 命令，选取"右视基准面"作为镜像中心平面，选取"上视基准面"作为次要镜像中心平面，选取"扫描切除 4"作为要镜像的特征，单击"镜像"对话框中的 ✔ 按钮，完成镜像特征的创建。

步骤 16：创建如图 3.180 所示的草图 5。单击　草图　功能选项卡中的 □ 草图绘制 按钮，在系统的提示下，选取"右视基准面"作为草图平面，绘制如图 3.180 所示的草图（草图的两端与投影曲线添加穿透约束）。

图 3.179　镜像 4

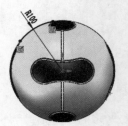

图 3.180　草图 5

步骤 17：创建如图 3.181 所示的扫描切除 5。单击 特征 功能选项卡中的 扫描切除 按钮，在"扫描切除"对话框的 轮廓和路径(P) 区域选中 ⊙图形轮廓(C) 单选项，然后在 ⊘ 文本框中输入直径值 4，在绘图区域中选取步骤 16 创建的草图作为扫描路径，单击 ✔ 按钮完成扫描的创建。

步骤 18：创建如图 3.182 所示的镜像 5。选择 特征 功能选项卡中的 镜像 命令，选取"前视基准面"作为镜像中心平面，选取"上视基准面"作为次要镜像中心平面，选取"扫描切除 5"作为要镜像的特征，单击"镜像"对话框中的 ✔ 按钮，完成镜像特征的创建。

图 3.181　扫描切除 5

图 3.182　镜像 5

步骤 19：创建如图 3.183 所示的草图 6。单击 草图 功能选项卡中的 草图绘制 按钮，在系统的提示下，选取"上视基准面"作为草图平面，绘制如图 3.183 所示的草图（草图的两端与投影曲线添加穿透约束）。

步骤 20：创建如图 3.184 所示的扫描切除 6。单击 特征 功能选项卡中的 扫描切除 按钮，在"扫描切除"对话框的 轮廓和路径(P) 区域选中 ⊙图形轮廓(C) 单选项，然后在 ⊘ 文本框中输入直径值 4，在绘图区域中选取步骤 19 创建的草图作为扫描路径，单击 ✔ 按钮完成扫描的创建。

步骤 21：创建如图 3.185 所示的镜像 6。选择 特征 功能选项卡中的 镜像 命令，选取"前视基准面"作为镜像中心平面，选取"右视基准面"作为次要镜像中心平面，选取"扫描切除 6"作为要镜像的特征，单击"镜像"对话框中的 ✔ 按钮，完成镜像特征的创建。

图 3.183　草图 6

图 3.184　扫描切除 6

图 3.185　镜像 6

3.5.3　草图上草图

下面以绘制如图 3.186 所示的曲线为例，介绍创建草图上草图的一般操作过程。

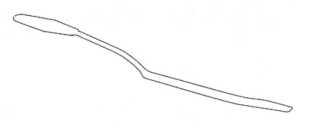
图 3.186　草图上草图

步骤 1：新建一个零件三维模型文件。选择快速访问工具栏中的 命令，在系统弹出的 "新建 SOLIDWORKS 文件" 对话框中选择 "零件"，然后单击 "确定" 按钮进入零件设计环境。

步骤 2：创建如图 3.187 所示的草图 1。单击 草图 功能选项卡中的 草图绘制 按钮，在系统的提示下，选取 "前视基准面" 作为草图平面，绘制如图 3.187 所示的草图。

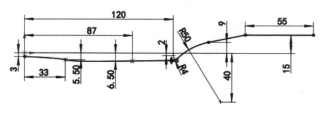
图 3.187　草图 1

步骤 3：创建如图 3.188 所示的草图 2。单击 草图 功能选项卡中的 草图绘制 按钮，在系统的提示下，选取 "上视基准面" 作为草图平面，绘制如图 3.188 所示的草图。

步骤 4：选择命令。单击 特征 功能选项卡 下的 按钮，在系统弹出的快捷菜单中选择 投影曲线 命令，系统会弹出 "投影曲线" 对话框。

步骤 5：选择投影类型。在 "投影曲线" 对话框 投影类型: 区域选中 草图上草图(E) 类型。

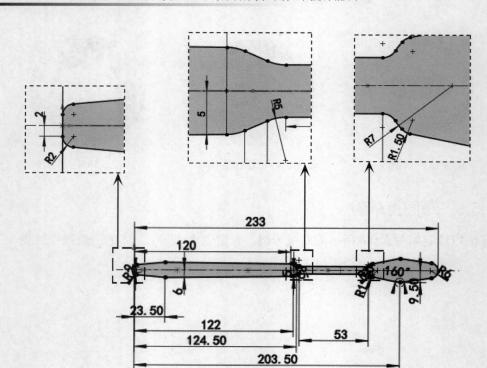

图 3.188　草图 2

　　步骤 6：选择投影草图。在"投影曲线"对话框确认匸文本框被激活，选取步骤 2 与步骤 3 创建的草图 1 与草图 2 作为参考。

　　步骤 7：单击"投影曲线"对话框中的 ✓ 按钮，完成投影曲线的创建，如图 3.186 所示。

3.5.4　草图上草图案例：异形支架

5min

　　步骤 1：新建一个零件三维模型文件，如图 3.189 所示。选择快速访问工具栏中的 命令，在系统弹出的"新建 SOLIDWORKS 文件"对话框中选择"零件"，然后单击"确定"按钮进入零件设计环境。

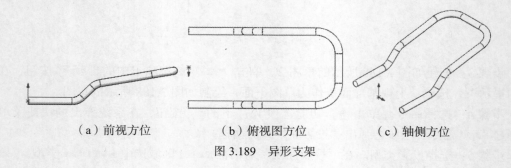

（a）前视方位　　　　　　（b）俯视图方位　　　　　（c）轴侧方位

图 3.189　异形支架

步骤 2：创建如图 3.190 所示的草图 1。单击 草图 功能选项卡中的 □ 草图绘制 按钮，在系统的提示下，选取"上视基准面"作为草图平面，绘制如图 3.190 所示的草图。

步骤 3：创建如图 3.191 所示的草图 2。单击 草图 功能选项卡中的 □ 草图绘制 按钮，在系统的提示下，选取"右视基准面"作为草图平面，绘制如图 3.191 所示的草图。

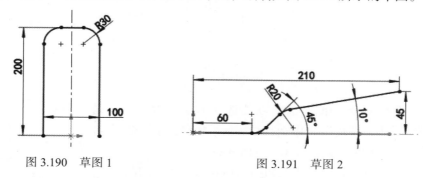

图 3.190　草图 1　　　　　　　　图 3.191　草图 2

步骤 4：创建如图 3.192 所示的投影曲线。单击 特征 功能选项卡 ↻ 下的 · 按钮，在系统弹出的快捷菜单中选择 ⬚ 投影曲线 命令，在 投影类型 区域选中 ◉草图上草图(H) 类型，选取步骤 2 与步骤 3 创建的草图作为投影的草图，单击 ✔ 按钮，完成投影曲线的创建。

步骤 5：创建如图 3.193 所示的扫描。单击 特征 功能选项卡中的 ✎ 扫描 按钮，在"扫描"对话框的 轮廓和路径(P) 区域选中 ◉圆形轮廓(C) 单选项，然后在 ⊘ 文本框中输入直径值 10，在绘图区域中选取步骤 4 创建的投影曲线作为扫描路径，单击 ✔ 按钮完成扫描的创建。

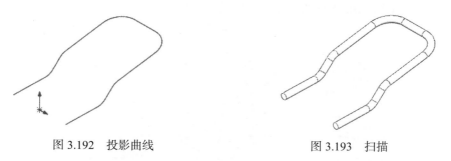

图 3.192　投影曲线　　　　　　　图 3.193　扫描

3.6　相交曲线

相交曲线是指将两个或多个相交特征的交线，相交的特征可以是面或者草图。

3.6.1　相交曲线的一般操作过程

下面以绘制如图 3.194 所示的曲线为例，介绍创建相交曲线的一般操作过程。

步骤 1：打开文件 D:\SOLIDWORKS 曲面设计 \work\ch03\ch03.06\01\ 相交曲线 -ex。

2min

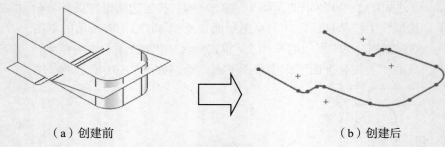

（a）创建前　　　　　　　　　　　　　（b）创建后

图 3.194　相交曲线

步骤 2：选择命令。单击 草图 功能选项卡 下的 按钮，在系统弹出的快捷菜单中选择 交叉曲线 命令，系统会弹出如图 3.195 所示的"交叉曲线"对话框。

步骤 3：选择相交对象。选取如图 3.194（a）所有的曲面作为相交对象（共计 10 个面）。

步骤 4：单击两次"交叉曲线"对话框中的 ✔ 按钮完成交叉曲线的创建，单击图形区右上角的 按钮退出草图环境。

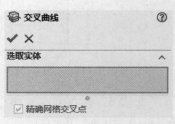

图 3.195　"交叉曲线"对话框

3.6.2　相交曲线案例：异形弹簧

异形弹簧模型的绘制主要利用拉伸曲面与螺旋扫描曲面相交得到相交曲线，然后利用相交曲线结合扫描得到最终模型，完成后如图 3.196 所示。

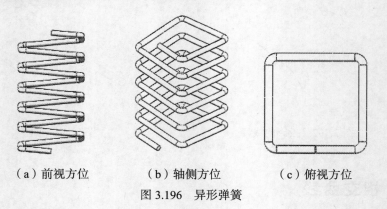

（a）前视方位　　　　　　（b）轴侧方位　　　　　　（c）俯视方位

图 3.196　异形弹簧

步骤 1：新建一个零件三维模型文件。选择快速访问工具栏中的 命令，在系统弹出的"新建 SOLIDWORKS 文件"对话框中选择"零件"，然后单击"确定"按钮进入零件设计环境。

步骤 2：创建如图 3.197 所示的曲面拉伸 1。单击 曲面 功能选项卡中的 按钮，在系统的提示下选取"上视基准面"作为草图平面，绘制如图 3.198 所示的截面草图；在"曲面拉伸"对话框 方向1(1) 区域的下拉列表中选择 给定深度，输入深度值 300；单击 ✓ 按钮，完成曲面拉伸 1 的创建。

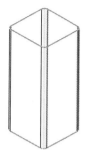

图 3.197　曲面拉伸 1

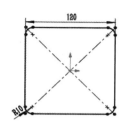

图 3.198　截面草图

步骤 3：创建如图 3.199 所示的螺旋线。单击 特征 功能选项卡 ↻ 下的 · 按钮，在系统弹出的快捷菜单中选择 ⌇ 螺旋线/涡状线 命令，在系统的提示下选取"上视基准面"作为草图平面，绘制如图 3.200 所示的螺旋线横截面，在"螺旋线 / 涡状线"对话框 定义方式(D): 下拉列表中选择 螺距和圈数 类型，在 参数(P) 区域选中 ◉ 恒定螺距(C) 单选项，在 螺距(I): 文本框中输入 40，在 圈数(R): 文本框中输入 6，在 起始角度(S): 文本框中输入 0，选中 ◉ 顺时针(C) 单选项，其他参数采用默认，单击 ✓ 按钮，完成螺旋线的创建。

步骤 4：创建如图 3.201 所示的草图 1。单击 草图 功能选项卡中的 ⌐ 草图绘制 按钮，在系统的提示下，选取"右视基准面"作为草图平面，绘制如图 3.201 所示的草图。

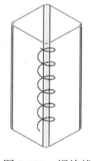

图 3.199　螺旋线

图 3.200　横截面

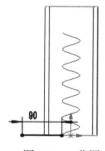

图 3.201　草图 1

步骤 5：创建如图 3.202 所示的曲面扫描。单击 曲面 功能选项卡中的 𝒫 按钮，在"扫描曲面"对话框的 轮廓和路径(P) 区域选中 ◉ 草图轮廓 单选项，选取步骤 4 创建的直线草图作为扫描截面，选取步骤 3 创建的螺旋线作为扫描路径。

步骤 6：创建如图 3.203 所示的相交曲线。单击 草图 功能选项卡 ⬡ 下的 · 按钮，在系统弹出的快捷菜单中选择 ⬡ 交叉曲线 命令，选取步骤 2 与步骤 5 创建的曲面作为参考，单击两次"交叉曲线"对话框中的 ✓ 按钮完成交叉曲线的创建。

步骤 7：创建如图 3.204 所示的扫描。单击 特征 功能选项卡中的 𝒫 扫描 按钮，在"扫描"对话框的 轮廓和路径(P) 区域选中 ⦿圆形轮廓(C) 单选项，然后在 ⊘ 文本框中输入直径值 10，在绘图区域中选取步骤 6 创建的相交曲线作为扫描路径，单击 ✓ 按钮完成扫描的创建。

图 3.202　曲面扫描　　　　图 3.203　相交曲线　　　　图 3.204　扫描

3.7　组合曲线

组合曲线是将一组连续的曲线、草图或模型的边线合成一条曲线。

3.7.1　组合曲线的一般操作过程

下面以绘制如图 3.205 所示的曲线为例，介绍创建组合曲线的一般操作过程。

步骤 1：打开文件 D:\SOLIDWORKS 曲面设计 \work\ch03\ch03.07\01\ 组合曲线 -ex。

步骤 2：选择命令。单击 特征 功能选项卡 ↻ 下的 · 按钮，在系统弹出的快捷菜单中选择 ⤙ 组合曲线 命令，系统会弹出"组合曲线"对话框。

步骤 3：选择要组合的对象。在系统的提示下选取如图 3.206 所示的三维草图、边线 1、边线 2 与草图 1 为组合对象。

步骤 4：单击"组合曲线"对话框中的 ✓ 按钮完成组合曲线的创建。

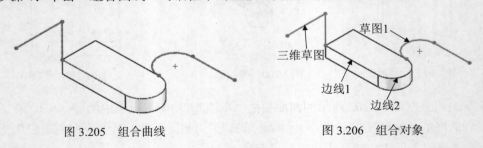

图 3.205　组合曲线　　　　　　　　图 3.206　组合对象

3.7.2　组合曲线案例：加热丝

加热丝模型的绘制主要利用螺旋线、草图与转换实体引用创建扫描路径，最后利用扫描得到最终实体，完成后如图 3.207 所示。

（a）前视方位　　　　　　（b）轴侧方位　　　　　　（c）俯视方位

图 3.207　加热丝

步骤 1：新建一个零件三维模型文件。选择快速访问工具栏中的 □· 命令，在系统弹出的"新建 SOLIDWORKS 文件"对话框中选择"零件"，然后单击"确定"按钮进入零件设计环境。

步骤 2：创建如图 3.208 所示的螺旋线。单击 特征 功能选项卡 ৪ 下的 · 按钮，在系统弹出的快捷菜单中选择 ৪ 螺旋线/涡状线 命令，在系统的提示下选取"上视基准面"作为草图平面，绘制如图 3.209 所示的螺旋线横截面，在"螺旋线/涡状线"对话框 定义方式(D): 下拉列表中选择 螺距和圈数 类型，在 参数(P) 区域选中 ⊙恒定螺距(C) 单选项，在 螺距(I): 文本框中输入 25，在 圈数(R): 文本框中输入 8，在 起始角度(S): 文本框中输入 0，选中 ⊙顺时针(C) 单选项，其他参数采用默认，单击 ✓ 按钮，完成螺旋线的创建。

步骤 3：创建如图 3.210 所示的草图 1。单击 草图 功能选项卡中的 □ 草图绘制 按钮，在系统的提示下，选取"右视基准面"作为草图平面，绘制如图 3.210 所示的草图。

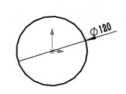
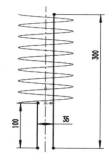

图 3.208　螺旋线　　　　图 3.209　横截面　　　　图 3.210　草图 1

步骤 4：创建如图 3.211 所示的基准面 1。单击 特征 功能选项卡 ৠ 下的 · 按钮，选择 ৠ 基准面 命令，选取上视基准面作为第一参考，选取草图 1 中长度为 300 的直线的上端点作为第二参考，单击 ✓ 按钮，完成基准面的定义。

步骤 5：创建如图 3.212 所示的草图 2。单击 草图 功能选项卡中的 □ 草图绘制 按钮，在系统的提示下，选取"基准面 1"作为草图平面，绘制如图 3.213 所示的草图。

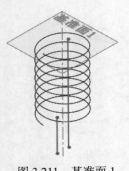

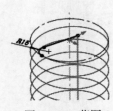

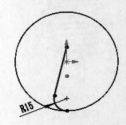

图 3.211　基准面 1　　　　　图 3.212　草图 2　　　　　图 3.213　平面草图

步骤 6：创建如图 3.214 所示的草图 3。单击 草图 功能选项卡中的 ⌐ 草图绘制 按钮，在系统的提示下，选取"上视基准面"作为草图平面，绘制如图 3.215 所示的草图。

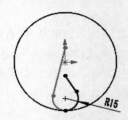

图 3.214　草图 3　　　　　　　　图 3.215　平面草图

步骤 7：创建如图 3.216 所示的三维草图。选择 草图 功能选项卡"草图绘制"节点下的 ⬚ 3D 草图 命令，通过 ⬚（占转换实体引用）功能复制螺旋线、草图 1、草图 2 与草图 3，通过 ⌐ 功能创建草图 1 与草图 2、草图 3 之间的圆角（半径为 15）。

步骤 8：创建如图 3.217 所示的扫描。单击 特征 功能选项卡中的 ✑ 扫描 按钮，在"扫描"对话框的 轮廓和路径(P) 区域选中 ◉ 圆形轮廓(C) 单选项，然后在 ⌀ 文本框中输入直径值 15，在绘图区域中选取步骤 7 创建的三维草图作为扫描路径，单击 ✓ 按钮完成扫描的创建。

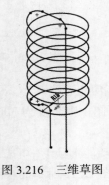

图 3.216　三维草图　　　　　　　　图 3.217　扫描

3.8　分割曲线

分割曲线可以将草图、实体边缘、曲面、面、基准面或曲面样条曲线投影到曲面或平面，并将所选的面分割为多个分离的面，从而允许对分离的面进行操作。

3.8.1　分割曲线的一般操作过程

下面以绘制如图 3.218 所示的曲线为例，介绍创建分割曲线的一般操作过程。

▶ 3min

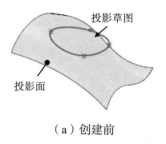
（a）创建前

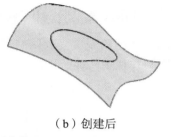
（b）创建后

图 3.218　分割曲线

步骤 1：打开文件 D:\SOLIDWORKS 曲面设计 \work\ch03\ch03.08\01\ 分割曲线 -ex。

步骤 2：选择命令。单击 特征 功能选项卡 ↻ 下的 ⌐ 按钮，在系统弹出的快捷菜单中选择 ⊘分割线 命令，系统会弹出如图 3.219 所示的"分割线"对话框。

步骤 3：选择类型。在"分割线"对话框 分割类型(T) 区域选中 ◉投影(P) 单选项。

步骤 4：选择要投影的草图。在系统 更改类型或选择要投影的草图、方向和分割的面。的提示下，选取如图 3.218（a）所示的投影草图作为参考。

步骤 5：选择要分割的面。在系统 更改类型或选择要投影的草图、方向和分割的面。的提示下，选取如图 3.218（a）所示的投影面作为参考。

步骤 6：单击"分割线"对话框中的 ✓ 按钮完成分割线的创建。

图 3.219　"分割线"对话框

如图 3.219 所示，"分割线"对话框部分选项的说明如下。

（1）◉轮廓(S) 单选项：主要用于在圆柱或者圆锥形零件上生成分割线分割曲面，如图 3.220 所示。

（2）◉投影(P)（两侧）单选项：用于沿曲线投影到曲面或者模型表面生成分割线，如图 3.218 所示。

（3）◉交叉点(I)（第二边）单选项：用于以所选择的实体、曲面、面、基准面或曲面样条曲线的相交线生成分割线，如图 3.221 所示。

图 3.220　轮廓

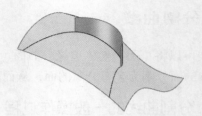

图 3.221　交叉点

36min

3.8.2　分割曲线案例：小猪存钱罐

小猪存钱罐模型的绘制主要利用旋转、放样、扫描与拉伸等特征创建主体结构，利用分割曲线创建眼睛与鼻子修饰效果，完成后如图 3.222 所示。

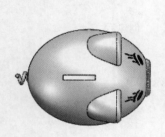
（a）俯视方位

（b）轴侧方位

（c）前视方位

图 3.222　小猪存钱罐

步骤 1：新建一个零件三维模型文件。选择快速访问工具栏中的 命令，在系统弹出的"新建 SOLIDWORKS 文件"对话框中选择"零件"，然后单击"确定"按钮进入零件设计环境。

步骤 2：创建如图 3.223 所示的旋转特征。选择 特征 功能选项卡中的旋转凸台基体 命令，在系统提示"选择一基准面来绘制特征横截面"下，选取"前视基准面"作为草图平面，绘制如图 3.224 所示的截面草图，在"旋转"对话框的 旋转轴(A) 区域中选取如图 3.224 所示的水平构造线作为旋转轴，采用系统默认的旋转方向，在"旋转"对话框的 方向 1(1) 区域的下拉列表中选择 给定深度，在 文本框中输入旋转角度值 360，单击"旋转"对话框中的 ✓ 按钮，完成特征的创建。

步骤 3：创建如图 3.225 所示的基准面 1。单击 特征 功能选项卡 下的 按钮，选择 基准面 命令，选取右视基准面作为参考平面，在"基准面"对话框 文本框中输入间距值 95（方向沿 X 轴正方向）。单击 ✓ 按钮，完成基准面的定义。

步骤 4：创建如图 3.226 所示的草图 1。单击 草图 功能选项卡中的 草图绘制 按钮，在系统的提示下，选取"基准面 1"作为草图平面，绘制如图 3.226 所示的草图。

图 3.223　旋转特征

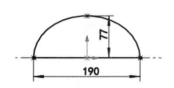

图 3.224　截面草图

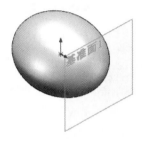

图 3.225　基准面 1

图 3.226　草图 1

步骤 5：创建如图 3.227 所示的基准面 2。单击 [特征] 功能选项卡 [✏] 下的 [·] 按钮，选择 [📄 基准面] 命令，选取基准面 1 作为参考平面，在"基准面"对话框 [📐] 文本框中输入间距值 15（方向沿 X 轴负方向）。单击 [✓] 按钮，完成基准面的定义。

步骤 6：创建如图 3.228 所示的草图 2。单击 [草图] 功能选项卡中的 [📐 草图绘制] 按钮，在系统的提示下，选取"基准面 2"作为草图平面，绘制如图 3.228 所示的草图。

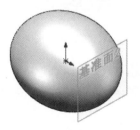

图 3.227　基准面 2

图 3.228　草图 2

步骤 7：创建如图 3.229 所示的放样特征 1。选择 [特征] 功能选项卡中的 [🔊 放样凸台/基体] 命令，在绘图区域依次选取草图 1 与草图 2 作为放样截面，单击"放样"对话框中的 [✓] 按钮，完成放样特征的创建。

步骤 8：创建如图 3.230 所示的基准面 3。单击 [特征] 功能选项卡 [✏] 下的 [·] 按钮，选择 [📄 基准面] 命令，选取基准面 2 作为参考平面，在"基准面"对话框 [📐] 文本框中输入间距值 30（选中 [☑反转等距] 使方向沿 X 轴负方向）。单击 [✓] 按钮，完成基准面的定义。

步骤 9：创建如图 3.231 所示的草图 3。单击 草图 功能选项卡中的 □ 草图绘制 按钮，在系统的提示下，选取"基准面 3"作为草图平面，绘制如图 3.231 所示的草图。

图 3.229　放样特征 1

图 3.230　基准面 3

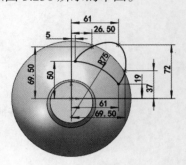

图 3.231　草图 3

步骤 10：创建如图 3.232 所示的基准面 4。单击 特征 功能选项卡 ▼ 下的 · 按钮，选择 ▣ 基准面 命令，选取基准面 3 作为参考平面，在"基准面"对话框 ▣ 文本框中输入间距值 60（选中 ☑ 反转等距 使方向沿 X 轴负方向）。单击 ✔ 按钮，完成基准面的定义。

步骤 11：创建如图 3.233 所示的草图 4。单击 草图 功能选项卡中的 □ 草图绘制 按钮，在系统的提示下，选取"基准面 4"作为草图平面，绘制如图 3.233 所示的草图。

图 3.232　基准面 4

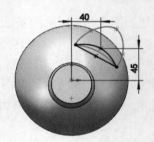

图 3.233　草图 4

步骤 12：创建如图 3.234 所示的基准面 5。单击 特征 功能选项卡 ▼ 下的 · 按钮，选择 ▣ 基准面 命令，选取如图 3.235 所示的 3 个点作为参考。单击 ✔ 按钮，完成基准面的定义。

步骤 13：创建如图 3.236 所示的草图 5。单击 草图 功能选项卡中的 □ 草图绘制 按钮，在系统的提示下，选取"基准面 5"作为草图平面，绘制如图 3.236 所示的草图。

步骤 14：创建如图 3.237 所示的放样特征 2。选择 特征 功能选项卡中的 ▲ 放样凸台/基体 命令，在绘图区域依次选取草图 3 与草图 4 作为放样截面，激活 引导线(G) 区域的文本框，然后在绘图区域中选取草图 5，单击"放样"对话框中的 ✔ 按钮，完成放样特征的创建。

步骤 15：创建如图 3.238 所示的镜像特征 1。选择 特征 功能选项卡中的 ▶◀ 镜像 命令，选取"前视基准面"作为镜像中心平面，选取"放样特征 2"作为要镜像的特征，单击"镜像"对话框中的 ✔ 按钮，完成镜像特征的创建。

图 3.234 基准面 5

图 3.235 参考点

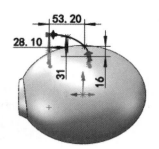

图 3.236 草图 5

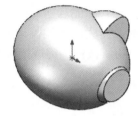

图 3.237 放样特征 2

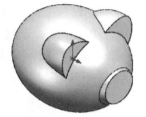

图 3.238 镜像特征 1

步骤 16：创建如图 3.239 所示的基准面 6。单击 特征 功能选项卡 下的 按钮，选择 基准面 命令，选取上视基准面作为参考平面，在"基准面"对话框 文本框中输入间距值 80（选中 反转等距 使方向沿 Y 轴负方向）。单击 按钮，完成基准面的定义。

步骤 17：创建如图 3.240 所示的草图 6。单击 草图 功能选项卡中的 草图绘制 按钮，在系统的提示下，选取"基准面 6"作为草图平面，绘制如图 3.240 所示的草图。

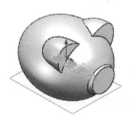

图 3.239 基准面 6

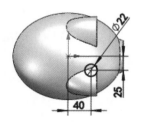

图 3.240 草图 6

步骤 18：创建如图 3.241 所示的基准面 7。单击 特征 功能选项卡 下的 按钮，选择 基准面 命令，选取基准面 6 作为参考平面，在"基准面"对话框 文本框中输入间距值 30（方向沿 Y 轴正方向）。单击 按钮，完成基准面的定义。

步骤 19：创建如图 3.242 所示的草图 7。单击 草图 功能选项卡中的 草图绘制 按钮，在系统的提示下，选取"基准面 7"作为草图平面，绘制如图 3.242 所示的草图。

步骤 20：创建如图 3.243 所示的放样特征 3。选择 特征 功能选项卡中的 放样凸台/基体 命令，在绘图区域依次选取草图 6 与草图 7 作为放样截面，单击"放样"对话框中的 ✓ 按钮，完成放样特征的创建。

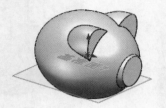
图 3.241　基准面 7

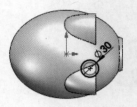
图 3.242　草图 7

步骤 21：创建如图 3.244 所示的镜像特征 2。选择 特征 功能选项卡中的 镜像 命令，选取"前视基准面"作为镜像中心平面，选取"右视基准面"作为次向镜像中心平面，选取"放样特征 3"作为要镜像的特征，单击"镜像"对话框中的 ✓ 按钮，完成镜像特征的创建。

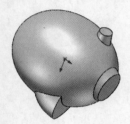
图 3.243　放样特征 3

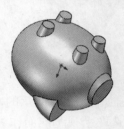
图 3.244　镜像特征 2

步骤 22：创建如图 3.245 所示的圆角 1。单击 特征 功能选项卡 下的 · 按钮，选择 圆角 命令，在"圆角"对话框中选择"固定大小圆角" 类型，在系统的提示下选取如图 3.246 所示的边线作为圆角对象，在"圆角"对话框的 圆角参数 区域中的 文本框中输入圆角半径值 5，单击 ✓ 按钮，完成圆角的定义。

图 3.245　圆角 1

图 3.246　圆角对象

步骤 23：创建如图 3.247 所示的圆角 2。单击 特征 功能选项卡 下的 · 按钮，选择 圆角 命令，在"圆角"对话框中选择"固定大小圆角" 类型，在系统的提示下选取如图 3.248 所示的边线作为圆角对象，在"圆角"对话框的 圆角参数 区域中的 文本框中输入圆角半径值 7，单击 ✓ 按钮，完成圆角的定义。

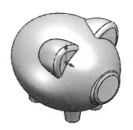

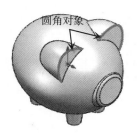

图 3.247　圆角 2　　　　　　　　　　　图 3.248　圆角对象

步骤 24：创建如图 3.249 所示的圆角 3。单击 特征 功能选项卡 🔲 下的 · 按钮，选择 🔲 圆角 命令，在"圆角"对话框中选择"固定大小圆角" 🔲 类型，在系统的提示下选取如图 3.250 所示的边线作为圆角对象，在"圆角"对话框的 圆角参数 区域中的 ↖ 文本框中输入圆角半径值 2，单击 ✓ 按钮，完成圆角的定义。

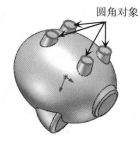

图 3.249　圆角 3　　　　　　　　　　　图 3.250　圆角对象

步骤 25：创建如图 3.251 所示的圆角 4。单击 特征 功能选项卡 🔲 下的 · 按钮，选择 🔲 圆角 命令，在"圆角"对话框中选择 🔲 （固定大小圆角）类型，在系统的提示下选取如图 3.252 所示的边线作为圆角对象，在"圆角"对话框的 圆角参数 区域中的 ↖ 文本框中输入圆角半径值 5，单击 ✓ 按钮，完成圆角的定义。

步骤 26：创建如图 3.253 所示的抽壳特征。单击 特征 功能选项卡中的 抽壳 按钮，系统会弹出"抽壳"对话框，在"抽壳"对话框的 参数(P) 区域的 🔲 （厚度）文本框中输入 5，在"抽壳"对话框中单击 ✓ 按钮，完成抽壳的创建。

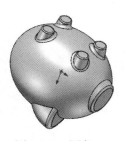

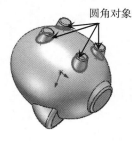

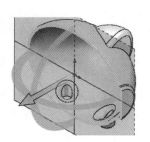

图 3.251　圆角 4　　　　　　图 3.252　圆角对象　　　　　　图 3.253　抽壳特征

步骤 27：创建如图 3.254 所示的切除 - 拉伸 1。单击 [特征] 功能选项卡中的 [▣] 按钮，在系统的提示下选取"上视基准面"作为草图平面，绘制如图 3.255 所示的截面草图；在"切除 - 拉伸"对话框 [方向 1(1)] 区域的下拉列表中选择 [完全贯穿]，方向沿 Y 轴正方向；单击 ✓ 按钮，完成切除 - 拉伸 1 的创建。

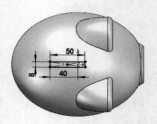

图 3.254 切除 - 拉伸 1   图 3.255 截面草图

步骤 28：创建如图 3.256 所示的基准面 8。单击 [特征] 功能选项卡 ▦ 下的 [·] 按钮，选择 [▦ 基准面] 命令，选取"右视基准面"作为参考平面，在"基准面"对话框 [⬚] 文本框中输入间距值 90（选中 [☑反转等距] 使方向沿 X 轴负方向）。单击 ✓ 按钮，完成基准面的定义。

步骤 29：创建如图 3.257 所示的螺旋线。单击 [特征] 功能选项卡 ↻ 下的 [·] 按钮，在系统弹出的快捷菜单中选择 [8 螺旋线/涡状线] 命令，在系统的提示下选取"基准面 8"作为草图平面，绘制如图 3.258 所示的螺旋线横截面，在"螺旋线 / 涡状线"对话框 [定义方式(D):] 下拉列表中选择 [螺距和圈数] 类型，在 [参数(P)] 区域选中 [⦿可变螺距(L)] 单选项，设置如图 3.259 所示的参数，单击 ✓ 按钮，完成螺旋线的创建。

区域参数(G)：

	螺距	圈数	高度	直径
1	5mm	0	0mm	8mm
2	15mm	1.5	15mm	20mm
3	10mm	2	21.25	5mm
4				

☑ 反向(V)

起始角度(S)：
0.00度

○ 顺时针(C)
⦿ 逆时针(W)

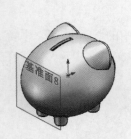

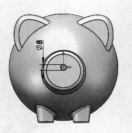

图 3.256 基准面 8   图 3.257 螺旋线   图 3.258 横截面   图 3.259 参数设置

步骤 30：创建如图 3.260 所示的扫描。单击 [特征] 功能选项卡中的 [🖋扫描] 按钮，在"扫描"对话框的 [轮廓和路径(P)] 区域选中 [⦿圆形轮廓(C)] 单选项，然后在 [⊘] 文本框中输入直径值 5，在绘图区域中选取步骤 29 创建的螺旋线作为扫描路径，单击 ✓ 按钮完成扫描的创建。

步骤 31：创建如图 3.261 所示的圆顶。选择 [特征] 功能选项卡中的 [◉圆顶] 命令，在系统的提示下选取如图 3.262 所示的面作为圆顶面，在"圆顶"对话框的⬀文本框中输入圆顶距离 3，取消选中☐椭圆圆顶(E)，其他参数采用默认，单击"圆顶"对话框中的✓按钮，完成圆顶的创建。

图 3.260 扫描

图 3.261 圆顶

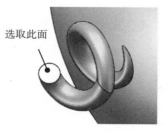

选取此面

图 3.262 圆顶面

步骤 32：创建如图 3.263 所示的分割草图 1。单击 草图 功能选项卡中的☐ 草图绘制 按钮，在系统的提示下，选取如图 3.263 所示的模型表面作为草图平面，绘制如图 3.264 所示的草图。

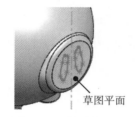

草图平面

图 3.263 分割草图 1

图 3.264 截面草图

步骤 33：创建如图 3.265 所示的分割线 1。单击特征功能选项卡↺下的·按钮，在系统弹出的快捷菜单中选择⬧ 分割线 命令，在分割类型(T)区域选中◉投影(P)单选项，选取步骤 32 创建的草图作为要投影的草图，选取如图 3.265 所示的模型表面作为要分割的面，单击✓按钮完成分割线的创建。

步骤 34：创建如图 3.266 所示的分割草图 2。单击 草图 功能选项卡中的☐ 草图绘制 按钮，在系统的提示下，选取右视基准面作为草图平面，绘制如图 3.266 所示的草图。

分割面

图 3.265 分割线 1

图 3.266 分割草图

步骤 35：创建如图 3.267 所示的分割线 2。单击 特征 功能选项卡 ↻ 下的 · 按钮，在系统弹出的快捷菜单中选择 ⊘ 分割线 命令，在 分割类型(T) 区域选中 ⊙ 投影(P) 单选项，选取步骤 32 创建的草图作为要投影的草图，选取如图 3.267 所示的模型表面作为要分割的面，选中 ☑ 单向(D) 与 ☑ 反向(R) 复选框，单击 ✔ 按钮完成分割线的创建。

图 3.267　分割线 2

4min

3.9　面部曲线

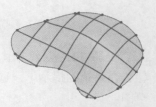

面部曲线是从已有的曲面或面中提取三维参数曲线，生成的曲线以单个三维草图为单位。下面以绘制如图 3.268 所示的曲线为例，介绍创建面部曲线的一般操作过程。

步骤 1：打开文件 D:\SOLIDWORKS 曲面设计 \work\ch03\ch03.09\ 面部曲线 -ex。

步骤 2：选择命令。选择下拉菜单 工具(T) → 草图工具(T) → ◈ 面部曲线 命令，系统会弹出如图 3.269 所示的"面部曲线"对话框。

图 3.268　面部曲线

步骤 3：选择参考面。在系统的提示下选取如图 3.270 所示的面作为参考。

图 3.269　"面部曲线"对话框

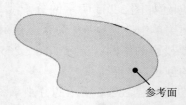

参考面

图 3.270　选择参考面

步骤 4：定义参数。在"面部曲线"对话框选中 ⊙ 网格(M) 单选项，在方向 1"曲线数"文本框中输入 8，在方向 2"曲线数"文本框中输入 6，其他参数采用默认。

步骤 5：单击 ✔ 按钮，在系统弹出的"SOLIDWORKS"对话框中单击 确定 完成面部曲线的创建。

如图 3.269 所示，"面部曲线"对话框部分选项的说明如下。

（1）⊙ 网格(M) 单选项：主要通过定义两个方向的数量创建面部曲线，如图 3.271 所示。

（2）⊙ 位置(P) 单选项：用于在给定的位置创建横竖两个方向的面部曲线，如图 3.272 所示。

图 3.271　网格选项

图 3.272　位置选项

（3）☑约束于模型(C) 单选项：用于当原始曲面发生变化时，面部曲线自动更新调整。

（4）☑忽视孔(H) 单选项：用于带内部缝隙或环的输入曲面。当选定时，曲线通过孔而生成，好像曲面完整无缺。当被消除时，曲线停留在孔的边线，如图 3.273 所示。

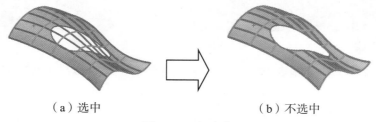

（a）选中　　　　　　　　　　　　　　　（b）不选中

图 3.273　忽略孔

3.10　曲面上偏移

曲面上偏移是将模型边线和面等距偏移到曲面上。下面以绘制如图 3.274 所示的曲线为例，介绍创建曲面上偏移的一般操作过程。

步骤 1：打开文件 D:\SOLIDWORKS 曲面设计 \work\ch03\ch03.10\ 曲面上偏移 -ex。

步骤 2：选择命令。选择下拉菜单 工具(T) → 草图工具(T) → ◈ 曲面上偏移(F) 命令，系统会弹出如图 3.275 所示的"曲面上偏移"对话框。

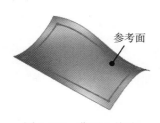

图 3.274　曲面上偏移

图 3.275　"曲面上偏移"对话框

步骤 3：选择等距对象。在系统 选择要等距的面、边线或草图曲线。 的提示下，选取如图 3.274 所示的面。

步骤 4：定义等距类型与参数。在"曲面上偏移"对话框中选中 ⤴（测地线等距）类型，在 ⟳ 文本框中输入 10，取消选中 □ 制造偏移构造(M) 复选框。

步骤 5：单击 ✓ 按钮，完成曲面上偏移的创建。

如图 3.275 所示，"曲面上偏移"对话框部分选项的说明如下。

（1） ⤴（测地线等距）单选项：主要通过沿曲面测量的距离控制偏移位置，如图 3.276 所示。

（2） ⤴（欧几里得等距）单选项：用于在给定的位置创建横竖两个方向的面部曲线，如图 3.277 所示。

图 3.276　测地线等距

图 3.277　欧几里得等距

第4章　SOLIDWORKS曲面设计

在前面的章节中主要讲解了曲面线框的创建方法，本章主要介绍如何利用创建的曲面线框创建曲面，主要包括拉伸曲面、旋转曲面、扫描曲面、平面曲面、填充曲面、放样曲面、边界曲面与等距曲面等，接下来向大家分别详细介绍。

4.1　拉伸曲面

4.1.1　一般操作

拉伸曲面就是将截面草图沿着草绘平面的垂直方向或者指定的方向伸展一定距离形成的一个曲面。下面以如图 4.1 所示的曲面为例，介绍创建拉伸曲面的一般操作过程。

▷ 4min

步骤 1：新建一个零件三维模型文件。选择快速访问工具栏中的 命令，在系统弹出的"新建 SOLIDWORKS 文件"对话框中选择"零件"，然后单击"确定"按钮进入零件设计环境。

步骤 2：创建如图 4.2 所示的曲面拉伸 1。单击 曲面 功能选项卡中的 按钮，在系统的提示下选取"上视基准面"作为草图平面，绘制如图 4.3 所示的截面草图；在"曲面拉伸"对话框 方向 1(1) 区域的下拉列表中选择 给定深度 ，输入深度值 30；单击 按钮，完成曲面拉伸 1 的创建。

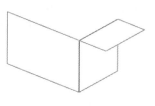

图 4.1　拉伸曲面

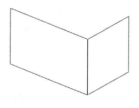

图 4.2　曲面拉伸 1

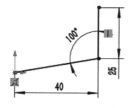

图 4.3　截面草图

步骤 3：创建如图 4.4 所示的曲面拉伸 2。单击 曲面 功能选项卡中的 按钮，在系统的提示下选取如图 4.4 所示的面作为草图平面，绘制如图 4.5 所示的截面草图；在"曲面拉伸"对话框 **方向1(1)** 区域的下拉列表中选择 **给定深度**，输入深度值15，激活拉伸方向的区域，选取如图4.4所示的边线作为方向参考线；单击 ✓ 按钮，完成曲面拉伸1的创建。

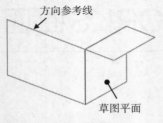

图 4.4 曲面拉伸 2   图 4.5 截面草图

4.1.2 案例：风扇底座

风扇底座模型的绘制主要利用拉伸、圆角与扫描等特征创建，底座上方的形状利用拉伸曲面通过曲面切除得到所需形状，完成后如图4.6所示。

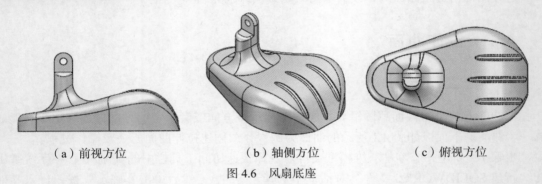

（a）前视方位   （b）轴侧方位   （c）俯视方位

图 4.6 风扇底座

步骤1：新建一个零件三维模型文件。选择快速访问工具栏中的 命令，在系统弹出的"新建SOLIDWORKS文件"对话框中选择"零件"，然后单击"确定"按钮进入零件设计环境。

步骤2：创建如图4.7所示的凸台-拉伸1。单击 **特征** 功能选项卡中的 按钮，在系统的提示下选取"上视基准面"作为草图平面，绘制如图4.8所示的截面草图；在"凸台-拉伸"对话框 **方向1(1)** 区域的下拉列表中选择 **给定深度**，输入深度值60；单击 ✓ 按钮，完成凸台-拉伸1的创建。

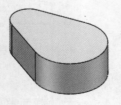

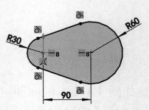

图 4.7 凸台-拉伸 1   图 4.8 截面草图

步骤 3：创建如图 4.9 所示的曲面拉伸 1。单击 曲面 功能选项卡中的 ✍ 按钮，在系统的提示下选取"前视基准面"作为草图平面，绘制如图 4.10 所示的截面草图；在"曲面拉伸"对话框 方向 1(1) 区域的下拉列表中选择 两侧对称，输入深度值 160；单击 ✓ 按钮，完成曲面拉伸 1 的创建。

步骤 4：创建如图 4.11 所示的使用曲面切除。单击 曲面 功能选项卡中的 ⬚ 使用曲面切除 按钮，选取步骤 3 创建的拉伸曲面作为参考，切除方向向上，单击 ✓ 按钮，完成使用曲面切除的创建。

图 4.9　曲面拉伸 1

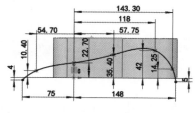

图 4.10　截面草图

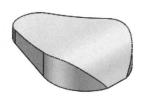

图 4.11　使用曲面切除

步骤 5：创建如图 4.12 所示的变半径圆角。单击 特征 功能选项卡 ⬚ 下的 ⌄ 按钮，选择 圆角 命令，在"圆角"对话框中选择"变量大小圆角" 类型，在系统的提示下选取如图 4.13 所示的 5 条边线作为圆角对象，设置如图 4.14 所示的可变参数，单击 ✓ 按钮，完成变半径圆角的定义。

图 4.12　变半径圆角

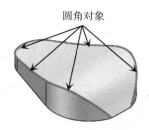

图 4.13　圆角边线

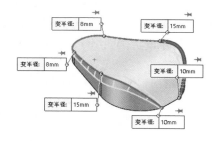

图 4.14　变半径参数

步骤 6：创建如图 4.15 所示的凸台 - 拉伸 2。单击 特征 功能选项卡中的 ⬚ 按钮，在系统的提示下选取"前视基准面"作为草图平面，绘制如图 4.16 所示的截面草图；在"凸台 - 拉伸"对话框 方向 1(1) 区域的下拉列表中选择 两侧对称，输入深度值 25；单击 ✓ 按钮，完成凸台 - 拉伸 2 的创建。

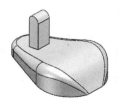

图 4.15　凸台 - 拉伸 2

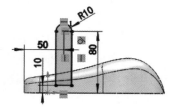

图 4.16　截面草图

步骤7：创建如图4.17所示的切除-拉伸1。单击 特征 功能选项卡中的 ⚓ 按钮，在系统的提示下选取如图4.17所示的模型表面作为草图平面，绘制如图4.18所示的截面草图；在"切除-拉伸"对话框 方向1(1) 区域的下拉列表中选择 给定深度，输入深度值15；单击 ✓ 按钮，完成切除-拉伸1的创建。

图4.17　切除-拉伸1

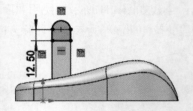

图4.18　截面草图

步骤8：创建如图4.19所示的孔1。单击 特征 功能选项卡 🔾 下的 ⋅ 按钮，选择 🔾 异型孔向导 命令，在"孔规格"对话框中单击 ⊡ 位置 选项卡，选取如图4.19所示的模型表面作为打孔平面，在打孔面上捕捉如图4.19所示圆弧的圆心作为孔的定位点，在"孔位置"对话框中单击 ☷ 类型 选项卡，在 孔类型(T) 区域中选中"孔" ⏀，在 标准 下拉列表中选择 GB，在 类型 下拉列表中选择"暗销孔"类型，在"孔规格"对话框中 孔规格 区域的 大小 下拉列表中选择 φ8，在 终止条件(C) 区域的下拉列表中选择"完全贯穿"，单击 ✓ 按钮完成孔1的创建。

步骤9：创建如图4.20所示的完全倒圆角。单击 特征 功能选项卡 🔾 下的 ⋅ 按钮，选择 🔾 圆角 命令，在"圆角"对话框中选择"完全圆角" 🔳 类型，在系统的提示下选取如图4.21所示的边侧面组1、中央面组与边侧面组2，单击 ✓ 按钮，完成完全倒圆角2的定义。

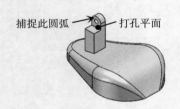

图4.19　孔1

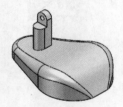

图4.20　完全倒圆角

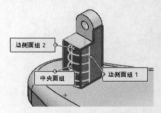

图4.21　完全倒圆角

步骤10：创建如图4.22所示的圆角2。单击 特征 功能选项卡 🔾 下的 ⋅ 按钮，选择 🔾 圆角 命令，在"圆角"对话框中选择 🔾 类型，在系统的提示下选取如图4.23所示的边线作为圆角对象，在"圆角"对话框的 圆角参数 区域中的 ⟋ 文本框中输入圆角半径值5，单击 ✓ 按钮，完成圆角2的定义。

步骤11：创建如图4.24所示的变半径圆角2。单击 特征 功能选项卡 🔾 下的 ⋅ 按钮，选择 🔾 圆角 命令，在"圆角"对话框中选择 🔾（变量大小圆角）类型，在系统的提示下选取如图4.25所示的3条边线作为圆角对象，设置如图4.26所示的可变参数，单击 ✓ 按钮，完成变半径圆角2的定义。

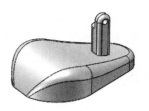

图 4.22 圆角 2

图 4.23 圆角对象

图 4.24 变半径圆角 2

图 4.25 圆角边线

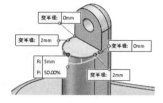

图 4.26 变半径参数

步骤 12：创建如图 4.27 所示的圆角 3。单击 特征 功能选项卡 🔲 下的 · 按钮，选择 🔘 圆角 命令，在"圆角"对话框中选择 ⏄ 类型，在系统的提示下选取如图 4.28 所示的边线作为圆角对象，在"圆角"对话框的 圆角参数 区域中的 人 文本框中输入圆角半径值 20，单击 ✔ 按钮，完成圆角 3 的定义。

图 4.27 圆角 3

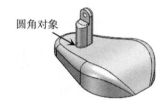

图 4.28 圆角对象

步骤 13：绘制如图 4.29 所示的扫描路径草图 1。单击 草图 功能选项卡中的 ⌐ 草图绘制 按钮，在系统的提示下，选取"前视基准面"作为草图平面，绘制如图 4.30 所示的平面草图。

图 4.29 扫描路径草图 1

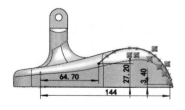

图 4.30 平面草图

步骤 14：创建如图 4.31 所示的扫描 1。单击 特征 功能选项卡中的 🦋 扫描 按钮，在"扫描"对话框的 轮廓和路径(P) 区域选中 ◉圆形轮廓(C) 单选项，然后在 ⊘ 文本框中输入直径值 3.5，在绘图区域中选取步骤 13 创建的草图 1 作为扫描路径，单击 ✓ 按钮完成扫描 1 的创建。

步骤 15：创建如图 4.32 所示的基准面 1。单击 特征 功能选项卡 ◈ 下的 · 按钮，选择 ▥ 基准面 命令，选取前视基准面作为参考平面，在"基准面"对话框 ◳ 文本框中输入间距值 25（方向沿 Z 轴正方向）。单击 ✓ 按钮，完成基准面 1 的定义。

图 4.31　扫描 1

图 4.32　基准面 1

步骤 16：绘制如图 4.33 所示的扫描路径草图 2。单击 草图 功能选项卡中的 □ 草图绘制 按钮，在系统的提示下，选取"基准面 1"作为草图平面，绘制如图 4.34 所示的平面草图。

图 4.33　扫描路径草图 2

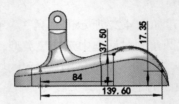
图 4.34　平面草图

步骤 17：创建如图 4.35 所示的扫描 2。单击 特征 功能选项卡中的 ✎ 扫描 按钮，在"扫描"对话框的 轮廓和路径(P) 区域选中 ◉ 圆形轮廓(C) 单选项，然后在 ◎ 文本框中输入直径值 3.5，在绘图区域中选取步骤 16 创建的草图 2 作为扫描路径，单击 ✓ 按钮完成扫描 2 的创建。

步骤 18：创建如图 4.36 所示的镜像 1。选择 特征 功能选项卡中的 ▥ 镜像 命令，选取"前视基准面"作为镜像中心平面，选取"扫描 2"作为要镜像的特征，单击"镜像"对话框中的 ✓ 按钮，完成镜像特征的创建。

图 4.35　扫描 2

图 4.36　镜像 1

步骤 19：创建如图 4.37 所示的圆角 4。单击 特征 功能选项卡 ◻ 下的 · 按钮，选择 ◈ 圆角 命令，在"圆角"对话框中选择"固定大小圆角" ◻ 类型，在系统的提示下选取如

图 4.38 所示的边线作为圆角对象，在"圆角"对话框的 圆角参数 区域中的 入 文本框中输入圆角半径值 2，单击 ✓ 按钮，完成圆角 4 的定义。

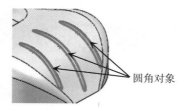

圆角对象

图 4.37　圆角 4　　　　　　　　　图 4.38　圆角对象

4.2　旋转曲面

4.2.1　一般操作

4min

旋转曲面就是将截面轮廓绕着中心轴旋转一定角度形成的一个曲面。下面以如图 4.39 所示的曲面为例，介绍创建旋转曲面的一般操作过程。

步骤 1：新建一个零件三维模型文件。选择快速访问工具栏中的 □· 命令，在系统弹出的"新建 SOLIDWORKS 文件"对话框中选择"零件"，然后单击"确定"按钮进入零件设计环境。

步骤 2：创建如图 4.39 所示的曲面旋转 1。单击 曲面 功能选项卡中的 ◎ 按钮，在系统的提示下选取"前视基准面"作为草图平面，绘制如图 4.40 所示的截面草图；在"旋转"对话框的 方向1(1) 区域的下拉列表中选择 给定深度，在 ↳ 文本框中输入旋转角度 360，单击"旋转"对话框中的 ✓ 按钮，完成旋转。

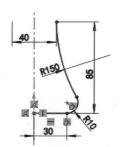

图 4.39　曲面旋转 1　　　　　　　　图 4.40　截面草图

4.2.2　旋转曲面案例：沐浴喷头

17min

沐浴喷头模型的绘制主要利用旋转特征创建主体结构，利用扫描曲面与曲面修剪得到外侧花纹效果，利用拉伸与阵列得到顶部效果，完成后如图 4.41 所示。

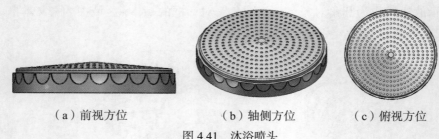

（a）前视方位　　　　　（b）轴侧方位　　　　（c）俯视方位

图 4.41　沐浴喷头

步骤 1：新建一个零件三维模型文件。选择快速访问工具栏中的 ▯▯ 命令，在系统弹出的"新建 SOLIDWORKS 文件"对话框中选择"零件"，然后单击"确定"按钮进入零件设计环境。

步骤 2：创建如图 4.42 所示的旋转曲面 1。单击 曲面 功能选项卡中的 ◉ 按钮，在系统的提示下选取"前视基准面"作为草图平面，绘制如图 4.43 所示的截面草图；在"旋转"对话框的 方向1(1) 区域的下拉列表中选择 给定深度，在 🗘 文本框中输入旋转角度 360，单击"旋转"对话框中的 ✓ 按钮，完成旋转曲面的创建。

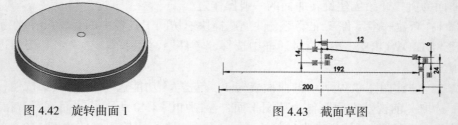

图 4.42　旋转曲面 1　　　　　　　　　　图 4.43　截面草图

步骤 3：创建如图 4.44 所示的圆角 5。单击 特征 功能选项卡 ◉ 下的 ▾ 按钮，选择 🔘 圆角 命令，在"圆角"对话框中选择 ▣ 类型，在系统的提示下选取如图 4.45 所示的边线作为圆角对象，在"圆角"对话框的 圆角参数 区域中的 ⬈ 文本框中输入圆角半径值 2，单击 ✓ 按钮，完成圆角 1 的定义。

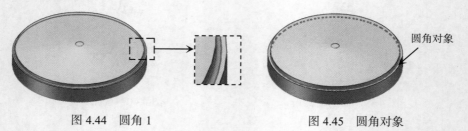

图 4.44　圆角 1　　　　　　　　　　　　图 4.45　圆角对象

步骤 4：创建如图 4.46 所示的圆角 2。单击 特征 功能选项卡 ◉ 下的 ▾ 按钮，选择 🔘 圆角 命令，在"圆角"对话框中选择 ▣ 类型，在系统的提示下选取如图 4.47 所示的边线作为圆角对象，在"圆角"对话框的 圆角参数 区域中的 ⬈ 文本框中输入圆角半径值 1，单击

✓ 按钮，完成圆角 2 的定义。

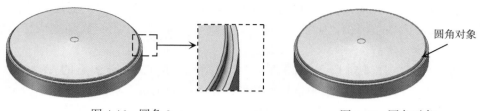

图 4.46　圆角 2　　　　　　　　　　　　图 4.47　圆角对象

圆角对象

步骤 5：创建如图 4.48 所示的加厚 1。选择 曲面 功能选项卡中的 加厚 命令，选取主体曲面作为要加厚的对象，在厚度区域选中 类型（方向向外），在 文本框中输入 1.2，单击 ✓ 按钮，完成加厚 1 的创建。

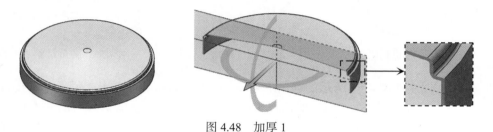

图 4.48　加厚 1

步骤 6：绘制如图 4.49 所示的扫描路径。单击 草图 功能选项卡中的 草图绘制 按钮，在系统的提示下，选取"前视基准面"作为草图平面，绘制如图 4.50 所示的平面草图。

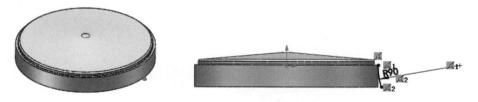

图 4.49　扫描路径　　　　　　　　　　　图 4.50　平面草图

步骤 7：绘制如图 4.51 所示的扫描截面。单击 草图 功能选项卡中的 草图绘制 按钮，在系统的提示下，选取"上视基准面"作为草图平面，绘制如图 4.52 所示的平面草图。

图 4.51　扫描截面

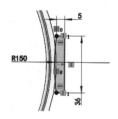

图 4.52　平面草图

步骤 8：创建如图 4.53 所示的扫描切除。单击 [特征] 功能选项卡中的 [扫描切除] 按钮，在"扫描切除"对话框的 轮廓和路径(P) 区域选中 ◉草图轮廓 单选项，选取步骤 7 创建的草图作为截面，选取步骤 6 创建的草图作为路径，选中 ⊖（双向）选项，单击 ✓ 按钮完成扫描切除的创建。

步骤 9：创建如图 4.54 所示的圆角 3。单击 [特征] 功能选项卡 🔘 下的 ⌄ 按钮，选择 [圆角] 命令，在"圆角"对话框中选择 🔘类型，在系统的提示下选取如图 4.55 所示的边线作为圆角对象，在"圆角"对话框的 圆角参数 区域中的 ⌒文本框中输入圆角半径值 5，单击 ✓ 按钮，完成圆角 3 的定义。

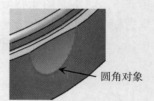

圆角对象

图 4.53　扫描切除　　　　图 4.54　圆角 3　　　　图 4.55　圆角对象

步骤 10：创建如图 4.56 所示的圆周阵列 1。单击 [特征] 功能选项卡 🔢 下的 ⌄ 按钮，选择 [圆周阵列] 命令，在"圆周阵列"对话框中选中 ☑特征和面(F)，单击激活 ⑥后的文本框，选取步骤 8 创建的扫描切除特征与步骤 9 创建的圆角 3 作为阵列的源对象，在"圆周阵列"对话框中激活 方向1(1) 区域中 🔘后的文本框，选取如图 4.56 示的圆柱面（系统会自动选取圆柱面的中心轴作为圆周阵列的中心轴），选中 ◉等间距 复选项，在 🔘文本框中输入间距值 360，在 ❋文本框中输入数量 25，单击 ✓ 按钮，完成圆周阵列 1 的创建。

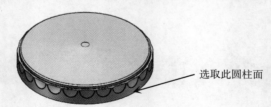

选取此圆柱面

图 4.56　圆周阵列 1

步骤 11：绘制如图 4.57 所示的填充边界。单击 草图 功能选项卡中的 [草图绘制] 按钮，在系统的提示下，选取如图 4.57 所示的模型表面作为草图平面，绘制如图 4.58 所示的平面草图。

步骤 12：创建如图 4.59 所示的填充阵列。单击 [特征] 功能选项卡 🔢 下的 ⌄ 按钮，选择 [填充阵列] 命令，在"填充阵列"对话框中选中 ☑特征和面(F) 区域中的 ◉生成源切(C) 单选项，然后选中 🔘，在 ⊘文本框中输入 4，在 阵列布局(O) 区域选中 🔘单选项，在 🔘文本框中输入 10，选中 ◉目标间距(T) 单选项，在 🔘文本框中输入 8，激活 🔘文本框，选取步骤 11 创建的平面草图中的水平中心线作为水平参考，选取步骤 11 创建的圆作为填充边界，其他参数均采用默认，单击 ✓ 按钮，完成填充阵列的创建。

图 4.57 填充边界

图 4.58 平面草图

图 4.59 填充阵列

4.3 扫描曲面

4.3.1 一般操作

扫描曲面就是将截面轮廓沿着给定的路径掠过所形成的一个曲面。下面以如图 4.60 所示的曲面为例，介绍创建扫描曲面的一般操作过程。

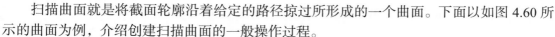

图 4.60 扫描曲面

步骤 1：打开文件 D:\SOLIDWORKS 曲面设计 \work\ch04\ch04.03\ 扫描曲面 -ex。

步骤 2：选择命令。单击 曲面 功能选项卡中的 🖋 （扫描曲面）按钮，系统会弹出"扫描曲面"对话框。

步骤 3：定义扫描类型。在 轮廓和路径(P) 区域选中 ◉草图轮廓 单选项。

步骤 4：定义扫描截面。在系统的提示下选取如图 4.61 所示的扫描截面。

步骤 5：定义扫描路径。在系统的提示下选取如图 4.61 所示的扫描路径。

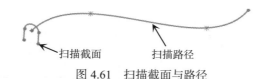

扫描截面　　　　扫描路径

图 4.61 扫描截面与路径

步骤 6：其他参数采用系统默认，单击 ✓ 按钮，完成扫描曲面的创建。

4.3.2 带有引导线的扫描曲面

引导线在扫描曲面中主要起到控制整体形状的作用，在添加引导线时需要注意引导线需要与扫描截面重合。下面以如图 4.62 所示的扫描曲面为例，介绍创建带有引导线的扫描曲面的一般操作过程。

步骤 1：新建一个零件三维模型文件。选择快速访问工具栏中的 □ 命令，在系统弹出的"新建 SOLIDWORKS 文件"对话框中选择"零件"，然后单击"确定"按钮进入零件设计环境。

步骤 2：绘制如图 4.63 所示的扫描截面。单击 草图 功能选项卡中的 ⌐ 草图绘制 按钮，在系统的提示下，选取"前视基准面"作为草图平面，绘制如图 4.63 所示的截面草图。

图 4.62 带有引导线的扫描曲面

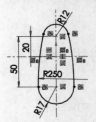

图 4.63 截面草图

步骤 3：绘制如图 4.64 所示的扫描引导线。单击 草图 功能选项卡中的 ⌐ 草图绘制 按钮，在系统的提示下，选取"右视基准面"作为草图平面，绘制如图 4.65 所示的平面草图。

图 4.64 扫描引导线

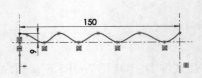

图 4.65 平面草图

注意：放样引导线与放样截面在左侧需要添加穿透的几何约束。

步骤 4：绘制如图 4.66 所示的扫描路径。单击 草图 功能选项卡中的 ⌐ 草图绘制 按钮，在系统的提示下，选取"右视基准面"作为草图平面，绘制如图 4.67 所示的平面草图。

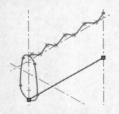

图 4.66 扫描路径

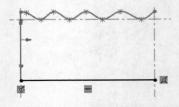

图 4.67 平面草图

注意：放样路径与放样截面在左侧需要添加穿透的几何约束。

步骤 5：选择命令。单击 曲面 功能选项卡中的 ∫ （扫描曲面）按钮，系统会弹出"扫描曲面"对话框。

步骤 6：定义扫描类型。在 轮廓和路径(P) 区域选中 ⊙草图轮廓 单选项。

步骤 7：定义扫描截面。在系统的提示下选取步骤 2 创建的草图作为扫描截面。

步骤 8：定义扫描路径。在系统的提示下选取步骤 4 创建的平面草图作为扫描路径。

步骤 9：定义扫描引导线。在"扫描曲面"对话框中激活 引导线(C) 区域的文本框，选取步骤 3 创建的平面草图作为扫描引导线。

步骤 10：其他参数采用系统默认，单击 ✓ 按钮，完成扫描曲面的创建。

4.3.3　带有扭转的扫描曲面

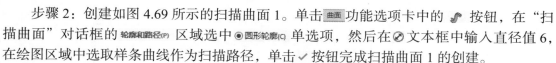

下面以如图 4.68 所示的曲面为例，介绍创建带有扭转的扫描曲面的一般操作过程。

步骤 1：打开文件 D:\SOLIDWORKS 曲面设计 \work\ch04\ch04.03\ 带有扭转的扫描曲面 -ex。　▶6min

步骤 2：创建如图 4.69 所示的扫描曲面 1。单击 曲面 功能选项卡中的 🖋 按钮，在"扫描曲面"对话框的 轮廓和路径(P) 区域选中 ⊙圆形轮廓(C) 单选项，然后在 ⊘文本框中输入直径值 6，在绘图区域中选取样条曲线作为扫描路径，单击 ✓ 按钮完成扫描曲面 1 的创建。

图 4.68　带有扭转的扫描曲面

图 4.69　扫描曲面 1

步骤 3：绘制如图 4.70 所示的扫描截面。单击 草图 功能选项卡中的 □ 草图绘制 按钮，在系统的提示下，选取"基准面 1"作为草图平面，绘制如图 4.71 所示的平面草图。

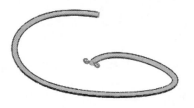

图 4.70　扫描截面

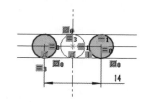

图 4.71　平面草图

步骤 4：选择命令。单击 曲面 功能选项卡中的 🖋（扫描曲面）按钮，系统会弹出"扫描曲面"对话框。

步骤 5：定义扫描类型。在 轮廓和路径(P) 区域选中 ⊙草图轮廓 单选项。

步骤 6：定义扫描截面。在系统的提示下选取步骤 3 创建的平面草图作为扫描截面。

步骤 7：定义扫描路径。在系统的提示下选取配套练习文件中的草图 1 作为扫描路径。

步骤 8：定义扫描扭转参数。在"曲面扫描"对话框 选项(O) 区域的 轮廓扭转 下拉列表中选择 指定扭转值 ，在 扭转控制: 下拉列表中选择 圈数 ，在 ⊙ 文本框中输入 6，选中 ☑ 合并切面(M) 复选项。

步骤 9：其他参数采用系统默认，单击 ✓ 按钮，完成扫描曲面的创建。

4.3.4　扫描曲面案例：香皂

18min

香皂模型的绘制主要利用拉伸曲面与扫描曲面特征创建主体结构，再利用扫描得到外侧修饰，完成后如图 4.72 所示。

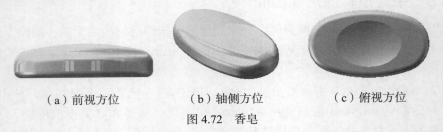

（a）前视方位　　　　　（b）轴侧方位　　　　　（c）俯视方位

图 4.72　香皂

步骤 1：新建一个零件三维模型文件。选择快速访问工具栏中的 ▢· 命令，在系统弹出的"新建 SOLIDWORKS 文件"对话框中选择"零件"，然后单击"确定"按钮进入零件设计环境。

步骤 2：创建如图 4.73 所示的凸台 - 拉伸 1。单击 特征 功能选项卡中的 ▨ 按钮，在系统的提示下选取"上视基准面"作为草图平面，绘制如图 4.74 所示的截面草图；在"凸台 - 拉伸"对话框 方向 1(1) 区域的下拉列表中选择 给定深度 ，输入深度值 50；单击 ✓ 按钮，完成凸台 - 拉伸 1 的创建。

图 4.73　凸台 - 拉伸 1

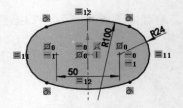

图 4.74　截面草图

步骤 3：绘制如图 4.75 所示的扫描截面。单击 草图 功能选项卡中的 ▭ 草图绘制 按钮，在系统的提示下，选取"右视基准面"作为草图平面，绘制如图 4.76 所示的平面草图。

图 4.75　扫描截面

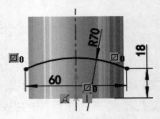

图 4.76　平面草图

步骤4：绘制如图4.77所示的扫描路径。单击 草图 功能选项卡中的 ⌐ 草图绘制 按钮，在系统的提示下，选取"前视基准面"作为草图平面，绘制如图4.78所示的平面草图。

图4.77 扫描路径

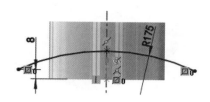

图4.78 平面草图

步骤5：创建如图4.79所示的扫描曲面1。单击 曲面 功能选项卡中的 🖋 按钮，在"扫描曲面"对话框的 轮廓和路径(P) 区域选中 ◉草图轮廓 单选项，在系统的提示下选取步骤3创建的草图作为扫描截面，选取步骤4创建的截面作为扫描路径，选中 ⟲（双向）单选项，单击 ✓ 按钮完成扫描曲面1的创建。

步骤6：创建如图4.80所示的使用曲面切除1。单击 曲面 功能选项卡中的 🔊 使用曲面切除 按钮，选取步骤5创建的扫描曲面作为参考，切除方向向上，单击 ✓ 按钮，完成使用曲面切除1的创建。

图4.79 扫描曲面1

图4.80 使用曲面切除1

步骤7：创建如图4.81所示的圆角1。单击 特征 功能选项卡 🍥 下的 ⌄ 按钮，选择 🍥 圆角 命令，在"圆角"对话框中选择 类型，在系统的提示下选取如图4.82所示的边线作为圆角对象，在"圆角"对话框的 圆角参数 区域中的 ⟨ 文本框中输入圆角半径值10，单击 ✓ 按钮，完成圆角1的定义。

图4.81 圆角1

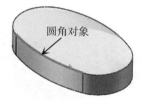

圆角对象

图4.82 圆角对象

步骤8：创建如图4.83所示的圆角2。单击 特征 功能选项卡 🍥 下的 ⌄ 按钮，选择 🍥 圆角 命令，在"圆角"对话框中选择 类型，在系统的提示下选取如图4.84所示的边线作为圆角对象，在"圆角"对话框的 **圆角参数** 区域中的 文本框中输入圆角半径值5，单击 ✓ 按钮，完成圆角2的定义。

图4.83　圆角2

图4.84　圆角对象

步骤9：创建如图4.85所示的旋转曲面1。单击 曲面 功能选项卡中的 按钮，在系统的提示下选取"前视基准面"作为草图平面，绘制如图4.86所示的截面草图；在"旋转"对话框的 **方向1(1)** 区域的下拉列表中选择 给定深度，在 文本框中输入旋转角度360，选取截面草图中的水平构造线作为旋转轴，单击"旋转"对话框中的 ✓ 按钮，完成旋转。

图4.85　旋转曲面1

图4.86　截面草图

步骤10：创建如图4.87所示的使用曲面切除2。单击 曲面 功能选项卡中的 使用曲面切除 按钮，选取步骤8创建的扫描曲面作为参考，切除方向向内，单击 ✓ 按钮，完成使用曲面切除2的创建。

步骤11：创建如图4.88所示的基准面1。单击 特征 功能选项卡 下的 按钮，选择 基准面 命令，选取上视基准面作为参考平面，在"基准面"对话框 文本框中输入间距值20（方向沿Y轴正方向）。单击 ✓ 按钮，完成基准面1的定义。

图4.87　使用曲面切除2

图4.88　基准面1

步骤12：绘制如图4.89所示的扫描路径。单击 草图 功能选项卡中的 草图绘制 按钮，在系统的提示下，选取"基准面1"作为草图平面，绘制如图4.90所示的平面草图。

图 4.89　扫描路径

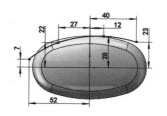

图 4.90　平面草图

步骤 13：创建如图 4.91 所示的基准面 2。单击 特征 功能选项卡 ⛴ 下的 · 按钮，选择 ⛴基准面 命令；选取如图 4.92 所示的点作为参考，采用系统默认的 人（重合）类型，选取如图 4.92 所示的曲线作为曲线平面，采用系统默认的 ⊥类型；单击 ✓ 按钮完成创建。

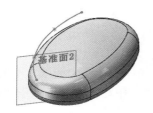

图 4.91　基准面 2

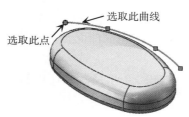

图 4.92　平面参考

步骤 14：绘制如图 4.93 所示的扫描截面。单击 草图 功能选项卡中的 ⌐ 草图绘制 按钮，在系统的提示下，选取"基准面 2"作为草图平面，绘制如图 4.93 所示的草图。

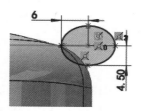

图 4.93　扫描截面

步骤 15：创建如图 4.94 所示的扫描曲面 2。单击 曲面 功能选项卡中的 ✍ 按钮，在"扫描曲面"对话框的 轮廓和路径(P) 区域选中 ⦿ 草图轮廓 单选项，在系统的提示下选取步骤 14 创建的草图作为扫描截面，选取步骤 12 创建的平面草图作为扫描路径，单击 ✓ 按钮完成扫描曲面 2 的创建。

步骤 16：创建如图 4.95 所示的基准轴 1。单击 特征 功能选项卡 ⛴ 下的 · 按钮，选择 ⁄ 基准轴 命令；选取"前视基准面"与"右视基准面"作为参考，单击 ✓ 按钮完成基准轴 1 的创建。

步骤 17：创建如图 4.96 所示的圆周阵列 1。单击 特征 功能选项卡 ⠿ 下的 · 按钮，选

择 ⌗ 圆周阵列 命令，在"圆周阵列"对话框中 ☑实体(B) 单击激活 🔗 后的文本框，选取步骤15创建的扫描曲面作为阵列的源对象，在"圆周阵列"对话框中激活 方向 1(1) 区域中 ⟳ 后的文本框，选取步骤16创建的基准轴1作为参考，选中 ◉等间距 复选项，在 ⟳ 文本框中输入间距值360，在 ⚹ 文本框中输入数量2，单击 ✓ 按钮，完成圆周阵列的创建。

图 4.94　扫描曲面 3

图 4.95　基准轴 1

步骤18：创建如图4.97所示的使用曲面切除3。单击 曲面 功能选项卡中的 ☷ 使用曲面切除 按钮，选取步骤16创建的扫描曲面作为参考，切除方向向内，单击 ✓ 按钮，完成使用曲面切除3的创建。

步骤19：创建如图4.98所示的使用曲面切除4。单击 曲面 功能选项卡中的 ☷ 使用曲面切除 按钮，选取步骤17创建的阵列曲面作为参考，切除方向向内，单击 ✓ 按钮，完成使用曲面切除4的创建。

图 4.96　圆周阵列 1

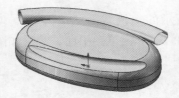

图 4.97　使用曲面切除 3

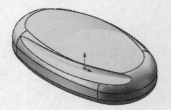

图 4.98　使用曲面切除 4

步骤20：创建如图4.99所示的圆角3。单击 特征 功能选项卡 🔘 下的 ▾ 按钮，选择 ⊚ 圆角 命令，在"圆角"对话框中选择 ◻ 类型，在系统的提示下选取如图4.100所示的边线作为圆角对象，在"圆角"对话框的 圆角参数 区域中的 ⌒ 文本框中输入圆角半径值3，单击 ✓ 按钮，完成圆角3的定义。

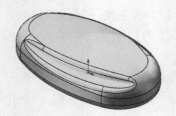

图 4.99　圆角 3

图 4.100　圆角对象

4.3.5　扫描曲面案例：灯笼

灯笼模型的绘制主要利用在扫描的过程中添加控制的引导线得到所需形状，完成后如图 4.101 所示。

（a）前视方位　　　　　（b）轴侧方位　　　　　（c）俯视方位

图 4.101　灯笼

步骤 1：新建一个零件三维模型文件。选择快速访问工具栏中的 命令，在系统弹出的"新建 SOLIDWORKS 文件"对话框中选择"零件"，然后单击"确定"按钮进入零件设计环境。

步骤 2：绘制如图 4.102 所示的扫描引导线。单击 草图 功能选项卡中的 草图绘制 按钮，在系统的提示下，选取"上视基准面"作为草图平面，绘制如图 4.103 所示的平面草图。

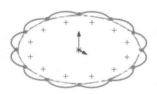
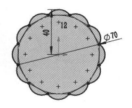

图 4.102　扫描引导线　　　　　　　　图 4.103　平面草图

步骤 3：绘制如图 4.104 所示的扫描路径。单击 草图 功能选项卡中的 草图绘制 按钮，在系统的提示下，选取"上视基准面"作为草图平面，绘制如图 4.105 所示的平面草图。

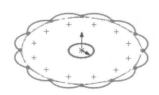
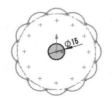

图 4.104　扫描路径　　　　　　　　　图 4.105　平面草图

步骤 4：绘制如图 4.106 所示的扫描截面。单击 草图 功能选项卡中的 草图绘制 按钮，在系统的提示下，选取"前视基准面"作为草图平面，绘制如图 4.107 所示的平面草图。

注意：放样截面与放样引导线需要添加穿透的几何约束。

步骤5：绘制如图4.108所示的扫描曲面。选择 曲面 功能选项卡中的 ♪（扫描曲面）命令，在 轮廓和路径(P) 区域选中 ◉草图轮廓 单选项，在系统的提示下选取步骤4创建的平面草图作为扫描截面，选取步骤3创建的平面草图作为扫描路径，在"扫描曲面"对话框中激活 引导线(C) 区域的文本框，选取步骤2创建的平面草图作为扫描引导线，其他参数采用系统默认，单击 ✓ 按钮，完成扫描曲面的创建。

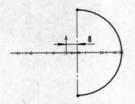

图4.106　扫描截面　　　　图4.107　平面草图　　　　图4.108　扫描曲面

4.3.6　扫描曲面案例：饮水机手柄

饮水机手柄模型的绘制主要利用拉伸特征创建下方规则主体，利用扫描曲面与平面曲面得到手柄主体，最后通过拉伸得到细节，完成后如图4.109所示。

（a）前视方位　　　　　　（b）轴侧方位　　　　　　（c）俯视方位

图4.109　饮水机手柄

步骤1：新建一个零件三维模型文件。选择快速访问工具栏中的 🗋·命令，在系统弹出的"新建SOLIDWORKS文件"对话框中选择"零件"，然后单击"确定"按钮进入零件设计环境。

步骤2：创建如图4.110所示的凸台-拉伸1。单击 特征 功能选项卡中的 🗐 按钮，在系统的提示下选取"上视基准面"作为草图平面，绘制如图4.111所示的截面草图；在"凸台-拉伸"对话框 方向1(1) 区域的下拉列表中选择 两侧对称，输入深度值10；单击 ✓ 按钮，完成凸台-拉伸1的创建。

步骤3：创建如图4.112所示的圆角1。单击 特征 功能选项卡 🗂 下的 · 按钮，选择 🔲 圆角 命令，在"圆角"对话框中选择"固定大小圆角" 🗗 类型，在系统的提示下选取如图4.113所示的4条边线作为圆角对象10，在"圆角"对话框的 圆角参数 区域中的 尺 文本框中输入圆角半径值2，单击 ✓ 按钮，完成圆角1的定义。

图 4.110　凸台 - 拉伸 1

图 4.111　截面草图

图 4.112　圆角 1

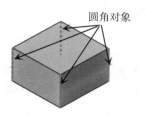

图 4.113　圆角对象

步骤 4：创建如图 4.114 所示的圆角 2。单击 特征 功能选项卡 🗐 下的 · 按钮，选择 🗐 圆角 命令，在"圆角"对话框中选择 🗐 类型，在系统的提示下选取如图 4.115 所示的边线作为圆角对象，在"圆角"对话框的 圆角参数 区域中的 🗘 文本框中输入圆角半径值 3，单击 ✓ 按钮，完成圆角 2 的定义。

图 4.114　圆角 2

图 4.115　圆角对象

步骤 5：创建如图 4.116 所示的基准面 1。单击 特征 功能选项卡 🗐 下的 · 按钮，选择 🗐 基准面 命令，选取如图 4.116 所示的模型表作为参考平面，在"基准面"对话框 🗐 文本框中输入间距值 3（选中 ☑ 反转等距 使方向沿 Y 轴负方向）。单击 ✓ 按钮，完成基准面 1 的定义。

步骤 6：绘制如图 4.117 所示的扫描截面。单击 草图 功能选项卡中的 🗀 草图绘制 按钮，在系统的提示下，选取"基准面 1"作为草图平面，绘制如图 4.118 所示的平面草图。

图 4.116　基准面 1

图 4.117　扫描截面

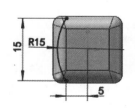

图 4.118　平面草图

步骤 7：绘制如图 4.119 所示的扫描路径。单击 草图 功能选项卡中的 ⌷ 草图绘制 按钮，在系统的提示下，选取"前视基准面"作为草图平面，绘制如图 4.120 所示的平面草图。

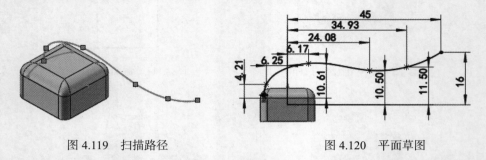

图 4.119　扫描路径　　　　　　　　　　　　　图 4.120　平面草图

注意：扫描路径与扫描截面需要添加穿透的几何约束。

步骤 8：创建如图 4.121 所示的扫描曲面 1。单击 曲面 功能选项卡中的 𝄞 按钮，在"扫描曲面"对话框的 轮廓和路径(P) 区域选中 ⦿草图轮廓 单选项，在系统的提示下选取步骤 6 创建的平面草图作为扫描截面，选取步骤 7 创建的平面草图作为扫描路径，单击 ✔ 按钮完成扫描曲面 1 的创建。

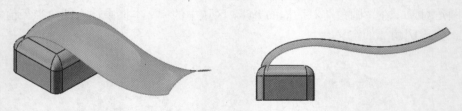

图 4.121　扫描曲面 1

步骤 9：绘制如图 4.122 所示的扫描截面。单击 草图 功能选项卡中的 ⌷ 草图绘制 按钮，在系统的提示下，选取"基准面 1"作为草图平面，绘制如图 4.123 所示的平面草图。

图 4.122　扫描截面　　　　　　　　　　　　　图 4.123　平面草图

注意：扫描截面草图的两个端点与步骤 6 创建的扫描截面端点重合。

步骤 10：绘制如图 4.124 所示的扫描路径。单击 草图 功能选项卡中的 ⌷ 草图绘制 按钮，在系统的提示下，选取"前视基准面"作为草图平面，绘制如图 4.125 所示的平面草图。

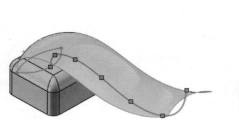

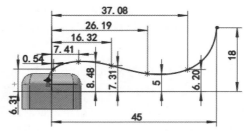

图 4.124　扫描路径　　　　　　　　　图 4.125　平面草图

步骤 11：创建如图 4.126 所示的扫描曲面 2。单击 曲面 功能选项卡中的 🖋 按钮，在"扫描曲面"对话框的 轮廓和路径(P) 区域选中 ⊙草图轮廓 单选项，在系统的提示下选取步骤 9 创建的草图作为扫描截面，选取步骤 10 创建的平面草图作为扫描路径，单击 ✓ 按钮完成扫描曲面 2 的创建。

图 4.126　扫描曲面 2

步骤 12：创建如图 4.127 所示的剪裁曲面 1。单击 曲面 功能选项卡中的 ⬦ 剪裁曲面 按钮，在"剪裁曲面"对话框的 剪裁类型(T) 区域选择 ⊙相互(M) 类型，选取步骤 8 与步骤 11 创建的曲面作为曲面参考，在选择区域选中 ⊙保留选择(K) 单选项，选取如图 4.127 所示的两个面作为要保留的面，单击 ✓ 按钮完成剪裁曲面 1 的创建。

步骤 13：创建如图 4.128 所示的曲面基准面。单击 曲面 功能选项卡中的 📄 平面区域 按钮，选取如图 4.129 所示的两根边界曲线作为参考，单击 ✓ 按钮完成曲面基准面的创建。

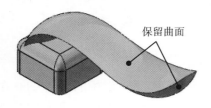

图 4.127　剪裁曲面 1　　　　图 4.128　曲面基准面　　　　图 4.129　边界参考

步骤 14：创建缝合曲面。单击 曲面 功能选项卡中的 📎（缝合曲面）按钮，选取步骤 13 创建的曲面基准面与步骤 12 创建的剪裁曲面作为参考，选中 ☑创建实体 单选项，单击 ✓ 按钮完成缝合曲面的创建。

步骤 15：创建组合特征。选择下拉菜单 插入(I) → 特征(F) → 🔩 组合(B)... 命令，在"组合"对话

框 操作类型(O) 区域选中 ⊙添加(A) 单选项，选取如图 4.130 所示
的实体 1 与实体 2 作为参考，单击 ✔ 按钮完成组合特征的
创建。

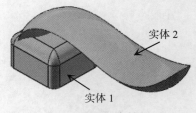

图 4.130　组合特征

　　步骤 16：创建如图 4.131 所示的切除 - 拉伸 1。单
击 特征 功能选项卡中的 ▣ 按钮，在系统的提示下选取如
图 4.131 所示的模型表面作为草图平面，绘制如图 4.132
所示的截面草图；在"切除 - 拉伸"对话框 方向1(1) 区域的下
拉列表中选择 成形到面 ，选取如图 4.133 所示的拉伸终止面作为参考面；单击 ✔ 按钮，完成
切除 - 拉伸 1 的创建。

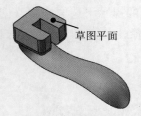

图 4.131　切除 - 拉伸 1

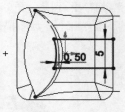

图 4.132　截面草图

图 4.133　拉伸终止面

　　步骤 17：创建如图 4.134 所示的切除 - 拉伸 2。单击 特征 功能选项卡中的 ▣ 按钮，在
系统的提示下选取如图 4.134 所示的模型表面作为草图平面，绘制如图 4.135 所示的截
面草图；在"切除 - 拉伸"对话框 方向1(1) 区域的下拉列表中选择 到离指定面指定的距离 ，选取如
图 4.136 所示的拉伸终止面作为参考面，在 ⬙ 文本框中输入间距值 2；单击 ✔ 按钮，完成
切除 - 拉伸 2 的创建。

图 4.134　切除 - 拉伸 2

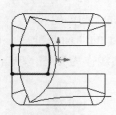

图 4.135　截面草图

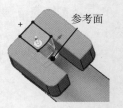

图 4.136　拉伸终止面

　　步骤 18：创建如图 4.137 所示的凸台 - 拉伸 2。单击 特征 功能选项卡中的 ▣ 按钮，在
系统的提示下选取如图 4.137 所示的模型表面作为草图平面，绘制如图 4.138 所示的截面
草图；在"凸台 - 拉伸"对话框 方向1(1) 区域的下拉列表中选择 给定深度 ，输入深度值 0.5；
单击 ✔ 按钮，完成凸台 - 拉伸 2 的创建。

　　步骤 19：创建如图 4.139 所示的镜像 1。选择 特征 功能选项卡中的 ▷◁镜像 命令，选取
"前视基准面"作为镜像中心平面，选取"凸台 - 拉伸 2"作为要镜像的特征，单击"镜
像"对话框中的 ✔ 按钮，完成镜像 1 的创建。

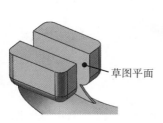

图 4.137　凸台 - 拉伸 2

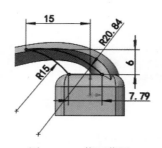

图 4.138　截面草图

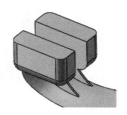

图 4.139　镜像 1

步骤 20：创建如图 4.140 所示的旋转切除 1。选择 特征 功能选项卡中的旋转切除 🔊 命令，选取"前视基准面"作为草图平面，绘制如图 4.141 所示的截面草图，采用系统默认的旋转方向，在"旋转切除"对话框的 方向 1(1) 区域的下拉列表中选择 给定深度，在 📐 文本框中输入旋转角度 360，单击 ✓ 按钮，完成旋转切除的创建。

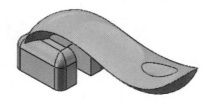

图 4.140　旋转切除 1

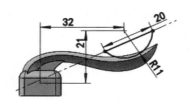

图 4.141　截面草图

步骤 21：创建如图 4.142 所示的圆角 3。单击 特征 功能选项卡 🔊 下的 · 按钮，选择 🔊 圆角 命令，在"圆角"对话框中选择"固定大小圆角" 🔊 类型，在系统的提示下选取如图 4.143 所示的边线作为圆角对象，在"圆角"对话框的 圆角参数 区域中的 📐 文本框中输入圆角半径值 0.2，单击 ✓ 按钮，完成圆角 3 的定义。

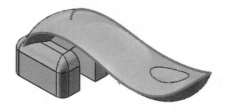

图 4.142　圆角 3

图 4.143　圆角对象

步骤 22：创建如图 4.144 所示的圆角 4。单击 特征 功能选项卡 🔊 下的 · 按钮，选择 🔊 圆角 命令，在"圆角"对话框中选择"固定大小圆角" 🔊 类型，在系统的提示下选取如图 4.145 所示的边线作为圆角对象，在"圆角"对话框的 圆角参数 区域中的 📐 文本框中输入圆角半径值 3，单击 ✓ 按钮，完成圆角 4 的定义。

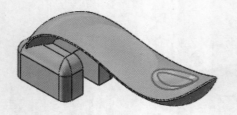

图 4.144　圆角 4

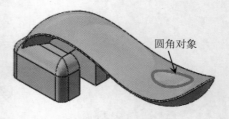

图 4.145　圆角对象

步骤 23：创建如图 4.146 所示的圆角 5。单击 特征 功能选项卡 🔵 下的 ⌄ 按钮，选择 圆角 命令，在"圆角"对话框中选择"固定大小圆角" 类型，在系统的提示下选取如图 4.147 所示的边线作为圆角对象，在"圆角"对话框的 圆角参数 区域中的 文本框中输入圆角半径值 1，单击 ✓ 按钮，完成圆角 5 的定义。

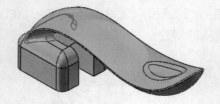

图 4.146　圆角 5

图 4.147　圆角对象

步骤 24：创建如图 4.148 所示的圆角 6。单击 特征 功能选项卡 🔵 下的 ⌄ 按钮，选择 圆角 命令，在"圆角"对话框中选择 类型，在系统的提示下选取如图 4.149 所示的边线作为圆角对象，在"圆角"对话框的 圆角参数 区域中的 文本框中输入圆角半径值 2，单击 ✓ 按钮，完成圆角 6 的定义。

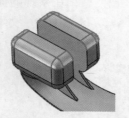

图 4.148　圆角 6

图 4.149　圆角对象

步骤 25：创建如图 4.150 所示的凸台 - 拉伸 3。单击 特征 功能选项卡中的 🔵 按钮，在系统的提示下选取如图 4.150 所示的模型表面作为草图平面，绘制如图 4.151 所示的截面草图；在"凸台 - 拉伸"对话框 方向1(1) 区域的下拉列表中选择 给定深度，输入深度值 1.5；单击 ✓ 按钮，完成凸台 - 拉伸 3 的创建。

步骤 26：创建如图 4.152 所示的镜像 2。选择 特征 功能选项卡中的 镜像 命令，选取"前视基准面"作为镜像中心平面，选取"凸台 - 拉伸 3"作为要镜像的特征，单击"镜像"对话框中的 ✓ 按钮，完成镜像 2 的创建。

草图平面

图 4.150　凸台 - 拉伸 3

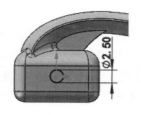

图 4.151　截面草图

图 4.152　镜像 2

4.4　平面曲面

4.4.1　一般操作

"平面区域"命令可以通过一个非相交、单一轮廓的闭环边界来生成平面。下面以如图 4.153 所示的平面曲面为例，介绍创建平面曲面的一般操作过程。

图 4.153　平面曲面

步骤 1：打开文件 D:\SOLIDWORKS 曲面设计 \work\ch04\ch04.04\01\ 平面曲面 -ex。

步骤 2：选择命令。单击 曲面 功能选项卡中的 ▭ 平面区域 按钮，系统会弹出"平面"对话框。

步骤 3：选择对象。在设计树中选取草图 1 作为参考对象。

步骤 4：完成操作。单击 ✔ 按钮完成平面曲面的创建。

4.4.2　平面曲面案例：充电器外壳

充电器外壳模型的绘制主要利用拉伸曲面与平面曲面特征创建主体结构，利用拉伸拔模与抽壳得到最终模型，完成后如图 4.154 所示。

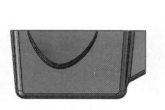

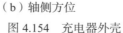

（a）前视方位　　　　　　（b）轴侧方位　　　　　　（c）俯视方位

图 4.154　充电器外壳

步骤 1：新建一个零件三维模型文件。选择快速访问工具栏中的 ▭ 命令，在系统弹出的"新建 SOLIDWORKS 文件"对话框中选择"零件"，然后单击"确定"按钮进入零件设计环境。

步骤 2：创建如图 4.155 所示的拉伸曲面 1。单击 曲面 功能选项卡中的 ✎ 按钮，在系统的提示下选取"上视基准面"作为草图平面，绘制如图 4.156 所示的截面草图；在"拉伸曲面"对话框 方向 1(1) 区域的下拉列表中选择 给定深度，输入深度值 40，方向沿 Y 轴正方向，选中 🔲（拔模）复选项，输入拔模角度 5，取消选中 □向外拔模(O)；单击 ✔ 按钮，完成拉伸曲面 1 的创建。

图 4.155　拉伸曲面 1

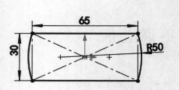

图 4.156　截面草图

步骤 3：创建如图 4.157 所示的拉伸曲面 2。单击 曲面 功能选项卡中的 ✎ 按钮，在系统的提示下选取"前视基准面"作为草图平面，绘制如图 4.158 所示的截面草图；在"拉伸曲面"对话框 方向 1(1) 区域的下拉列表中选择 两侧对称，输入深度值 12；单击 ✔ 按钮，完成拉伸曲面 2 的创建。

图 4.157　拉伸曲面 2

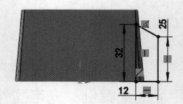

图 4.158　截面草图

步骤 4：创建如图 4.159 所示的曲面基准面 1。单击 曲面 功能选项卡中的 ▥ 平面区域 按钮，选取如图 4.160 所示的边界作为参考，单击 ✔ 按钮完成曲面基准面 1 的创建。

图 4.159　曲面基准面 1

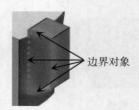

图 4.160　边界参考

步骤 5：创建如图 4.161 所示的曲面基准面 2。单击 曲面 功能选项卡中的 ▥ 平面区域 按钮，选取如图 4.162 所示的边界作为参考，单击 ✔ 按钮完成曲面基准面 2 的创建。

图 4.161　曲面基准面 2

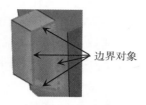

边界对象

图 4.162　边界参考

步骤 6：创建缝合曲面。单击 曲面 功能选项卡中的 🔯（缝合曲面）按钮，选取步骤 3 创建的拉伸曲面 2、步骤 4 创建的曲面基准面 1 与步骤 5 创建的曲面基准面 2 作为参考，取消选中 □创建实体(f) 单选项，单击 ✔ 按钮完成缝合曲面的创建。

步骤 7：创建如图 4.163 所示的剪裁曲面 1。单击 曲面 功能选项卡中的 ❤ 剪裁曲面 按钮，在"剪裁曲面"对话框的 剪裁类型(f) 区域选择 ◉相互(M) 类型，选取步骤 6 创建的缝合曲面与步骤 2 创建的拉伸曲面 1 作为曲面参考，在选择区域选中 ◉保留选择(K) 单选项，选取如图 4.163 所示的两个面作为要保留的面，单击 ✔ 按钮完成剪裁曲面 1 的创建。

步骤 8：创建如图 4.164 所示的曲面基准面 3。单击 曲面 功能选项卡中的 🔲 平面区域 按钮，选取如图 4.165 所示的边界作为参考（共 6 段对象），单击 ✔ 按钮完成曲面基准面 3 的创建。

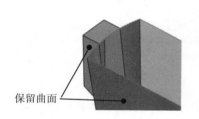

保留曲面

图 4.163　剪裁曲面 1

图 4.164　曲面基准面 3

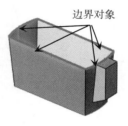

边界对象

图 4.165　边界参考

步骤 9：创建如图 4.166 所示的曲面基准面 4。单击 曲面 功能选项卡中的 🔲 平面区域 按钮，选取如图 4.167 所示的边界作为参考，单击 ✔ 按钮完成曲面基准面 4 的创建。

图 4.166　曲面基准面 4

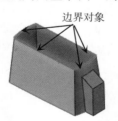

边界对象

图 4.167　边界参考

步骤 10：创建缝合曲面。单击 曲面 功能选项卡中的 🔯（缝合曲面）按钮，选取步骤 7 创建的剪裁曲面 1、步骤 8 创建的曲面基准面 3 与步骤 9 创建的曲面基准面 4 作为参考，选中☑创建实体(T)单选项，单击✔按钮完成缝合曲面的创建。

步骤 11：创建如图 4.168 所示的基准面 1。单击 特征 功能选项卡 🔲 下的 · 按钮，选择 🔲基准面 命令；选取"前视基准面"作为第一参考，选择 🔲（平行）类型，选取如图 4.169 所示的边线作为第二参考，采用系统默认的 🔲类型；单击✔按钮完成创建。

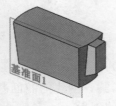

图 4.168　基准面 1　　　　　　　图 4.169　基准参考

步骤 12：创建如图 4.170 所示的凸台-拉伸 1。单击 特征 功能选项卡中的 🔲 按钮，在系统的提示下选取"基准面 1"作为草图平面，绘制如图 4.171 所示的截面草图；在"凸台-拉伸"对话框方向 1(1) 区域的下拉列表中选择成形到下一面；单击✔按钮，完成凸台-拉伸 1 的创建。

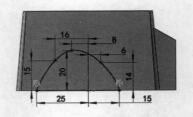

图 4.170　凸台-拉伸 1　　　　　　图 4.171　截面草图

步骤 13：创建如图 4.172 所示的拔模 1。单击 特征 功能选项卡中的 🔲拔模 按钮，在"拔模"对话框的拔模类型(T) 区域中选中●中性面(E) 单选项，在系统的提示下选取如图 4.173 所示的面作为中性面，在系统的提示下选取如图 4.173 所示的面作为拔模面，在"拔模"对话框拔模角度(G) 区域的 🔲 文本框中输入 45，单击✔按钮，完成拔模 1 的创建。

步骤 14：创建如图 4.174 所示的镜像 1。选择 特征 功能选项卡中的 🔲镜像 命令，选取"前视基准面"作为镜像中心平面，选取"凸台-拉伸 1"与"拔模 1"作为要镜像的特征，单击"镜像"对话框中的✔按钮，完成镜像 1 的创建。

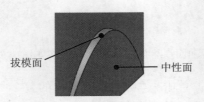

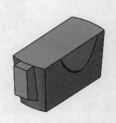

图 4.172　拔模 1　　　　图 4.173　拔模参考　　　　图 4.174　镜像 1

步骤15：创建如图4.175所示的圆角1。单击 特征 功能选项卡 ⑨ 下的 · 按钮，选择 ⑩ 圆角 命令，在"圆角"对话框中选择 ⑭ 类型，在系统的提示下选取如图4.176所示的边线作为圆角对象，在"圆角"对话框的 圆角参数 区域中的 ⟋ 文本框中输入圆角半径值5，单击 ✓ 按钮，完成圆角1的定义。

图 4.175　圆角 1

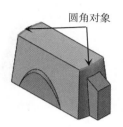

图 4.176　圆角对象

步骤16：创建如图4.177所示的圆角2。单击 特征 功能选项卡 ⑨ 下的 · 按钮，选择 ⑩ 圆角 命令，在"圆角"对话框中选择 ⑮ 类型，在系统的提示下选取如图4.178所示的边线作为圆角对象，在"圆角"对话框的 圆角参数 区域中的 ⟋ 文本框中输入圆角半径值5，单击 ✓ 按钮，完成圆角2的定义。

图 4.177　圆角 2

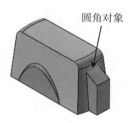

图 4.178　圆角对象

步骤17：创建如图4.179所示的圆角3。单击 特征 功能选项卡 ⑨ 下的 · 按钮，选择 ⑩ 圆角 命令，在"圆角"对话框中选择 ⑯ 类型，在系统的提示下选取如图4.180所示的边线作为圆角对象，在"圆角"对话框的 圆角参数 区域中的 ⟋ 文本框中输入圆角半径值2，单击 ✓ 按钮，完成圆角3的定义。

图 4.179　圆角 3

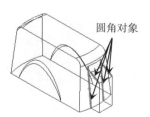

图 4.180　圆角对象

步骤18：创建如图4.181所示的圆角4。单击 特征 功能选项卡 ⑨ 下的 · 按钮，选择 ⑩ 圆角 命令，在"圆角"对话框中选择 ⑰ 类型，在系统的提示下选取如图4.182所示的边线作为圆角对象，在"圆角"对话框的 圆角参数 区域中的 半 文本框中输入圆角半径值3，单击 ✓ 按钮，完成圆角4的定义。

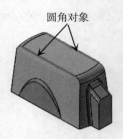

图 4.181　圆角 4　　　　　　　　图 4.182　圆角对象

步骤 19：创建如图 4.183 所示的圆角 5。单击 特征 功能选项卡 ▣ 下的 · 按钮，选择 圆角 命令，在"圆角"对话框中选择 类型，在系统的提示下选取如图 4.184 所示的边线作为圆角对象，在"圆角"对话框的 圆角参数 区域中的 半 文本框中输入圆角半径值1，单击 ✓ 按钮，完成圆角 5 的定义。

图 4.183　圆角 5　　　　　　　　图 4.184　圆角对象

步骤 20：创建如图 4.185 所示的圆角 6。单击 特征 功能选项卡 ▣ 下的 · 按钮，选择 圆角 命令，在"圆角"对话框中选择 类型，在系统的提示下选取如图 4.186 所示的边线作为圆角对象，在"圆角"对话框的 圆角参数 区域中的 半 文本框中输入圆角半径值1，单击 ✓ 按钮，完成圆角 6 的定义。

图 4.185　圆角 5　　　　　　　　图 4.186　圆角对象

步骤 21：创建如图 4.187 所示的使用曲面切除。单击 曲面 功能选项卡中的 使用曲面切除 按钮，选取"前视基准面"作为参考，切除方向沿 Z 轴正方向，单击 ✓ 按钮，完成使用曲面切除的创建。

步骤22：创建如图4.188所示的抽壳1。单击 特征 功能选项卡中的 抽壳 按钮，系统会弹出"抽壳"对话框，选取如图4.189所示的移除面（共4个面），在"抽壳"对话框的 参数(P) 区域的"厚度" 文本框中输入2，在"抽壳"对话框中单击 ✓ 按钮，完成抽壳1的创建。

图 4.187　使用曲面切除　　　　图 4.188　抽壳 1

步骤23：创建如图4.190所示的镜像2。选择 特征 功能选项卡中的 镜像 命令，选取如图4.188所示的模型表面作为镜像中心平面，激活 要镜像的实体(B) 区域的文本框，选取整个实体作为要镜像的特征，选中 合并实体(R) 单选项，单击"镜像"对话框中的 ✓ 按钮，完成镜像2的创建。

图 4.189　抽壳移除面　　　　　图 4.190　镜像 2

4.5　填充曲面

4.5.1　一般操作

填充曲面是将现有模型的边线、草图或曲线定义为边界，在其内部构建任何边数的曲面修补。下面以如图4.191所示的填充曲面为例，介绍创建填充曲面的一般操作过程。

4min

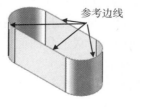

（a）创建前　　　　　　　　（b）创建后

图 4.191　填充曲面

步骤 1：打开文件 D:\SOLIDWORKS 曲面设计 \work\ch04\ch04.05\01\ 填充曲面 -ex。

步骤 2：选择命令。单击 曲面 功能选项卡中的 ◈（填充曲面）按钮，系统会弹出如图 4.192 所示的"填充曲面"对话框。

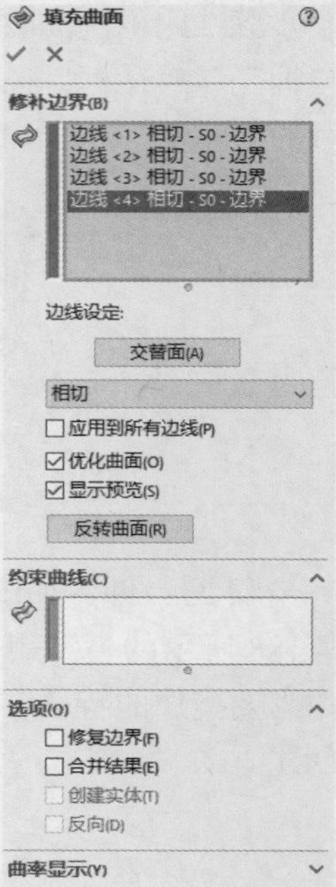

步骤 3：设置连接类型。在"曲率控制"的下拉列表中选择 相切 类型。

步骤 4：选择对象。选取如图 4.191 所示的 4 根边线作为修补边界。

步骤 5：定义相切方向。在"填充曲面"对话框单击 反转曲面(R) 使曲面向上。

步骤 6：完成操作。单击 ✓ 按钮完成填充曲面的创建。

如图 4.192 所示，"填充曲面"对话框部分选项的说明如下。

（1） 修补边界(B) 区域：用于定义要修补的边界和修补类型。

（2） ◈ 文本框：用于显示定义的修补边界，修补边界可以是曲面或实体边线，也可以是草图或组合曲线；当以草图为修补边界时，只可以选择"相触"作为曲率控制类型。

（3） 相触 ：用于生成与所选边界所在面相接的填充曲面，如图 4.193 所示。

（4） 相切 ：用于生成与所选边界所在面相切的填充曲面，如图 4.191（b）所示。

（5） 曲率 ：用于生成与所选边界所在面曲率连续的填充曲面，如图 4.194 所示。

图 4.192 "填充曲面"对话框

图 4.193 接触类型

图 4.194 曲率类型

（6） ☑应用到所有边线(P) ：用于将相同的曲率控制类型应用到所有边线。

（7） ☑优化曲面(O) ：优化的曲面修补可缩短曲面重建时间，在与其他特征一起使用时可增强稳定性，但使用此功能生成的曲面类似于放样曲面会生成退化曲面，所以当需要生成四边形面时，应取消选中此复选框。

（8） 反转曲面(R) ：用于反转曲面的修补方向，如图 4.195 所示。

（9） □修复边界(F) ：系统将自动修复填充边界的遗失部分或剪裁超出部分，从而得到完整的填充边界。

（10） □合并结果(E) ：填充曲面会与边线所属的曲面进行缝合。

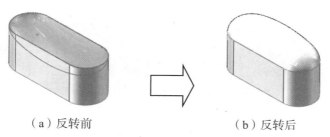

（a）反转前　　　　　　　　　　　（b）反转后

图 4.195　反转曲面

4.5.2　带有约束曲线的填充曲面

约束曲线用来控制填充曲面的形状，通常被用来给修补添加斜面控制。下面以如图 4.196 所示的填充曲面为例，介绍创建带有约束曲线的填充曲面的一般操作过程。

步骤 1：打开文件 D:\SOLIDWORKS 曲面设计 \work\ch04\ch04.05\02\ 带有约束曲线的填充曲面 -ex。

参考边线

约束曲线

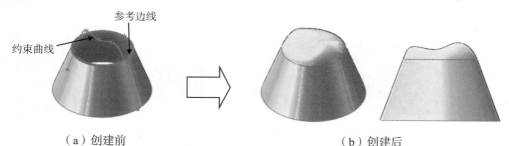

（a）创建前　　　　　　　　　　　　　（b）创建后

图 4.196　带有约束曲线的填充曲面

步骤 2：选择命令。单击 曲面 功能选项卡中的 ◈（填充曲面）按钮，系统会弹出"填充曲面"对话框。

步骤 3：设置连接类型。在"曲率控制"的下拉列表中选择 相切 类型。

步骤 4：选择对象。选取如图 4.196 所示的边线作为修补边界。

步骤 5：定义约束曲线。在"填充曲面" 约束曲线(O) 区域激活 ◈ 文本框，选取如图 4.196 所示的约束曲线。

步骤 6：完成操作。单击 ✔ 按钮完成填充曲面的创建。

4.5.3　填充曲面案例：儿童塑料玩具

儿童塑料玩具模型的绘制主要利用旋转特征与拉伸特征创建主体结构，利用填充曲面创建凸起主体上的凸起效果，完成后如图 4.197 所示。

步骤 1：新建一个零件三维模型文件。选择快速访问工具栏中的 □· 命令，在系统弹出的"新建 SOLIDWORKS 文件"对话框中选择"零件"，然后单击"确定"按钮进入零件设计环境。

（a）俯视方位

（b）轴侧方位

图 4.197　儿童塑料玩具

步骤 2：创建如图 4.198 所示的旋转特征 1。选择 特征 功能选项卡中的旋转凸台基体 ⚙ 命令，在系统提示"选择一基准面来绘制特征横截面"下，选取"右视基准面"作为草图平面，绘制如图 4.199 所示的截面草图，在"旋转"对话框的 旋转轴(A) 区域中选取如图 4.199 所示的竖直构造线作为旋转轴，旋转方向为逆时针方向，在"旋转"对话框的 方向1(1) 区域的下拉列表中选择 给定深度 ，在 ⬚ 文本框中输入旋转角度 180，单击"旋转"对话框中的 ✓ 按钮，完成旋转特征 1 的创建。

图 4.198　旋转特征 1

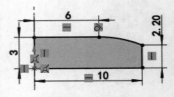
图 4.199　截面草图

步骤 3：创建如图 4.200 所示的切除 - 拉伸 1。单击 特征 功能选项卡中的 ⬚ 按钮，在系统的提示下选取"上视基准面"作为草图平面，绘制如图 4.201 所示的截面草图；在"切除 - 拉伸"对话框 方向1(1) 区域的下拉列表中选择 完全贯穿 ，单击按钮使方向沿 Y 轴负方向；单击 ✓ 按钮，完成切除 - 拉伸 1 的创建。

图 4.200　切除 - 拉伸 1

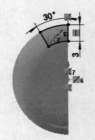
图 4.201　截面草图

步骤 4：创建如图 4.202 所示的圆周阵列 1。单击 特征 功能选项卡 ▒▒ 下的 · 按钮，选择 ▒▒ 圆周阵列 命令，在"圆周阵列"对话框中选中 ☑ 特征和面(F) ，单击激活 ⚙ 后的文本框，选取步骤 3 创建的切除 - 拉伸 1 作为阵列的源对象，在"圆周阵列"对话框中激活 方向1(1) 区域中 ⊙ 后的文本框，选取如图 4.202 所示的圆柱面（系统会自动选取圆柱面的中心轴作为圆周阵列的中心轴），选中 ⊙ 使方向如图 4.202 所示，选中 ⊙实例间距 复选项，在 ⌐ 文本框中输入间距值 60，在 ❋ 文本框中输入数量 3，单击 ✓ 按钮，完成圆周阵列 1 的创建。

　　步骤 5：创建如图 4.203 所示的凸台 - 拉伸 1。单击 特征 功能选项卡中的 ⓐ 按钮，在系统的提示下选取"上视基准面"作为草图平面，绘制如图 4.204 所示的截面草图；在"凸台 - 拉伸"对话框 方向1(1) 区域的下拉列表中选择 给定深度，输入深度值 2；单击 ✓ 按钮，完成凸台 - 拉伸 1 的创建。

选取此圆柱面

图 4.202　圆周阵列 1

图 4.203　凸台 - 拉伸 1

图 4.204　截面草图

　　步骤 6：创建如图 4.205 所示的倒角 1。单击 特征 功能选项卡 ⓒ 下的 · 按钮，选择 ⓒ 倒角 命令，在"倒角"对话框中选择 ▨（角度距离）单选项，在系统的提示下选取如图 4.206 所示的边线作为倒角对象，在"倒角"对话框的 倒角参数 区域中的 ⓒ 文本框中输入倒角距离值 0.75，在 ⌐ 文本框中输入倒角角度值 45，在"倒角"对话框中单击 ✓ 按钮，完成倒角 1 的定义。

图 4.205　倒角 1

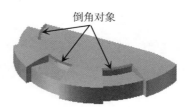

倒角对象

图 4.206　倒角对象

　　步骤 7：创建如图 4.207 所示的旋转特征 2。选择 特征 功能选项卡中的旋转凸台基体 ⓑ 命令，在系统提示"选择一基准面来绘制特征横截面"下，选取"前视基准面"作为草图平面，绘制如图 4.208 所示的截面草图，在"旋转"对话框的 旋转轴(A) 区域中选取长度为 3 的竖直直线作为旋转轴，采用系统默认的旋转方向，在"旋转"对话框的 方向1(1) 区域的下拉列表中选择 两侧对称，在 ⌐ 文本框中输入旋转角度 180，单击"旋转"对话框中的 ✓ 按钮，完成旋转特征 2 的创建。

　　步骤 8：创建如图 4.209 所示的凸台 - 拉伸 2。单击 特征 功能选项卡中的 ⓐ 按钮，在系统的提示下选取"上视基准面"作为草图平面，绘制如图 4.210 所示的截面草图；在"凸

台 - 拉伸"对话框 方向1(1) 区域的下拉列表中选择 成形到面 ，选取如图 4.209 所示的面作为参考；单击 ✓ 按钮，完成凸台 - 拉伸 2 的创建。

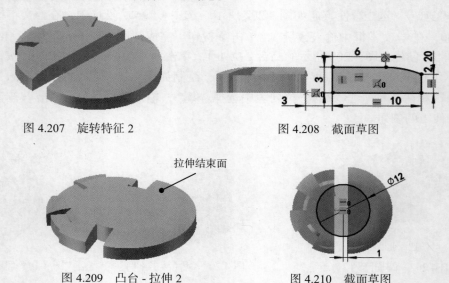

图 4.207　旋转特征 2　　　　　　　　图 4.208　截面草图

拉伸结束面

图 4.209　凸台 - 拉伸 2　　　　　　　图 4.210　截面草图

步骤 9：创建如图 4.211 所示的切除 - 拉伸 2。单击 特征 功能选项卡中的 🔲 按钮，在系统的提示下选取如图 4.211 所示的模型表面作为草图平面，绘制如图 4.212 所示的截面草图；在"切除 - 拉伸"对话框 方向1(1) 区域的下拉列表中选择 给定深度 ，输入深度值 1；单击 ✓ 按钮，完成切除 - 拉伸 2 的创建。

草图平面

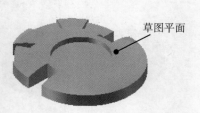

图 4.211　切除 - 拉伸 2　　　　　　　图 4.212　截面草图

步骤 10：创建如图 4.213 所示的凸台 - 拉伸 3。单击 特征 功能选项卡中的 🔲 按钮，在系统的提示下选取如图 4.213 所示的模型表面作为草图平面，绘制如图 4.214 所示的截面草图；在"凸台 - 拉伸"对话框 方向1(1) 区域的下拉列表中选择 给定深度 ，输入深度值 4；单击 ✓ 按钮，完成凸台 - 拉伸 3 的创建。

步骤 11：创建如图 4.215 所示的凸台 - 拉伸 4。单击 特征 功能选项卡中的 🔲 按钮，在系统的提示下选取"上视基准面"作为草图平面，绘制如图 4.216 所示的截面草图；在"凸台 - 拉伸"对话框 方向1(1) 区域的下拉列表中选择 给定深度 ，输入深度值 3.2；单击 ✓ 按钮，完成凸台 - 拉伸 4 的创建。

图 4.213 凸台 - 拉伸 3

图 4.214 截面草图

图 4.215 凸台 - 拉伸 4

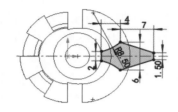

图 4.216 截面草图

步骤 12：绘制如图 4.217 所示的填充曲面控制草图。单击 草图 功能选项卡中的草图绘制 草图绘制 按钮，在系统的提示下，选取"前视基准面"作为草图平面，绘制如图 4.218 所示的平面草图。

图 4.217 填充曲面控制草图

图 4.218 平面草图

步骤 13：创建如图 4.219 所示的填充曲面 1。单击 曲面 功能选项卡中的 ◈（填充曲面）按钮，在"曲率控制"的下拉列表中选择 相触 类型，选取如图 4.220 所示的 6 根边线作为修补边界，激活 ◈（约束曲线）文本框，选取步骤 12 创建的平面草图作为参考，单击 ✓ 按钮完成填充曲面 1 的创建。

图 4.219 填充曲面 1

图 4.220 平面草图

步骤 14：创建曲面基准面 1。单击 曲面 功能选项卡中的 ▤ 平面区域 按钮，选取步骤 13 创建曲面的所有边线作为参考，单击 ✓ 按钮完成曲面基准面 1 的创建。

步骤 15：创建缝合曲面 1。单击 曲面 功能选项卡中的 ▤（缝合曲面）按钮，选择步骤 13 创建的填充曲面 1 与步骤 14 创建的曲面基准面 1，选中 ☑创建实体(r) 单选项，单击 ✓ 按钮完成缝合曲面 1 的创建。

步骤 16：创建如图 4.221 所示的圆周阵列 2。单击 特征 功能选项卡 ▒ 下的 ﹀ 按钮，选择 ❃ 圆周阵列 命令，在"圆周阵列"对话框中选中 ☑特征和面(F)，单击激活 ⓖ 后的文本框，选取步骤 11 创建的凸台 - 拉伸 4 作为阵列的源对象，在"圆周阵列"对话框中激活 方向 1(I) 区域中 ⟳ 后的文本框，选取如图 4.221 所示的圆柱面（系统会自动选取圆柱面的中心轴作为圆周阵列的中心轴），选中 ◉实例间距 复选项，在 ⟲ 文本框中输入间距值 50，在 ❀ 文本框中输入数量 2，选中 ☑ 方向 2(D) 区域后选中 ☑对称 选项，单击 ✓ 按钮，完成圆周阵列 2 的创建。

步骤 17：创建如图 4.222 所示的圆周阵列 3。单击 特征 功能选项卡 ▒ 下的 ﹀ 按钮，选择 ❃ 圆周阵列 命令，在"圆周阵列"对话框中选中 ☑实体(B)，单击激活 ⓖ 后的文本框，选取步骤 15 创建的缝合曲面作为阵列的源对象，在"圆周阵列"对话框中激活 方向 1(I) 区域中 ⟳ 后的文本框，选取如图 4.222 所示的圆柱面（系统会自动选取圆柱面的中心轴作为圆周阵列的中心轴），选中 ◉实例间距 复选项，在 ⟲ 文本框中输入间距值 50，在 ❀ 文本框中输入数量 2，选中 ☑ 方向 2(D) 区域后选中 ☑对称 选项，单击 ✓ 按钮，完成圆周阵列 3 的创建。

图 4.221　圆周阵列 2

图 4.222　圆周阵列 3

步骤 18：创建组合特征。选择下拉菜单 插入(I) → 特征(F) → ❖ 组合(B)... 命令，在系统弹出的组合对话框的 操作类型(O) 区域选中 ◉添加(A) 单选项，在图形区框选所有实体作为合并对象，单击 ✓ 按钮，完成组合特征的创建。

步骤 19：创建如图 4.223 所示的圆角 1。单击 特征 功能选项卡 ▣ 下的 ﹀ 按钮，选择 ▣ 圆角 命令，在"圆角"对话框中选择 ▣ 类型，在系统的提示下选取如图 4.224 所示的边线（12 条边线）作为圆角对象，在"圆角"对话框的 圆角参数 区域中的 ⟋ 文本框中输入圆角半径值 0.5，单击 ✓ 按钮，完成圆角 1 的定义。

步骤 20：创建如图 4.225 所示的圆角 2。单击 特征 功能选项卡 ▣ 下的 ﹀ 按钮，选择 ▣ 圆角 命令，在"圆角"对话框中选择 ▣ 类型，在系统的提示下选取如图 4.226 所示的边线（3 条边线）作为圆角对象，在"圆角"对话框的 圆角参数 区域中的 ⟋ 文本框中输入圆角半径值 0.2，单击 ✓ 按钮，完成圆角 2 的定义。

图 4.223　圆角 1

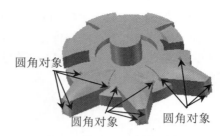

图 4.224　圆角对象

图 4.225　圆角 2

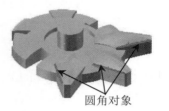

图 4.226　圆角对象

步骤 21：创建如图 4.227 所示的凸台 - 拉伸 5。单击 **特征** 功能选项卡中的 按钮，在系统的提示下选取如图 4.227 所示的模型表面作为草图平面，绘制如图 4.228 所示的截面草图；在"凸台 - 拉伸"对话框 **方向 1(1)** 区域的下拉列表中选择 **给定深度**，输入深度值 2；单击 按钮，完成凸台 - 拉伸 5 的创建。

图 4.227　凸台 - 拉伸 5

图 4.228　截面草图

步骤 22：创建如图 4.229 所示的切除 - 拉伸 3。单击 **特征** 功能选项卡中的 按钮，在系统的提示下选取如图 4.229 所示的模型表面作为草图平面，绘制如图 4.230 所示的截面草图；在"切除 - 拉伸"对话框 **方向 1(1)** 区域的下拉列表中选择 **给定深度**，输入深度值 6；单击 按钮，完成切除 - 拉伸 3 的创建。

图 4.229　切除 - 拉伸 3

图 4.230　截面草图

步骤23：创建如图4.231所示的切除-拉伸4。单击 [特征] 功能选项卡中的 [⊡] 按钮，在系统的提示下选取如图4.231所示的模型表面作为草图平面，绘制如图4.232所示的截面草图；在"切除-拉伸"对话框 [方向1(1)] 区域的下拉列表中选择 [给定深度]，输入深度值0.5；单击 ✓ 按钮，完成切除-拉伸4的创建。

草图平面

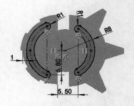

图4.231 切除-拉伸4   图4.232 截面草图

步骤24：创建如图4.233所示的圆角3。单击 [特征] 功能选项卡 [⊙] 下的 [▾] 按钮，选择 [🔲 圆角] 命令，在"圆角"对话框中选择 [⊑] 类型，在系统的提示下选取如图4.234所示的边线（8条边线）作为圆角对象，在"圆角"对话框的 [圆角参数] 区域中的 [⼋] 文本框中输入圆角半径值0.4，单击 ✓ 按钮，完成圆角3的定义。

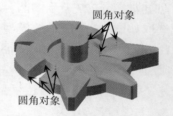

圆角对象

圆角对象

图4.233 圆角3   图4.234 圆角对象

步骤25：创建如图4.235所示的圆角4。单击 [特征] 功能选项卡 [⊙] 下的 [▾] 按钮，选择 [🔲 圆角] 命令，在"圆角"对话框中选择 [⊑] 类型，在系统的提示下选取如图4.236所示的边线作为圆角对象，在"圆角"对话框的 [圆角参数] 区域中的 [⼋] 文本框中输入圆角半径值0.4，单击 ✓ 按钮，完成圆角4的定义。

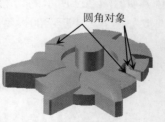

圆角对象

图4.235 圆角4   图4.236 圆角对象

步骤26：创建如图4.237所示的圆角5。单击 [特征] 功能选项卡 [⊙] 下的 [▾] 按钮，选择 [🔲 圆角] 命令，在"圆角"对话框中选择 [⊑] 类型，在系统的提示下选取如图4.238所示的边线（9 条边线）作为圆角对象，在"圆角"对话框的 圆角参数 区域中的 ⼊ 文本框中输入圆角半径值 0.1，单击 ✓ 按钮，完成圆角 5 的定义。

图 4.237　圆角 5

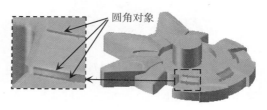

图 4.238　圆角对象

步骤 27：创建如图 4.239 所示的圆角 6。单击 特征 功能选项卡 ⊚ 下的 · 按钮，选择 圆角 命令，在"圆角"对话框中选择 ⊙ 类型，在系统的提示下选取如图 4.240 所示的边线（4 条边线）作为圆角对象，在"圆角"对话框的 圆角参数 区域中的 ⼊ 文本框中输入圆角半径值 0.3，单击 ✓ 按钮，完成圆角 6 的定义。

图 4.239　圆角 6

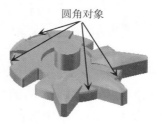

图 4.240　圆角对象

步骤 28：创建如图 4.241 所示的圆角 7。单击 特征 功能选项卡 ⊚ 下的 · 按钮，选择 圆角 命令，在"圆角"对话框中选择 ⊙ 类型，在系统的提示下选取如图 4.242 所示的边线（2 条边线）作为圆角对象，在"圆角"对话框的 圆角参数 区域中的 ⼊ 文本框中输入圆角半径值 0.3，单击 ✓ 按钮，完成圆角 7 的定义。

图 4.241　圆角 7

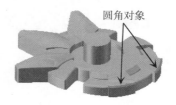

图 4.242　圆角对象

步骤 29：创建如图 4.243 所示的圆角 8。单击 特征 功能选项卡 ⊚ 下的 · 按钮，选择 圆角 命令，在"圆角"对话框中选择 ⊙ 类型，在系统的提示下选取如图 4.244 所示的边线（10 条边线）作为圆角对象，在"圆角"对话框的 圆角参数 区域中的 ⼊ 文本框中输入圆角半径值 0.1，单击 ✓ 按钮，完成圆角 8 的定义。

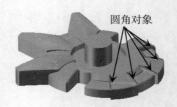

圆角对象

图 4.243　圆角 8　　　　　　　　图 4.244　圆角对象

步骤 30：创建如图 4.245 所示的圆角 9。单击 特征 功能选项卡 ⬡ 下的 · 按钮，选择 圆角 命令，在"圆角"对话框中选择 ⬡ 类型，在系统的提示下选取如图 4.246 所示的边线（5 条边线）作为圆角对象，在"圆角"对话框的 圆角参数 区域中的 ⬡ 文本框中输入圆角半径值 0.1，单击 ✓ 按钮，完成圆角 9 的定义。

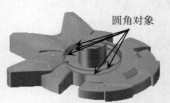

圆角对象

图 4.245　圆角 9　　　　　　　　图 4.246　圆角对象

步骤 31：创建如图 4.247 所示的倒角 2。单击 特征 功能选项卡 ⬡ 下的 · 按钮，选择 倒角 命令，在"倒角"对话框中选择 ⬡（角度距离）单选项，在系统的提示下选取如图 4.248 所示的边线作为倒角对象，在"倒角"对话框的 倒角参数 区域中的 ⬡ 文本框中输入倒角距离值 0.5，在 ⬡ 文本框中输入倒角角度值 45，在"倒角"对话框中单击 ✓ 按钮，完成倒角 2 的定义。

倒角对象

图 4.247　倒角 2　　　　　　　　图 4.248　倒角对象

4.6　放样曲面

4.6.1　一般操作

放样曲面是将两个或多个不同的轮廓通过引导线连接所生成的曲面。下面以如图 4.249 所示的放样曲面为例，介绍创建放样曲面的一般操作过程。

步骤 1：打开文件 D:\SOLIDWORKS 曲面设计 \work\ch04\ch04.06\01\ 放样曲面 -ex。

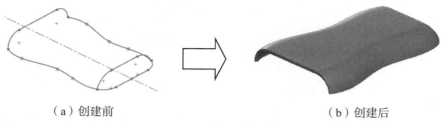

（a）创建前　　　　　　　　　　　　　　（b）创建后

图 4.249　放样曲面

步骤 2：选择命令。选择 曲面 功能选项卡下的 ▟ （放样曲面）命令，系统会弹出"放样曲面"对话框。

步骤 3：选择放样截面轮廓。在系统"选择至少两个轮廓"的提示下，选取如图 4.250 所示的截面 1 与截面 2，预览效果如图 4.251 所示。

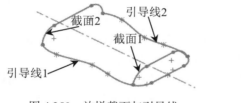
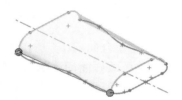

图 4.250　放样截面与引导线　　　　　　图 4.251　预览效果

说明：在选取截面轮廓时需要在同一侧进行选取，否则会出现起点对应的错误，从而导致出现曲面生成错误，如图 4.252 所示。

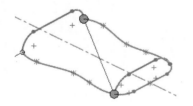

⊗ 重建模型错误
此特征无法生成，因为它会生成自相交叉的几何体。

图 4.252　起始点出错

步骤 4：选择放样引导线。在"放样曲面"对话框中激活 引导线(G) 区域的文本框，在图形区空白位置右击并选择 SelectionManager (R) 命令，系统会弹出如图 4.253 所示的选择对话框，选中 ▟ 单选项，选取如图 4.250 所示的引导线 1 作为第 1 根引导线，选择完成后单击选择对话框中 ✓ 完成第 1 根引导线的选取；在图形区空白位置右击并选择 SelectionManager (R) 命令，选取如图 4.250 所示的引导线 2 作为第 2 根引导线，选择完成后单击选择对话框中 ✓ 完成第 2 根引导线的选取。

步骤 5：完成放样曲面。在"放样曲面"对话框中单击 ✓ 完成曲面的创建，如图 4.254 所示。

图 4.253 选择对话框

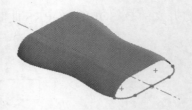

图 4.254 放样曲面 1

步骤 6：选择命令。选择 曲面 功能选项卡下的 ↓（放样曲面）命令，系统会弹出"放样曲面"对话框。

步骤 7：选择放样截面轮廓。在系统"选择至少两个轮廓"的提示下，选取放样曲面的右侧边界作为第 1 个截面，选取草图 5 作为第 2 个截面。

步骤 8：定义放样开始 / 结束约束。在"放样曲面"对话框 开始/结束约束(C) 区域的 开始约束(S): 下拉列表中选择 与面相切 ，在 结束约束(E): 下拉列表中选择 垂直于轮廓 。

步骤 9：完成放样曲面。在"放样曲面"对话框中单击 ✓ 完成曲面的创建，如图 4.255 所示。

步骤 10：创建缝合曲面 1。单击 曲面 功能选项卡中的 📷 按钮，选择步骤 9 创建的放样曲面与步骤 5 创建的放样曲面，单击 ✓ 按钮完成缝合曲面的创建。

步骤 11：创建加厚特征。选择 曲面 功能选项卡中的 🔧 加厚 命令，在系统的提示下选取步骤 10 创建的缝合曲面作为要加厚的曲面，在 厚度: 区域选中 ▤（加厚侧边 2）单选项，在 🖉 文本框中输入 1，单击"加厚"对话框中的 ✓ 按钮，完成加厚特征的创建，如图 4.256 所示。

图 4.255 放样曲面 2

图 4.256 加厚特征

4.6.2 带有中心线的放样曲面

下面以如图 4.257 所示的放样曲面为例，介绍创建带有中心线的放样曲面的一般操作过程。

步骤 1：打开文件 D:\SOLIDWORKS 曲面设计 \work\ch04\ch04.06\02\ 带有中心线的放样曲面 -ex。

步骤 2：选择命令。选择 曲面 功能选项卡下的 ↓ 命令，系统会弹出"放样曲面"对话框。

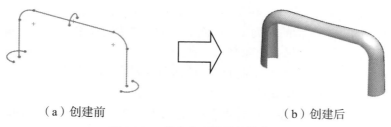

（a）创建前　　　　　　　　　（b）创建后

图 4.257　带有中心线的放样曲面

步骤 3：选择放样截面轮廓。在系统"选择至少两个轮廓"的提示下，选取如图 4.258 所示的截面 1、截面 2 与截面 3（均在箭头所指的侧选取截面），预览效果如图 4.258 所示。

步骤 4：选择放样中心线。在"放样曲面"对话框激活 中心线参数(I) 区域中的 文本框，选取如图 4.258 所示的中心线，预览效果如图 4.259 所示。

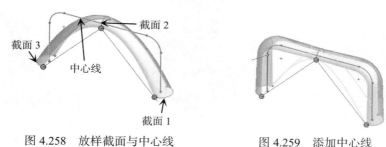

图 4.258　放样截面与中心线　　　　　图 4.259　添加中心线

步骤 5：完成放样曲面。在"放样曲面"对话框中单击 ✓ 完成曲面的创建。

4.6.3　封闭类型的放样曲面

下面以如图 4.260 所示的放样曲面为例，介绍创建封闭类型的放样曲面的一般操作过程。

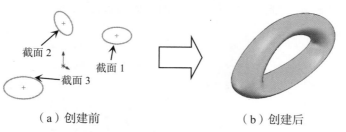

（a）创建前　　　　　　　　　（b）创建后

图 4.260　封闭类型的放样曲面

步骤 1：打开文件 D:\SOLIDWORKS 曲面设计 \work\ch04\ch04.06\03\ 封闭类型的放样曲面 -ex。

步骤 2：选择命令。选择 曲面 功能选项卡下的 命令，系统会弹出"放样曲面"对话框。

步骤 3：选择放样截面轮廓。在系统"选择至少两个轮廓"的提示下，选取如图 4.260 所示的截面 1、截面 2 与截面 3（均在箭头所指的侧选取截面），预览效果如图 4.261 所示。

步骤 4：设置选项。在"放样曲面"对话框 选项(O) 区域选中 ☑闭合放样(F) 复选项，其他参数采用默认。

图 4.261　预览效果

步骤 5：完成放样曲面。在"放样曲面"对话框中单击 ✓ 完成曲面的创建。

4.6.4　放样曲面案例：公园座椅

公园座椅模型的绘制主要利用放样曲面创建主体结构，利用草图修剪曲面得到细节，完成后如图 4.262 所示。

（a）前视方位

（b）轴侧方位

（c）右视方位

图 4.262　公园座椅

步骤 1：新建一个零件三维模型文件。选择快速访问工具栏中的 ⬜ 命令，在系统弹出的"新建 SOLIDWORKS 文件"对话框中选择"零件"，然后单击"确定"按钮进入零件设计环境。

步骤 2：创建如图 4.263 所示的草图 1。单击 草图 功能选项卡中的 ⬜ 草图绘制 按钮，在系统的提示下，选取"前视基准面"作为草图平面，绘制如图 4.264 所示的平面草图。

图 4.263　草图 1

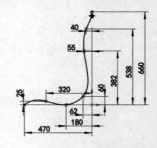

图 4.264　平面草图

步骤 3：创建基准面 1。单击 特征 功能选项卡 ⬜ 下的 ⌄ 按钮，选择 ⬜ 基准面 命令，选取"前视基准面"作为参考平面，在"基准面"对话框 🔲 文本框中输入间距值 160。单击

✔按钮，完成基准面1的定义，如图4.265所示。

步骤4：创建如图4.266所示的草图2。单击 草图 功能选项卡中的 ⌐草图绘制 按钮，在系统的提示下，选取"基准面1"作为草图平面，绘制如图4.267所示的平面草图。

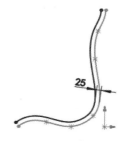

图4.265　基准面1　　　　图4.266　草图2　　　　图4.267　平面草图

步骤5：创建基准面2。单击 特征 功能选项卡 🖝 下的 · 按钮，选择 🔲 基准面 命令，选取"前视基准面"作为参考平面，在"基准面"对话框🔲文本框中输入间距值160。选中 ☑反转等距 复选项，单击✔按钮，完成基准面2的定义，如图4.268所示。

步骤6：创建如图4.269所示的草图3。单击 草图 功能选项卡中的 ⌐草图绘制 按钮，在系统的提示下，选取"基准面2"作为草图平面，绘制如图4.270所示的平面草图。

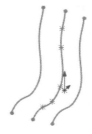
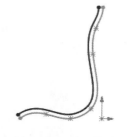

图4.268　基准面2　　　　图4.269　草图3　　　　图4.270　平面草图

步骤7：创建基准面3。单击 特征 功能选项卡 🖝 下的 · 按钮，选择 🔲 基准面 命令，选取"前视基准面"作为参考平面，在"基准面"对话框🔲文本框中输入间距值270。单击✔按钮，完成基准面3的定义，如图4.271所示。

步骤8：创建如图4.272所示的草图4。单击 草图 功能选项卡中的 ⌐草图绘制 按钮，在系统的提示下，选取"基准面3"作为草图平面，绘制如图4.273所示的平面草图。

步骤9：创建基准面4。单击 特征 功能选项卡 🖝 下的 · 按钮，选择 🔲 基准面 命令，选取"前视基准面"作为参考平面，在"基准面"对话框🔲文本框中输入间距值270。选中 ☑反转等距 复选项，单击✔按钮，完成基准面4的定义，如图4.274所示。

步骤10：创建如图4.275所示的草图5。单击 草图 功能选项卡中的 ⌐草图绘制 按钮，在系统的提示下，选取"基准面4"作为草图平面，绘制如图4.276所示的平面草图。

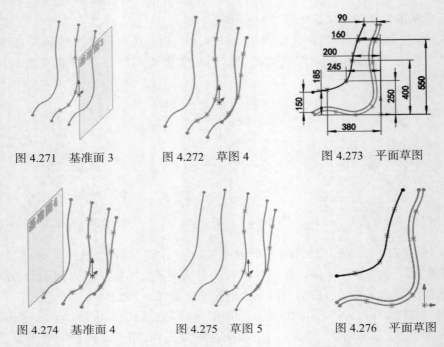

图 4.271　基准面 3　　　　　图 4.272　草图 4　　　　　图 4.273　平面草图

图 4.274　基准面 4　　　　　图 4.275　草图 5　　　　　图 4.276　平面草图

步骤 11：创建如图 4.277 所示的放样曲面。选择 曲面 功能选项卡下的 🥄 （放样曲面）命令，在系统的提示下，选取如图 4.278 所示的截面 1、截面 2、截面 3、截面 4 与截面 5（均在箭头所指的侧选取截面）。

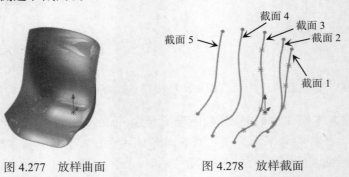

图 4.277　放样曲面　　　　　　　图 4.278　放样截面

步骤 12：创建如图 4.279 所示的草图 6。单击 草图 功能选项卡中的 草图绘制 按钮，在系统的提示下，选取"右视基准面"作为草图平面，绘制如图 4.280 所示的平面草图。

步骤 13：创建如图 4.281 所示的剪裁曲面 1。选择 曲面 功能选项卡下的 ✂ 剪裁曲面 命令，在"剪裁曲面"对话框的 剪裁类型(T) 区域选择 ⦿ 标准(D) 类型，选取步骤 12 创建的平面草图作为剪裁工具，选中 ⦿ 保留选择(K) 单选项，选取如图 4.281 所示的面作为保留对象。

步骤 14：创建如图 4.282 所示的草图 7。单击 草图 功能选项卡中的 草图绘制 按钮，在系统的提示下，选取"前视基准面"作为草图平面，绘制如图 4.283 所示的平面草图。

图 4.279　草图 6

图 4.280　平面草图

图 4.281　剪裁曲面 1

图 4.282　草图 7

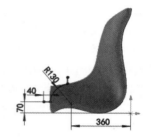

图 4.283　平面草图

步骤 15：创建如图 4.284 所示的剪裁曲面 2。选择 曲面 功能选项卡下的 ⬙ 剪裁曲面 命令，在"剪裁曲面"对话框的 剪裁类型(T) 区域选择 ◉标准(D) 类型，选取步骤 14 创建的平面草图作为剪裁工具，选中 ◉保留选择(K) 单选项，选取如图 4.284 所示的面作为保留对象。

步骤 16：创建加厚特征。选择 曲面 功能选项卡中的 ⬙ 加厚 命令，在系统的提示下选取步骤 15 创建的剪裁曲面 2 作为要加厚的曲面，在 厚度: 区域选中 ☰（加厚两侧）单选项，在 ⬙ 文本框中输入 5，单击"加厚"对话框中的 ✓ 按钮，完成加厚特征的创建，如图 4.285 所示。

图 4.284　剪裁曲面 2

图 4.285　加厚特征

步骤 17：创建如图 4.286 所示的圆角 1。单击 特征 功能选项卡 ⬙ 下的 ⌄ 按钮，选择 ⬙ 圆角 命令，在"圆角"对话框中选择"固定大小圆角" ⬙类型，在系统的提示下选取如图 4.287 所示的边线（4 条边线）作为圆角对象，在"圆角"对话框的 圆角参数 区域中的 ⬙文本框中输入圆角半径值 2，单击 ✓ 按钮，完成圆角 1 的定义。

图 4.286　圆角 1

圆角对象

图 4.287　圆角对象

步骤 18：创建如图 4.288 所示的切除 - 拉伸 1。单击 特征 功能选项卡中的 ⬛ 按钮，在系统的提示下选取"上视基准面"作为草图平面，绘制如图 4.289 所示的截面草图；在"切除 - 拉伸"对话框 方向 1(1) 区域的下拉列表中选择 两侧对称，输入深度值 100；单击 ✓ 按钮，完成切除 - 拉伸 1 的创建。

步骤 19：创建如图 4.290 所示的圆角 2。单击 特征 功能选项卡 ⬦ 下的 · 按钮，选择 🔲圆角 命令，在"圆角"对话框中选择"固定大小圆角" 🔲 类型，在系统的提示下选取步骤 18 创建的切除 - 拉伸 1 的上下 8 条边线作为圆角对象，在"圆角"对话框的 圆角参数 区域中的 ◠ 文本框中输入圆角半径值 2，单击 ✓ 按钮，完成圆角 2 的定义。

图 4.288　切除 - 拉伸 1

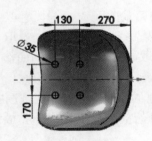

图 4.289　截面草图

图 4.290　圆角 2

4.6.5　放样曲面案例：自行车座

自行车座模型的绘制主要利用草图曲线与相交曲线得到曲面线框，利用放样曲面得到最终的实体效果，完成后如图 4.291 所示。

▶ 20min

（a）前视方位

（b）轴侧方位

（c）俯视方位

图 4.291　自行车座

步骤 1：新建一个零件三维模型文件。选择快速访问工具栏中的 ▣· 命令，在系统弹出的"新建 SOLIDWORKS 文件"对话框中选择"零件"，然后单击"确定"按钮进入零件设计环境。

步骤 2：创建如图 4.292 所示的拉伸曲面 1。单击 曲面 功能选项卡中的 ◈ 按钮，在系统的提示下选取"前视基准面"作为草图平面，绘制如图 4.293 所示的截面草图；在"拉伸曲面"对话框 方向1(1) 区域的下拉列表中选择 两侧对称，输入深度值 340；单击 ✔ 按钮，完成拉伸曲面 1 的创建。

图 4.292　拉伸曲面 1

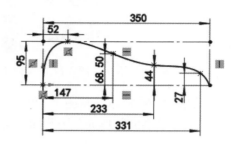

图 4.293　截面草图

步骤 3：创建如图 4.294 所示的拉伸曲面 2。单击 曲面 功能选项卡中的 ◈ 按钮，在系统的提示下选取"上视基准面"作为草图平面，绘制如图 4.295 所示的截面草图；在"拉伸曲面"对话框 方向1(1) 区域的下拉列表中选择 两侧对称，输入深度值 340；单击 ✔ 按钮，完成拉伸曲面 2 的创建。

图 4.294　拉伸曲面 2

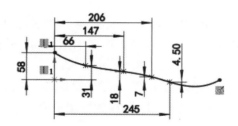

图 4.295　截面草图

步骤 4：创建如图 4.296 所示的交叉曲线 1。单击 草图 功能选项卡 ▣ 下的 · 按钮，在系统弹出的快捷菜单中选择 ◈ 交叉曲线 命令，选取步骤 2 创建的拉伸曲面 1 与步骤 3 创建的拉伸曲面 2 作为相交对象，单击两次"交叉曲线"对话框中的 ✔ 按钮完成交叉曲线 1 的创建，单击图形区右上角的 ↳ 退出草图环境。

步骤 5：创建如图 4.297 所示的镜像 1。选择 特征 功能选项卡中的 ⊪ 镜像 命令，选取上视基准面作为镜像中心平面，激活 要镜像的实体(B) 区域的文本框，选取拉伸曲面 1 作为要镜像的实体，单击"镜像"对话框中的 ✔ 按钮，完成镜像 1 的创建。

步骤 6：创建如图 4.298 所示的交叉曲线 2。单击 草图 功能选项卡 ▣ 下的 · 按钮，在系统弹出的快捷菜单中选择 交叉曲线 命令，选取步骤3创建的拉伸曲面2与步骤5创建的镜像1作为相交对象，单击两次"交叉曲线"对话框中的 ✓ 按钮完成交叉曲线2的创建，单击图形区右上角的 ↳ 退出草图环境。

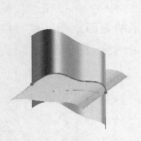
图 4.296　交叉曲线 1

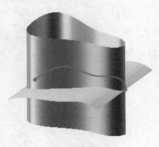
图 4.297　镜像 1

图 4.298　交叉曲线 2

步骤 7：创建如图 4.299 所示的草图 1。单击 草图 功能选项卡中的 ⌐ 草图绘制 按钮，在系统的提示下，选取"上视基准面"作为草图平面，绘制如图 4.300 所示的平面草图。

图 4.299　草图 1

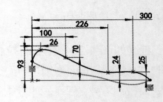
图 4.300　平面草图

步骤 8：创建基准面 1。单击 特征 功能选项卡 ▣ 下的 · 按钮，选择 ▣ 基准面 命令，选取右视基准面作为第一参考，选取如图 4.301 所示的点作为第二参考。单击 ✓ 按钮，完成基准面 1 的定义，如图 4.301 所示。

步骤 9：创建如图 4.302 所示的草图 2。单击 草图 功能选项卡中的 ⌐ 草图绘制 按钮，在系统的提示下，选取"基准面 1"作为草图平面，绘制如图 4.303 所示的平面草图。

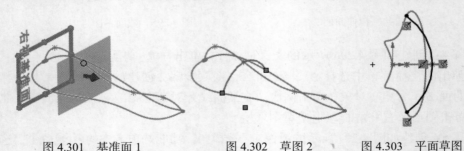
图 4.301　基准面 1　　　　　图 4.302　草图 2　　　　　图 4.303　平面草图

步骤 10：创建基准面 2。单击 特征 功能选项卡 ▣ 下的 · 按钮，选择 ▣ 基准面 命令，选取"右视基准面"作为第一参考，选取如图 4.304 所示的点作为第二参考。单击 ✓ 按钮，完成基准面 2 的定义，如图 4.304 所示。

步骤 11：创建如图 4.305 所示的草图 3。单击 草图 功能选项卡中的 □ 草图绘制 按钮，在系统的提示下，选取"基准面 2"作为草图平面，绘制如图 4.306 所示的平面草图。

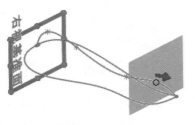
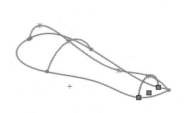
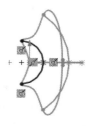

图 4.304　基准面 2　　　　　　图 4.305　草图 3　　　　　　图 4.306　平面草图

步骤 12：创建如图 4.307 所示的放样曲面 1。选择 曲面 功能选项卡下的 ⬇ （放样曲面）命令，在系统"选择至少两个轮廓"的提示下，选取如图 4.308 所示的截面 1、截面 2 与截面 3，在"曲面放样"对话框中激活 引导线(G) 区域的文本框，选取如图 4.308 所示的引导线 1 与引导线 2，单击 ✔ 按钮，完成放样曲面 1 的创建。

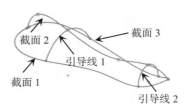

图 4.307　放样曲面 1　　　　图 4.308　放样截面与引导线

步骤 13：创建如图 4.309 所示的草图 4。单击 草图 功能选项卡中的 □ 草图绘制 按钮，在系统的提示下，选取"前视基准面"作为草图平面，绘制如图 4.310 所示的平面草图。

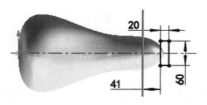

图 4.309　草图 4　　　　　　　图 4.310　平面草图

步骤 14：创建如图 4.311 所示的剪裁曲面。选择 曲面 功能选项卡下的 ✎ 剪裁曲面 命令，在"剪裁曲面"对话框的 剪裁类型(T) 区域选择 ◉ 标准(D) 类型，选取步骤 13 创建的平面草图作为剪裁工具，选中 ◉ 保留选择(K) 单选项，选取如图 4.311 所示的面作为保留对象。

步骤 15：创建如图 4.312 所示的三维草图。单击 草图 功能选项卡中的 ３Ｄ 3D 草图命令，选择 Ν 命令绘制如图 4.312 所示的样条曲线（首尾添加与现有边线之间的相切约束）。

图 4.311　剪裁曲面

图 4.312　三维草图

步骤 16：创建如图 4.313 所示的放样曲面 2。选择 曲面 功能选项卡下的 ⬇（放样曲面）命令，在系统"选择至少两个轮廓"的提示下，选取如图 4.314 所示的截面 1 与截面 2，在"放样曲面"对话框 开始/结束约束(C) 区域的 开始约束(S): 下拉列表中选择 与面相切 类型，单击 ✓ 按钮，完成放样曲面 2 的创建。

图 4.313　放样曲面 2

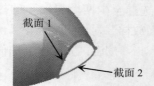

截面 1

截面 2

图 4.314　放样截面

步骤 17：创建缝合曲面 1。单击 曲面 功能选项卡中的 🗒 按钮，选择步骤 12 创建的放样曲面 1 与步骤 16 创建的放样曲面 2，单击 ✓ 按钮完成缝合曲面 1 的创建。

步骤 18：创建加厚特征。选择 曲面 功能选项卡中的 🖐 加厚 命令，在系统的提示下选取步骤 17 创建的缝合曲面作为要加厚的曲面，在 厚度: 区域选中 ▤ 单选项，在 ⬠ 文本框中输入 0.5，单击"加厚"对话框中的 ✓ 按钮，完成加厚特征的创建。

4.7　边界曲面

4.7.1　一般操作

边界曲面用于生成在两个方向上（曲面的所有边）相切或曲率连续的曲面。大多数情况下，边界曲面的结果比放样曲面质量更高。下面以如图 4.315 所示的边界曲面为例，介绍创建边界曲面的一般操作过程。

步骤 1：打开文件 D:\SOLIDWORKS 曲面设计 \work\ch04\ch04.07\01\ 边界样曲面 -ex。

步骤 2：选择命令。选择 曲面 功能选项卡下的 ◈（边界曲面）命令，系统会弹出"边界曲面"对话框。

步骤 3：选择方向 1 截面。在方向 1 区域的"相切类型"下拉列表中选择 无，在系统"选择轮廓"的提示下选取如图 4.315 所示的截面 1 与截面 2 作为第一方向的参考，预览效果如图 4.316 所示。

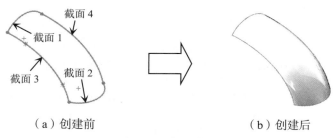

（a）创建前　　　　　　　　　（b）创建后

图 4.315　边界曲面

步骤 4：选择方向 2 截面。在"边界曲面"对话框方向 2 区域激活曲线文本框，选取如图 4.315 所示的截面 3 与截面 4 作为第二方向的参考，在方向 2 区域的"相切类型"下拉列表中选择无，预览效果如图 4.317 所示。

步骤 5：完成边界曲面。在"边界曲面"对话框中单击 ✔ 完成曲面的创建。

图 4.316　方向 1 截面　　　　　　　　　图 4.317　方向 2 截面

4.7.2　边界曲面案例：塑料手柄

塑料手柄模型的绘制主要利用边界曲面创建主体曲面结构，利用等距曲面、分割面、删除面与边界曲面创建凹陷细节结构，完成后如图 4.318 所示。

（a）俯视方位　　　　　　（b）轴侧方位　　　　　　（c）前视方位

图 4.318　塑料手柄

步骤 1：新建一个零件三维模型文件。选择快速访问工具栏中的 ▯ 命令，在系统弹出的"新建 SOLIDWORKS 文件"对话框中选择"零件"，然后单击"确定"按钮进入零件设计环境。

步骤 2：创建如图 4.319 所示的草图 1。单击 草图 功能选项卡中的 草图绘制 按钮，在系统的提示下，选取"上视基准面"作为草图平面，绘制如图 4.320 所示的平面草图。

图 4.319　草图 1

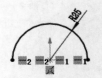

图 4.320　平面草图

步骤 3：创建基准面 1。单击 特征 功能选项卡 🎐 下的 · 按钮，选择 基准面 命令，选取"右视基准面"作为参考平面，在"基准面"对话框 文本框中输入间距值 80，单击 ✓ 按钮，完成基准面 1 的定义，如图 4.321 所示。

步骤 4：创建如图 4.322 所示的草图 2。单击 草图 功能选项卡中的 草图绘制 按钮，在系统的提示下，选取"基准面 1"作为草图平面，绘制如图 4.323 所示的平面草图。

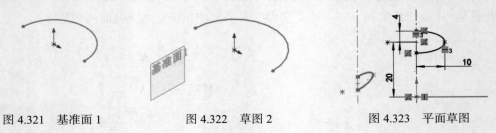

图 4.321　基准面 1　　　　　图 4.322　草图 2　　　　　图 4.323　平面草图

步骤 5：创建如图 4.324 所示的草图 3。单击 草图 功能选项卡中的 草图绘制 按钮，在系统的提示下，选取"前视基准面"作为草图平面，绘制如图 4.325 所示的平面草图。

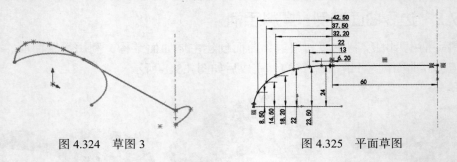

图 4.324　草图 3　　　　　　　　　　　图 4.325　平面草图

步骤 6：创建如图 4.326 所示的草图 4。单击 草图 功能选项卡中的 草图绘制 按钮，在系统的提示下，选取"前视基准面"作为草图平面，绘制如图 4.327 所示的平面草图。

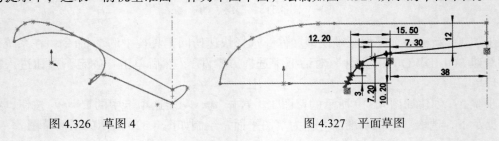

图 4.326　草图 4　　　　　　　　　　　图 4.327　平面草图

步骤7：创建如图 4.328 所示的三维草图。单击 草图 功能选项卡中的 3D 3D草图 命令，选择 ／ 命令绘制如图 4.328 所示的直线。

步骤8：创建基准面 2。单击 特征 功能选项卡 🔗 下的 · 按钮，选择 基准面 命令，选取步骤 7 创建的两条直线作为参考，单击 ✓ 按钮，完成基准面 2 的定义，如图 4.329 所示。

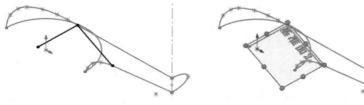

图 4.328　三维草图　　　　　　　　　图 4.329　基准面 2

步骤9：创建如图 4.330 所示的草图 5。单击 草图 功能选项卡中的 草图绘制 按钮，在系统的提示下，选取"基准面 2"作为草图平面，绘制如图 4.331 所示的平面草图。

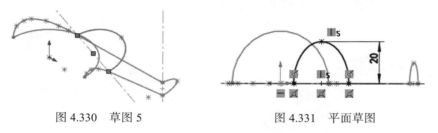

图 4.330　草图 5　　　　　　　　　图 4.331　平面草图

步骤10：创建如图 4.332 所示的草图 6。单击 草图 功能选项卡中的 草图绘制 按钮，在系统的提示下，选取"前视基准面"作为草图平面，绘制如图 4.333 所示的平面草图。

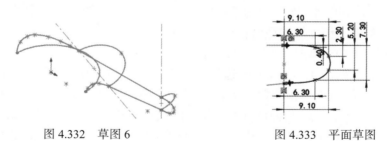

图 4.332　草图 6　　　　　　　　　图 4.333　平面草图

步骤11：创建如图 4.334 所示的拉伸曲面 1。单击 曲面 功能选项卡中的 🖋 按钮，选取步骤 5 创建的草图 3 作为拉伸截面；在"拉伸曲面"对话框 方向 1(1) 区域的下拉列表中选择 给定深度，输入深度值 10；单击 ✓ 按钮，完成拉伸曲面 1 的创建。

步骤12：创建如图 4.335 所示的拉伸曲面 2。单击 曲面 功能选项卡中的 🖋 按钮，选取步骤 6 创建的草图 4 作为拉伸截面；在"拉伸曲面"对话框 方向 1(1) 区域的下拉列表中选择 给定深度，输入深度值 10；单击 ✓ 按钮，完成拉伸曲面 2 的创建。

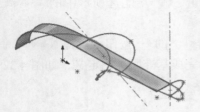

图 4.334　拉伸曲面 1

图 4.335　拉伸曲面 2

步骤 13：创建如图 4.336 所示的边界曲面 1。选择 曲面 功能选项卡下的 ◈（边界曲面）命令，选取如图 4.337 所示的截面 1、截面 2 与截面 3 作为第一方向截面，选取拉伸曲面 1 的边线作为第二方向的第一截面（选取时通过 SelectionManager (P) 进行选取），在方向 2 区域的相切类型下拉列表中选择 与面相切 类型，选取拉伸曲面 2 的边线作为第二方向的第二截面，（选取时通过 SelectionManager (P) 进行选取），在方向 2 区域的相切类型下拉列表中选择 与面相切 类型，单击 ✓ 按钮，完成边界曲面 1 的创建。

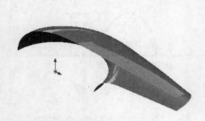

图 4.336　边界曲面 1

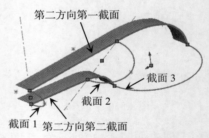

图 4.337　边界曲面截面

步骤 14：创建如图 4.338 所示的拉伸曲面 3。单击 曲面 功能选项卡中的 ◈ 按钮，选取步骤 10 创建的草图 6 作为拉伸截面；在"拉伸曲面"对话框 方向 1(1) 区域的下拉列表中选择 给定深度，输入深度值 10；单击 ✓ 按钮，完成拉伸曲面 3 的创建。

步骤 15：创建如图 4.339 所示的边界曲面 2。选择 曲面 功能选项卡下的 ◈ 命令，选取如图 4.340 所示的截面 1 作为第一方向的第 1 个截面，在方向 1 区域的相切类型下拉列表中选择 与面相切 类型，选取如图 4.340 所示的截面 2 作为第一方向的第 2 个截面，在方向 1 区域的相切类型下拉列表中选择 与面相切 类型，单击 ✓ 按钮，完成边界曲面 2 的创建。

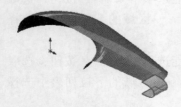

图 4.338　拉伸曲面 3

图 4.339　边界曲面 2

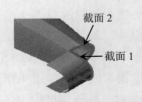

图 4.340　边界曲面截面

步骤16：创建基准面3。单击 特征 功能选项卡 ⬚ 下的 · 按钮，选择 ▦ 基准面 命令，选取"上视基准面"作为参考平面，在"基准面"对话框 ⬚ 文本框中输入间距值17，单击 ✓ 按钮，完成基准面3的定义，如图4.341所示。

步骤17：创建如图4.342所示的草图7。单击 草图 功能选项卡中的 ⬜ 草图绘制 按钮，在系统的提示下，选取"基准面3"作为草图平面，绘制如图4.343所示的平面草图。

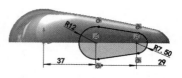

图4.341　基准面3　　　　图4.342　草图7　　　　图4.343　平面草图

步骤18：创建如图4.344所示的分割线1。单击 特征 功能选项卡 ⬚ 下的 · 按钮，选择 ⬚ 分割线 命令，在"分割线"对话框 分割类型 区域选中 ◉ 投影 类型，选取步骤17创建的平面草图作为要投影的草图，选取如图4.345所示的面作为要分割的面，选中 ☑ 单向 与 ☑ 反向 使方向如图4.345所示，单击 ✓ 按钮完成分割线1的创建。

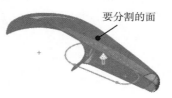

图4.344　分割线1　　　　　　图4.345　要分割的面

步骤19：创建如图4.346所示的等距曲面1。选择 曲面 功能选项卡下的 ⬚ 等距曲面 命令，选取如图4.347所示的面作为参考，在"距离"文本框中输入1，单击 ⬚ 使方向向内，单击 ✓ 按钮完成等距曲面1的创建。

图4.346　等距曲面1　　　　　图4.347　选取等距面

步骤20：创建如图4.348所示的删除面1。选择 曲面 功能选项卡下的 ⬚ 删除面 命令，选取如图4.347所示的面作为参考，在 选项(O) 区域选中 ◉ 删除 单选项，单击 ✓ 按钮完成删除面1的创建。

步骤21：创建如图4.349所示的草图8。单击 草图 功能选项卡中的 ⬜ 草图绘制 按钮，在系统的提示下，选取"基准面3"作为草图平面，绘制如图4.350所示的平面草图。

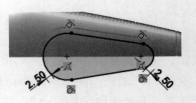

图 4.348　删除面 1　　　　图 4.349　草图 8　　　　图 4.350　平面草图

步骤 22：创建如图 4.351 所示的分割线 2。单击 特征 功能选项卡 曲线 下的 ⌄ 按钮，选择 ⊗ 分割线 命令，在"分割线"对话框 分割类型(T) 区域选中 ⦿ 投影(P) 类型，选取步骤 21 创建的平面草图作为要投影的草图，选取如图 4.351 所示的面作为要分割的面，取消选中 □ 单向(D)，单击 ✓ 按钮完成分割线 2 的创建。

步骤 23：创建如图 4.352 所示的删除面 2。选择 曲面 功能选项卡下的 ⊠ 删除面 命令，选取如图 4.353 所示的面作为参考，在 选项(O) 区域选中 ⦿ 删除 单选项，单击 ✓ 按钮完成删除面 2 的创建。

图 4.351　分割线 2　　　　图 4.352　删除面 2　　　　图 4.353　分割线 2

步骤 24：创建如图 4.354 所示的三维草图 2。单击 草图 功能选项卡中的 ⒊ᴅ 3D草图 命令，选择 ∿ 命令绘制如图 4.354 所示的样条曲线（首尾添加与现有边线之间的相切约束）。

步骤 25：创建如图 4.355 所示的拉伸曲面 4。单击 曲面 功能选项卡中的 ⬦ 按钮，选取步骤 24 创建的三维草图 2 作为拉伸截面，拉伸方向文本框选取"前视基准面"作为参考；在"拉伸曲面"对话框 方向 1(1) 区域的下拉列表中选择 给定深度，输入深度值 3；单击 ✓ 按钮，完成拉伸曲面 4 的创建。

图 4.354　三维草图 2　　　　图 4.355　拉伸曲面 4

步骤 26：创建如图 4.356 所示的三维草图 3。单击 草图 功能选项卡中的 ⒊ᴅ 3D草图 命令，选择 ∿ 命令绘制如图 4.356 所示的样条曲线（首尾添加与现有边线之间的相切约束）。

步骤 27：创建如图 4.357 所示的拉伸曲面 5。单击 曲面 功能选项卡中的 ⬦ 按钮，选取步骤 26 创建的三维草图 3 作为拉伸截面，拉伸方向文本框选取"前视基准面"作为参考；

在"拉伸曲面"对话框 方向1(1) 区域的下拉列表中选择 给定深度，输入深度值3；单击 ✓ 按钮，完成拉伸曲面5的创建。

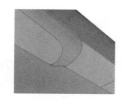

图 4.356　三维草图 3

图 4.357　拉伸曲面 5

步骤28：创建如图4.358所示的边界曲面3。选择 曲面 功能选项卡下的 ◆（边界曲面）命令，选取如图4.359所示的截面1作为第一方向的第1个截面（通过 SelectionManager (O) 选取），在方向1区域的相切类型下拉列表中选择 与面相切 类型，选取如图4.359所示的截面2作为第一方向的第2个截面（通过 SelectionManager (O) 选取），在方向1区域的相切类型下拉列表中选择 与面相切 类型，激活 方向2(2) 区域的曲线文本框，选取如图4.359所示的截面3作为第二方向的第1个截面，在方向2区域的相切类型下拉列表中选择 与面相切 类型，选取如图4.359所示的截面4作为第二方向的第2个截面，在方向2区域的相切类型下拉列表中选择 与面相切 类型，单击 ✓ 按钮，完成边界曲面3的创建。

步骤29：创建缝合曲面1。单击 曲面 功能选项卡中的 🔲 按钮，选取删除面1、边界曲面2、删除面2与边界曲面3作为参考，单击 ✓ 按钮完成缝合曲面1的创建。

步骤30：创建如图4.360所示的镜像。选择 特征 功能选项卡中的 ⋈ 镜像 命令，选取"前视基准面"作为镜像中心平面，激活 要镜像的实体(B) 区域的文本框，选取步骤29创建的缝合曲面1作为要镜像的实体，单击"镜像"对话框中的 ✓ 按钮，完成镜像的创建。

图 4.358　边界曲面 3

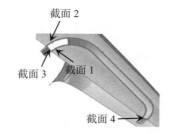

图 4.359　边界曲面截面

图 4.360　镜像

步骤31：创建缝合曲面2。单击 曲面 功能选项卡中的 🔲 按钮，选取缝合曲面1与步骤30创建的镜像作为参考，单击 ✓ 按钮完成缝合曲面2的创建。

步骤32：创建如图4.361所示的拉伸曲面6。单击 曲面 功能选项卡中的 ◆ 按钮，在系统的提示下选取"基准面3"作为草图平面，绘制如图4.362所示的截面草图；在"拉伸曲面"对话框 方向1(1) 区域的下拉列表中选择 两侧对称，输入深度值45；单击 ✓ 按钮，完成拉伸曲面6的创建。

步骤33：创建如图 4.363 所示的剪裁曲面 1。单击 曲面 功能选项卡中的 ✍ 剪裁曲面 按钮，在"剪裁曲面"对话框的 剪裁类型(T) 区域选择 ◉标准(D) 类型，选取步骤 32 创建的拉伸曲面 6 作为剪裁工具，在选择区域选中 ◉保留选择(K) 单选项，选取如图 4.363 所示的面作为要保留的面，单击 ✔ 按钮完成剪裁曲面 1 的创建。

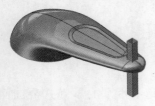
图 4.361　拉伸曲面 6

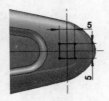
图 4.362　截面草图

图 4.363　剪裁曲面 1

步骤34：创建如图 4.364 所示的边界曲面 4。选择 曲面 功能选项卡下的 ✍ 命令，选取如图 4.365 所示的截面 1 作为第一方向的第 1 个截面（通过 SelectionManager (O) 选取），在方向 1 区域的相切类型下拉列表中选择 与面相切 类型，选取如图 4.365 所示的截面 2 作为第一方向的第 2 个截面（通过 SelectionManager (O) 选取），在方向 1 区域的相切类型下拉列表中选择 与面相切 类型，激活 方向 2(2) 区域的曲线文本框，选取如图 4.365 所示的截面 3 作为第二方向的第 1 个截面，在方向 2 区域的相切类型下拉列表中选择 与面相切 类型，选取如图 4.365 所示的截面 4 作为第二方向的第 2 个截面，在方向 2 区域的相切类型下拉列表中选择 与面相切 类型，单击 ✔ 按钮，完成边界曲面 4 的创建。

步骤35：参考步骤 34 创建如图 4.366 所示的边界曲面 5。

图 4.364　边界曲面 4

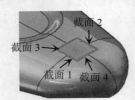
图 4.365　截面轮廓

图 4.366　边界曲面 5

步骤36：创建缝合曲面 3。单击 曲面 功能选项卡中的 ▦ 按钮，选取曲面裁剪 1、边界曲面 4 与边界曲面 5 作为参考，单击 ✔ 按钮完成缝合曲面 3 的创建。

步骤37：创建加厚特征。选择 曲面 功能选项卡中的 ▦ 加厚 命令，在系统的提示下选取步骤 36 创建的缝合曲面作为要加厚的曲面，在 厚度 区域选中 ▤（加厚侧边 1）单选项，在 ⬧ 文本框中输入 1，单击"加厚"对话框中的 ✔ 按钮，完成加厚特征的创建，如图 4.367 所示。

步骤38：创建如图 4.368 所示的圆角。单击 特征 功能选项卡 ▣ 下的 ⌐ 按钮，选择 ▣ 圆角 命令，在"圆角"对话框中选择"固定大小圆角" ▣ 类型，在系统的提示下选取如图 4.369 所示的边线（2 条边线）作为圆角对象，在"圆角"对话框的 圆角参数 区域中的 ⼉ 文本框中输入圆角半径值 0.5，单击 ✔ 按钮，完成圆角的定义。

图 4.367　加厚特征

图 4.368　圆角

圆角对象

图 4.369　圆角对象

4.8　等距曲面

4.8.1　一般操作

3min

等距曲面是将选定曲面沿其法线方向偏移后所生成的曲面，下面以如图 4.370 所示的等距曲面为例，介绍创建等距曲面的一般操作过程。

（a）创建前　　　　　　　　　　　　　　（b）创建后

图 4.370　等距曲面

步骤 1：打开文件 D:\SOLIDWORKS 曲面设计 \work\ch04\ch04.08\01\ 等距曲面 -ex。

步骤 2：选择命令。选择 曲面 功能选项卡下的 等距曲面 命令，系统会弹出"等距曲面"对话框。

步骤 3：选择等距对象。在系统的提示下选取拉伸曲面 1（在设计树中选取特征）作为要等距的对象。

说明： 在选取等距对象时在设计树中选取及那个选取特征的所有面作为等距对象，如果用户需要选取特征的部分曲面，则可以在图形区直接单击选取，如图 4.371 所示。

步骤 4：定义等距的方向与距离。在"等距曲面"对话框"等距距离"文本框中输入 8，等距方向向外。

说明： 单击 按钮可以调整等距的方向，如图 4.372 所示。

步骤 5：完成等距曲面。在"等距曲面"对话框中单击 ✓ 完成曲面的创建。

4.8.2　等距曲面案例：叶轮

16min

叶轮模型的绘制主要利用拉伸特征、等距曲面与放样曲面等特征创建主体结构，利用圆角进行局部细化，完成后如图 4.373 所示。

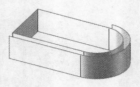
图 4.371　部分曲面等距

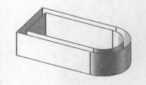
图 4.372　调整等距方向

（a）俯视方位

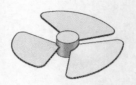
（b）轴侧方位

图 4.373　叶轮

步骤 1：新建一个零件三维模型文件。选择快速访问工具栏中的 命令，在系统弹出的"新建 SOLIDWORKS 文件"对话框中选择"零件"，然后单击"确定"按钮进入零件设计环境。

步骤 2：创建如图 4.374 所示的凸台-拉伸 1。单击 特征 功能选项卡中的 按钮，在系统的提示下选取"上视基准面"作为草图平面，绘制如图 4.375 所示的截面草图；在"凸台-拉伸"对话框 方向1(1) 区域的下拉列表中选择 两侧对称，输入深度值 40；单击 ✔ 按钮，完成凸台-拉伸 1 的创建。

图 4.374　凸台-拉伸 1

图 4.375　截面草图

步骤 3：创建如图 4.376 所示的等距曲面 1。选择 曲面 功能选项卡下的 等距曲面 命令，选取圆柱外表面作为要等距的面，在"等距曲面"对话框"等距距离"文本框中输入 100，等距方向向外，单击 ✔ 完成曲面的创建。

步骤 4：创建如图 4.377 所示的草图 1。单击 草图 功能选项卡中的 草图绘制 按钮，在系统的提示下，选取"上视基准面"作为草图平面，绘制如图 4.378 所示的平面草图。

步骤 5：创建如图 4.379 所示的草图 2。单击 草图 功能选项卡中的 草图绘制 按钮，在系统的提示下，选取"右视基准面"作为草图平面，绘制如图 4.380 所示的平面草图。

步骤 6：创建如图 4.381 所示的投影曲线 1。单击 特征 功能选项卡 下的 按钮，选择 投影曲线 命令，在"投影曲线"对话框 投影类型 区域选中 ⊙面上草图(K) 类型，选取步骤 5 创建的平面草图作为要投影的草图，选取步骤 3 创建的等距曲面作为投影面，方向采用默认（沿 X 方向），单击 ✔ 按钮完成投影曲线 1 的创建。

图 4.376　等距曲面 1

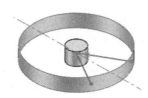

图 4.377　草图 1

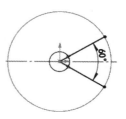

图 4.378　平面草图

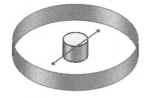

图 4.379　草图 2

图 4.380　平面草图

步骤 7：创建如图 4.382 所示的草图 3。单击 草图 功能选项卡中的 ⌐ 草图绘制 按钮，在系统的提示下，选取"右视基准面"作为草图平面，绘制如图 4.383 所示的平面草图。

图 4.381　投影曲线 1

图 4.382　草图 3

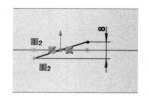

图 4.383　平面草图

步骤 8：创建如图 4.384 所示的投影曲线 2。单击 特征 功能选项卡 ⌐ 下的 ⌐ 按钮，选择 ⫿ 投影曲线 命令，在"投影曲线"对话框 投影类型 区域选中 ◉面上草图(K) 类型，选取步骤 7 创建的平面草图作为要投影的草图，选取步骤 2 创建的圆柱外表面作为投影面，方向采用默认（沿 X 方向），单击 ✓ 按钮完成投影曲线 2 的创建。

步骤 9：创建如图 4.385 所示的放样曲面 1。选择 曲面 功能选项卡下的 ♨ （放样曲面）命令，在系统"选择至少两个轮廓"的提示下，选取步骤 6 创建的投影曲线作为第 1 个截面，选取步骤 8 创建的投影曲线作为第 2 个截面，单击 ✓ 按钮，完成放样曲面 1 的创建。

图 4.384　投影曲线 2

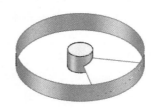

图 4.385　放样曲面 1

步骤 10：创建加厚特征。选择██功能选项卡中的███ 加厚 命令，在系统的提示下选取步骤 9 创建的放样曲面 1 作为要加厚的曲面，在 厚度 区域选中██（加厚两侧）单选项，在 ██ 文本框中输入 1.5，取消选中 □合并结果(R) 单选项，单击"加厚"对话框中的 ✓ 按钮，完成加厚特征的创建，如图 4.386 所示。

步骤 11：创建如图 4.387 所示的圆角 1。单击 特征 功能选项卡 ██ 下的 █ 按钮，选择 ██ 圆角 命令，在"圆角"对话框中选择"固定大小圆角" ██ 类型，在系统的提示下选取如图 4.388 所示的边线（2 条边线）作为圆角对象，在"圆角"对话框的 圆角参数 区域中的 ██ 文本框中输入圆角半径值 15，单击 ✓ 按钮，完成圆角 1 的定义。

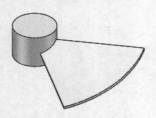

图 4.386　加厚特征

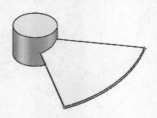

图 4.387　圆角 1

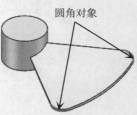

图 4.388　圆角对象

步骤 12：创建如图 4.389 所示的圆角 2。单击 特征 功能选项卡 ██ 下的 █ 按钮，选择 ██ 圆角 命令，在"圆角"对话框中选择 ██ 类型，在系统的提示下选取如图 4.390 所示的边线（2 条边线）作为圆角对象，在"圆角"对话框的 圆角参数 区域中的 ██ 文本框中输入圆角半径值 1，单击 ✓ 按钮，完成圆角 2 的定义。

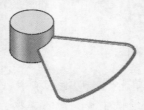

图 4.389　圆角 2

图 4.390　圆角对象

步骤 13：创建如图 4.391 所示的圆周阵列。单击 特征 功能选项卡 ██ 下的 █ 按钮，选择██ 圆周阵列 命令，在"圆周阵列"对话框中选中 □实体(B)，单击激活 ██ 后的文本框，选取叶轮叶片作为阵列的源对象，在"圆周阵列"对话框中激活 方向 1(1) 区域中 ██ 后的文本框，选取如图 4.391 所示的圆柱面（系统会自动选取圆柱面的中心轴作为圆周阵列的中心轴），选中 ⊙等间距 复选项，在 ██ 文本框中输入间距值 360，在 ██ 文本框中输入数量 3，单击 ✓ 按钮，完成圆周阵列的创建。

步骤 14：创建如图 4.392 所示的凸台 - 拉伸 2。单击 特征 功能选项卡中的 ██ 按钮，在系统的提示下选取"上视基准面"作为草图平面，绘制如图 4.393 所示的截面草图；在"凸台 - 拉伸"对话框 方向 1(1) 区域的下拉列表中选择 两侧对称 ，输入深度值 40；单击 ✓ 按钮，完成凸台 - 拉伸 1 的创建。

图 4.391　圆周阵列　　　　图 4.392　凸台 - 拉伸 2　　　　图 4.393　截面草图

步骤 15：创建如图 4.394 所示的圆角 3。单击 特征 功能选项卡 下的 按钮，选择 圆角 命令，在"圆角"对话框中选择 类型，在系统的提示下选取如图 4.395 所示的边线（3 条边线）作为圆角对象，在"圆角"对话框的 圆角参数 区域中的 文本框中输入圆角半径值 1，单击 按钮，完成圆角 3 的定义。

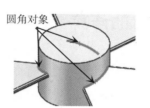

图 4.394　圆角 3　　　　　图 4.395　圆角边线

第5章　SOLIDWORKS曲面编辑

在完成曲面的创建后，通常需要对现有的曲面进行编辑以满足用户的实际需求。

5.1　曲面的修剪

5.1.1　标准修剪

标准修剪需要用户选择修剪的工具（可以是草图、曲面、曲线等）。下面以如图 5.1 所示的曲面为例，介绍创建标准修剪的一般操作过程。

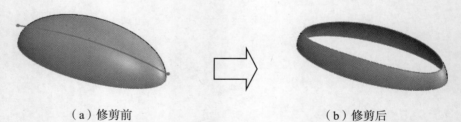

（a）修剪前　　　　　　　　　　　　（b）修剪后

图 5.1　标准修剪

步骤 1：打开文件 D:\SOLIDWORKS 曲面设计 \work\ch05\ch05.01\ 标准修剪 -ex。

步骤 2：选择命令。选择 曲面 功能选项卡下的 ◈ 剪裁曲面 命令，系统会弹出"剪裁曲面"对话框。

步骤 3：定义剪裁类型。在"剪裁曲面"对话框 剪裁类型(T) 区域选中 ◉标准(D) 单选项。

步骤 4：定义剪裁工具。选取如图 5.2 所示的圆弧作为修剪工具。

步骤 5：定义选择类型。在"剪裁曲面"对话框 选择(S) 区域选中 ◉保留选择(K) 类型，选取如图 5.3 所示的面作为要保留的面。

步骤 6：完成修剪。在"剪裁曲面"对话框中单击 ✓ 完成曲面的修剪。

图 5.2　修剪工具　　　　　　　　　　图 5.3　保留选择

5.1.2　相互修剪

相互修剪需要用户选择多个曲面对象，多个曲面之间相互修剪，用户可以选择需要保留或者需要修剪的区域。下面以如图 5.4 所示的曲面为例，介绍创建相互修剪的一般操作过程。

步骤 1：打开文件 D:\SOLIDWORKS 曲面设计 \work\ch05\ch05.01\ 相互修剪 -ex。

步骤 2：选择命令。选择 曲面 功能选项卡下的 ◢ 剪裁曲面 命令，系统会弹出"剪裁曲面"对话框。

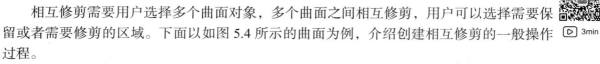

（a）修剪前　　　　　　　　　　　　　（b）修剪后

图 5.4　相互修剪

步骤 3：定义剪裁类型。在"剪裁曲面"对话框 剪裁类型(T) 区域选中 ◉相互(M) 单选项。

步骤 4：定义剪裁工具。选取如图 5.4 所示的两个曲面作为相互修剪的工具。

步骤 5：定义选择类型。在"剪裁曲面"对话框 选择(S) 区域选中 ◉移除选择(R) 类型，选取如图 5.5 所示的面作为要移除的面。

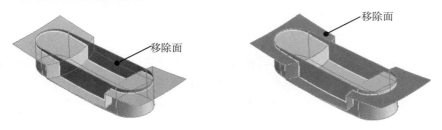

图 5.5　移除面

步骤 6：完成修剪。在"剪裁曲面"对话框中单击 ✔ 完成曲面的修剪。

5.1.3 曲面修剪案例：花朵

花朵模型的绘制主要利用旋转曲面、扫描曲面创建主体结构，利用修剪曲面剪裁掉多余曲面得到最终效果，完成后如图 5.6 所示。

步骤 1：打开文件 D:\SOLIDWORKS 曲面设计 \work\ch04\ch05.01\ 花朵 -ex。

步骤 2：创建如图 5.7 所示的旋转曲面。单击 曲面 功能选项卡中的 🕸 按钮，在系统的提示下选取"前视基准面"作为草图平面，绘制如图 5.8 所示的截面草图；在"旋转"对话框的 方向1(1) 区域的下拉列表中选择 给定深度 ，在 🗳 文本框中输入旋转角度 360，选取截面草图中的竖直中心线作为旋转轴，单击"旋转"对话框中的 ✔ 按钮，完成旋转曲面的创建。

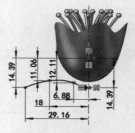

图 5.6　花朵　　　　　　　图 5.7　旋转曲面　　　　　　图 5.8　截面草图

步骤 3：创建如图 5.9 所示的剪裁草图。单击 草图 功能选项卡中的草图绘制 ⊏ 草图绘制 按钮，在系统的提示下，选取"上视基准面"作为草图平面，绘制如图 5.10 所示的平面草图。

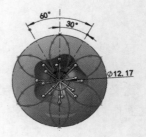

图 5.9　剪裁草图　　　　　　　　　图 5.10　平面草图

步骤 4：创建如图 5.11 所示的剪裁曲面 1。选择 曲面 功能选项卡下的 ◈ 剪裁曲面 命令，在 剪裁类型(T) 区域选中 ◉ 标准(D) 单选项，选取步骤 3 创建的草图作为修剪工具，在"剪裁曲面"对话框 选择(S) 区域选中 ◉ 保留选择(K) 类型，选取如图 5.12 所示的面作为要保留的面，单击 ✔ 完成剪裁曲面 1 的创建。

步骤 5：创建基准面 1。单击 特征 功能选项卡 🐾 下的 · 按钮，选择 🗏 基准面 命令，选取上视基准面作为参考平面，在"基准面"对话框 🔯 文本框中输入间距值 16，选中 ☑ 反转等距 使方向沿 Y 轴负方向。单击 ✔ 按钮，完成基准面 1 的定义，如图 5.13 所示。

图 5.11　剪裁曲面 1

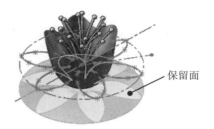

保留面

图 5.12　保留选择

图 5.13　基准面 1

步骤 6：创建如图 5.14 所示的拉伸曲面 1。单击 曲面 功能选项卡中的 ⬢ 按钮，在系统的提示下选取"基准面 1"作为草图平面，绘制如图 5.15 所示的截面草图；在"拉伸曲面"对话框 方向1(1) 区域的下拉列表中选择 成形到面 ，选取如图 5.14 所示的面作为终止参考；激活 ◈（拔模开关），输入拔模角度 10，选中 ☑向外拔模(O) 单选项，单击 ✓ 按钮，完成拉伸曲面 1 的创建。

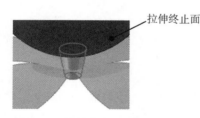

拉伸终止面

图 5.14　拉伸曲面 1

图 5.15　截面草图

步骤 7：创建如图 5.16 所示的扫描路径。单击 草图 功能选项卡中的 ⌐ 草图绘制 按钮，在系统的提示下，选取"前视基准面"作为草图平面，绘制如图 5.17 所示的平面草图。

步骤 8：创建如图 5.18 所示的扫描曲面。单击 曲面 功能选项卡中的 ⬢ 按钮，在"扫描曲面"对话框的 轮廓和路径(P) 区域选中 ◉圆形轮廓(C) 单选项，在系统的提示下选取步骤 7 创建的平面草图作为扫描路径，在 ⬢ 文本框中输入直径值 1，单击 ✓ 按钮完成扫描曲面的创建。

步骤 9：创建如图 5.19 所示的曲面基准面。单击 曲面 功能选项卡中的 ⬛ 平面区域 按钮，选取如图 5.20 所示的两根边界曲线作为参考，单击 ✓ 按钮完成曲面基准面的创建。

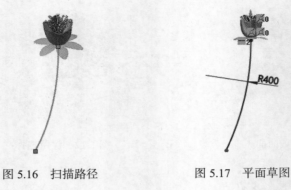

图 5.16　扫描路径　　　　　　　图 5.17　平面草图

图 5.18　扫描曲面

边界对象

图 5.19　曲面基准面　　　　　　图 5.20　边界曲线

步骤 10：创建基准面 2。单击 特征 功能选项卡 下的 · 按钮，选择 基准面 命令，选取基准面 1 作为参考平面，在"基准面"对话框 文本框中输入间距值 46，选中 ☑反转等距 使方向沿 Y 轴负方向。单击 ✓ 按钮，完成基准面 2 的定义，如图 5.21 所示。

图 5.21　基准面 2

步骤 11：创建如图 5.22 所示的草图 1。单击 [草图] 功能选项卡中的 [草图绘制] 按钮，在系统的提示下，选取"基准面 2"作为草图平面，绘制如图 5.23 所示的平面草图（草图右侧端点与步骤 7 创建的平面草图穿透重合）。

图 5.22　草图 1

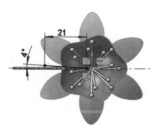

图 5.23　平面草图

步骤 12：创建基准面 3。单击 [特征] 功能选项卡 💠 下的 ▾ 按钮，选择 [基准面] 命令，选取步骤 11 创建的平面草图作为第一参考，将位置类型设置为重合，选取基准面 2 作为第二参考，将位置类型设置为垂直，单击 ✔ 按钮，完成基准面 3 的定义，如图 5.24 所示。

步骤 13：创建基准面 4。单击 [特征] 功能选项卡 💠 下的 ▾ 按钮，选择 [基准面] 命令，选取"右视基准面"作为第一参考，将位置类型设置为平行，选取步骤 11 创建的平面草图的右侧端点作为第二参考，将位置类型设置为重合，单击 ✔ 按钮，完成基准面 4 的定义，如图 5.25 所示。

图 5.24　基准面 3

图 5.25　基准面 4

步骤 14：创建如图 5.26 所示的扫描路径。单击 [草图] 功能选项卡中的 [草图绘制] 按钮，在系统的提示下，选取"基准面 3"作为草图平面，绘制如图 5.27 所示的平面草图。

图 5.26　扫描路径

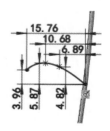

图 5.27　平面草图

步骤 15：创建如图 5.28 所示的扫描截面。单击 草图 功能选项卡中的 █ 草图绘制 按钮，在系统的提示下，选取"基准面 4"作为草图平面，绘制如图 5.29 所示的平面草图。

图 5.28　扫描截面

图 5.29　平面草图

步骤 16：创建如图 5.30 所示的扫描曲面。单击 曲面 功能选项卡中的 ✐ 按钮，在"扫描曲面"对话框的 轮廓和路径(P) 区域选中 ◉草图轮廓 单选项，在系统的提示下选取步骤 15 创建的平面草图作为扫描截面，选取步骤 14 创建的平面草图作为扫描路径，单击 ✔ 按钮完成扫描曲面的创建。

步骤 17：创建如图 5.31 所示的剪裁草图。单击 草图 功能选项卡中的 █ 草图绘制 按钮，在系统的提示下，选取"基准面 2"作为草图平面，绘制图 5.32 所示的平面草图。

图 5.30　扫描曲面

图 5.31　剪裁草图

图 5.32　平面草图

步骤 18：创建如图 5.33 所示的剪裁曲面 2。选择 曲面 功能选项卡下的 ✐ 剪裁曲面 命令，在 剪裁类型(T) 区域选中 ◉标准(D) 单选项，选取步骤 17 创建的平面草图作为修剪工具，在"剪裁曲面"对话框 选择(S) 区域选中 ◉保留选择(K) 类型，选取如图 5.34 所示的面作为要保留的面，单击 ✔ 完成剪裁曲面 2 的创建。

图 5.33　剪裁曲面 2

保留面

图 5.34　保留选择

步骤 19：创建基准面 5。单击 特征 功能选项卡 🖱 下的 ▾ 按钮，选择 🔲 基准面 命令，选取基准面 2 作为参考平面，在"基准面"对话框 🔲 文本框中输入间距值 10，选中

☑反转等距 使方向沿 Y 轴负方向。单击 ✓ 按钮，完成基准面 5 的定义，如图 5.35 所示。

步骤 20：创建如图 5.36 所示的草图 2。单击 草图 功能选项卡中的 [草图绘制 按钮，在系统的提示下，选取"基准面 5"作为草图平面，绘制如图 5.37 所示的平面草图（草图左侧侧端点与步骤 7 创建的平面草图穿透重合）。

图 5.35 基准面 5

图 5.36 草图 2

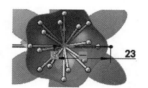

图 5.37 平面草图

步骤 21：创建基准面 6。单击 特征 功能选项卡 📐 下的 · 按钮，选择 📐 基准面 命令，选取步骤 20 创建的平面草图作为第一参考，将位置类型设置为重合，选取基准面 5 作为第二参考，将位置类型设置为垂直，单击 ✓ 按钮，完成基准面 6 的定义，如图 5.38 所示。

步骤 22：创建基准面 7。单击 特征 功能选项卡 📐 下的 · 按钮，选择 📐 基准面 命令，选取"右视基准面"作为第一参考，将位置类型设置为平行，选取步骤 20 创建的平面草图的左侧端点作为第二参考，将位置类型设置为重合，单击 ✓ 按钮，完成基准面 7 的定义，如图 5.39 所示。

图 5.38 基准面 6

图 5.39 基准面 7

步骤 23：创建如图 5.40 所示的扫描路径。单击 草图 功能选项卡中的 ⬜ 草图绘制 按钮，在系统的提示下，选取 "基准面 6" 作为草图平面，绘制如图 5.41 所示的平面草图。

图 5.40　扫描路径

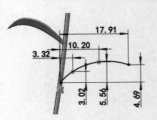

图 5.41　平面草图

步骤 24：创建如图 5.42 所示的扫描截面。单击 草图 功能选项卡中的 ⬜ 草图绘制 按钮，在系统的提示下，选取 "基准面 7" 作为草图平面，绘制如图 5.43 所示的平面草图。

图 5.42　扫描截面

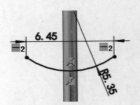

图 5.43　平面草图

步骤 25：创建如图 5.44 所示的扫描曲面。单击 曲面 功能选项卡中的 🖋 按钮，在 "扫描曲面" 对话框的 轮廓和路径(P) 区域选中 ⦿ 草图轮廓 单选项，在系统的提示下选取步骤 24 创建的平面草图作为扫描截面，选取步骤 23 创建的平面草图作为扫描路径，单击 ✓ 按钮完成扫描曲面的创建。

步骤 26：创建如图 5.45 所示的剪裁草图 3。单击 草图 功能选项卡中的 ⬜ 草图绘制 按钮，在系统的提示下，选取 "基准面 5" 作为草图平面，绘制如图 5.46 所示的平面草图。

图 5.44　扫描曲面

图 5.45　剪裁草图 3

图 5.46　平面草图

步骤 27：创建如图 5.47 所示的剪裁曲面 3。选择 曲面 功能选项卡下的 ◈ 剪裁曲面 命令，在 剪裁类型(T) 区域选中 ⦿ 标准(D) 单选项，选取步骤 26 创建的平面草图作为修剪工具，在 "剪裁曲面" 对话框 选择(S) 区域选中 ⦿ 保留选择(K) 类型，选取如图 5.48 所示的面作为要保留的面，单击 ✓ 完成剪裁曲面 3 的创建。

保留面

图 5.47　剪裁曲面 3　　　　　　　　　图 5.48　保留选择

5.2　曲面的延伸

延伸曲面是根据用户定义的终止条件和延伸类型来延伸一条或者多条边线或者延伸整个的面。下面以如图 5.49 所示的曲面为例，介绍创建延伸曲面的一般操作过程。

▶ 4min

（a）延伸前　　　　　　　　　　　　　（b）延伸后

图 5.49　延伸曲面

步骤 1：打开文件 D:\SOLIDWORKS 曲面设计 \work\ch05\ch05.02\ 曲面延伸 -ex。

步骤 2：选择命令。选择 曲面 功能选项卡下的 🖉 延伸曲面 命令，系统会弹出"延伸曲面"对话框。

步骤 3：选择延伸对象。在系统的提示下选取如图 5.50 所示的曲面边线作为延伸参考。

步骤 4：选择终止条件。在"延伸曲面"对话框 终止条件(C): 区域选中 ◉ 成形到某一面(T) 单选项，选取如图 5.50 所示的面作为参考。

步骤 5：定义延伸类型。在"延伸曲面"对话框 延伸类型(X) 区域选中 ◉ 线性(L) 单选项。

步骤 6：完成延伸。在"延伸曲面"对话框中单击 ✓ 完成曲面的延伸。

"延伸曲面"对话框中各选项的说明如下。

（1） 延伸的边线/面(E) 区域：用于选择要延伸的对象，可以是单根边线（如图 5.49（b）所示）、多根边线（如图 5.51 所示）或者面（如图 5.52 所示）。

（2） ◉ 距离(D) 单选项：用于通过距离控制延伸的终止，如图 5.53 所示。

（3） ◉ 成形到某一点(P) ：用于通过选取一个参考点作为延伸的终止，如图 5.54 所示。

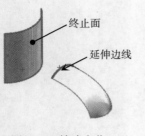

图 5.50　精确定位　　　　　　图 5.51　多条边线　　　　　　图 5.52　整个面

（4）◉ 成形到某一面(T)：用于通过选取一个参考面作为延伸的终止，如图 5.55 所示。

图 5.53　距离　　　　　　图 5.54　成形到某一点　　　　　　图 5.55　成形到某一面

（5）◉ 同一曲面(A)：用于沿曲面的几何体延伸曲面，延伸后的面一般为复杂曲面，如图 5.56 所示。

（6）◉ 线性(L)：用于沿边线相切于原有曲面来延伸曲面，延伸后的面一般为沿切线方向的拉伸面，如图 5.57 所示。

图 5.56　同一曲面　　　　　　　　　　图 5.57　线性

5.3　曲面的缝合

5.3.1　一般操作

缝合曲面可以将两个或者多个相邻不相交的曲面组合为一个曲面。曲面必须在边线处接合。如果生成的缝合曲面是一个封闭的曲面，系统则可以将其直接转换成实体。下面以

如图 5.58 所示的曲面为例，介绍创建缝合曲面的一般操作
过程。

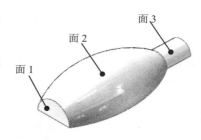

图 5.58　缝合曲面

步骤 1：打开文件 D:\SOLIDWORKS 曲面设计 \work\
ch05\ch05.03\ 缝合 -ex。

步骤 2：选择命令。选择 曲面 功能选项卡下的 🔲 命令，
系统会弹出"缝合曲面"对话框。

步骤 3：选择缝合对象。在图形区选取如图 5.58 所示
的面 1、面 2 与面 3 作为参考。

步骤 4：完成缝合。在"缝合曲面"对话框中单击 ✓ 完成曲面的缝合。

5.3.2　曲面缝合案例：门把手

得到门把手模型的整体思路采用封闭曲面实体化方式，创建曲面所需的线框均通过投
影或者相交方式得到，需要注意曲面的封闭性，完成后如图 5.59 所示。

（a）俯视方位　　　　　　（b）轴侧方位　　　　　　（c）前视方位

图 5.59　门把手

步骤 1：新建一个零件三维模型文件。选择快速访问工具栏中的 🔲· 命令，在系统弹出
的"新建 SOLIDWORKS 文件"对话框中选择"零件"，然后单击"确定"按钮进入零件
设计环境。

步骤 2：创建如图 5.60 所示的凸台 - 拉伸 1。单击 特征 功能选项卡中的 🔲 按钮，在系
统的提示下选取"前视基准面"作为草图平面，绘制如图 5.61 所示的截面草图；在"凸
台 - 拉伸"对话框 方向 1(1) 区域的下拉列表中选择 给定深度，输入深度值 20；单击 ✓ 按钮，完成
凸台 - 拉伸 1 的创建。

图 5.60　凸台 - 拉伸 1

图 5.61　截面草图

步骤 3：创建基准面 1。单击 特征 功能选项卡 🔲 下的 · 按钮，选择 🔲 基准面 命令，选
取如图 5.62 所示的模型表面作为参考平面，在"基准面"对话框 🔲 文本框中输入间距值

20，方向沿 Z 轴负方向。单击 ✓ 按钮，完成基准面 1 的定义，如图 5.63 所示。

步骤 4：创建如图 5.64 所示的草图 1。单击 草图 功能选项卡中的 ⌐ 草图绘制 按钮，在系统的提示下，选取"基准面 1"作为草图平面，绘制如图 5.65 所示的平面草图。

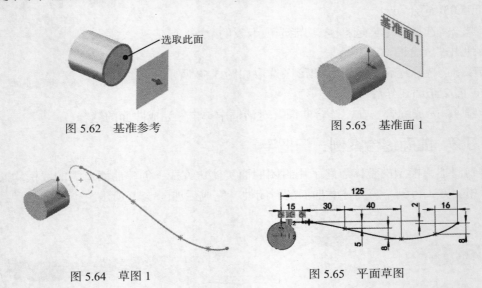

图 5.62 基准参考　　　　　图 5.63 基准面 1

图 5.64 草图 1　　　　　图 5.65 平面草图

步骤 5：创建如图 5.66 所示的草图 2。单击 草图 功能选项卡中的 ⌐ 草图绘制 按钮，在系统的提示下，选取"基准面 1"作为草图平面，绘制如图 5.67 所示的平面草图。

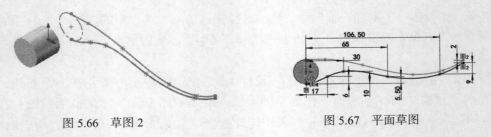

图 5.66 草图 2　　　　　图 5.67 平面草图

步骤 6：创建如图 5.68 所示的草图 3。单击 草图 功能选项卡中的 ⌐ 草图绘制 按钮，在系统的提示下，选取如图 5.63 所示的模型表面作为草图平面，绘制如图 5.69 所示的平面草图。

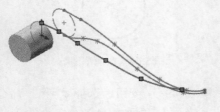

图 5.68 草图 3

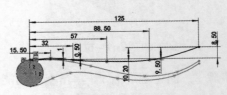

图 5.69 平面草图

步骤7：创建如图 5.70 所示的草图 4。单击 草图 功能选项卡中的 草图绘制 按钮，在系统的提示下，选取如图 5.63 所示的模型表面作为草图平面，绘制如图 5.71 所示的平面草图。

图 5.70　草图 4

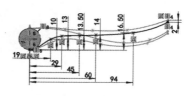

图 5.71　平面草图

步骤8：创建基准面 2。单击 特征 功能选项卡 ● 下的 按钮，选择 基准面 命令，选取"上视基准面"作为第一参考，选择"平行" 位置类型，选取图 5.60 所示的圆柱外表面作为参考，选择"相切" 位置类型。单击 ✔ 按钮，完成基准面 2 的定义，如图 5.72 所示。

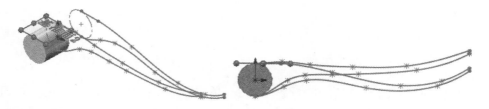

图 5.72　基准面 2

步骤9：创建如图 5.73 所示的草图 5。单击 草图 功能选项卡中的 草图绘制 按钮，在系统的提示下，选取"基准面 2"作为草图平面，绘制如图 5.74 所示的平面草图。

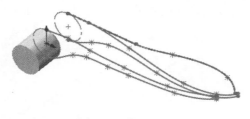

图 5.73　草图 5

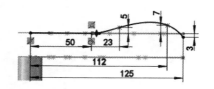

图 5.74　平面草图

步骤10：创建如图 5.75 所示的草图 6。单击 草图 功能选项卡中的 草图绘制 按钮，在系统的提示下，选取"基准面 2"作为草图平面，绘制如图 5.76 所示的平面草图。

步骤11：创建如图 5.77 所示的投影曲线 1。单击 特征 功能选项卡 ↻ 下的 按钮，在系统弹出的快捷菜单中选择 投影曲线 命令，在 投影类型 区域选中 草图上草图(E) 类型，选取草图 1 与草图 5 作为要投影的草图，单击 ✔ 按钮，完成投影曲线 1 的创建。

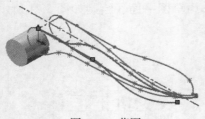
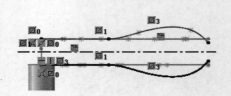

图 5.75　草图 6　　　　　　　　　图 5.76　平面草图

步骤 12：创建如图 5.78 所示的投影曲线 2。单击 特征 功能选项卡 ↻ 下的 · 按钮，在系统弹出的快捷菜单中选择 ⚙ 投影曲线 命令，在 投影类型 区域选中 ◉草图上草图(F) 类型，选取草图 2 与草图 5 作为要投影的草图，单击 ✓ 按钮，完成投影曲线 2 的创建。

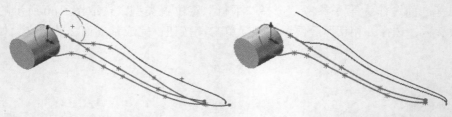

图 5.77　投影曲线 1　　　　　　　图 5.78　投影曲线 2

步骤 13：创建如图 5.79 所示的投影曲线 3。单击 特征 功能选项卡 ↻ 下的 · 按钮，在系统弹出的快捷菜单中选择 ⚙ 投影曲线 命令，在 投影类型 区域选中 ◉草图上草图(F) 类型，选取草图 3 与草图 6 作为要投影的草图，单击 ✓ 按钮，完成投影曲线 3 的创建。

步骤 14：创建如图 5.80 所示的投影曲线 4。单击 特征 功能选项卡 ↻ 下的 · 按钮，在系统弹出的快捷菜单中选择 ⚙ 投影曲线 命令，在 投影类型 区域选中 ◉草图上草图(F) 类型，选取草图 4 与草图 6 作为要投影的草图，单击 ✓ 按钮，完成投影曲线 4 的创建。

图 5.79　投影曲线 3　　　　　　　图 5.80　投影曲线 4

步骤 15：创建如图 5.81 所示的三维草图 1。单击 草图 功能选项卡中的 ▣ 3D 草图 命令，选择 ∕ 命令绘制如图 5.81 所示的直线。

步骤 16：创建如图 5.82 所示的三维草图 2。单击 草图 功能选项卡中的 ▣ 3D 草图 命令，选择 ∕ 命令绘制如图 5.82 所示的直线。

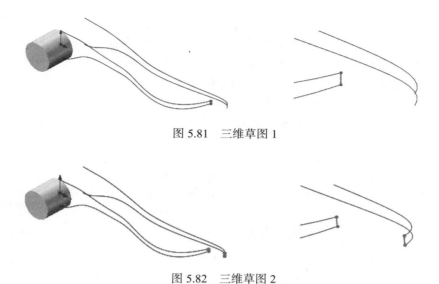

图 5.81　三维草图 1

图 5.82　三维草图 2

步骤 17：创建如图 5.83 所示的三维草图 3。单击 草图 功能选项卡中的 [3D] 3D 草图 命令，选择 ✎ 命令绘制如图 5.83 所示的直线。

图 5.83　三维草图 3

步骤 18：创建如图 5.84 所示的三维草图 4。单击 草图 功能选项卡中的 [3D] 3D 草图 命令，选择 ✎ 命令绘制如图 5.84 所示的直线。

步骤 19：创建如图 5.85 所示的三维草图 5。单击 草图 功能选项卡中的 [3D] 3D 草图 命令，选择 ✎ 命令绘制如图 5.85 所示的直线。

图 5.84　三维草图 4　　　　　　　　图 5.85　三维草图 5

步骤 20：创建如图 5.86 所示的三维草图 6。单击 草图 功能选项卡中的 [3D] 3D 草图 命令，

选择 ╱ 命令绘制如图 5.86 所示的直线。

步骤 21：创建如图 5.87 所示的放样曲面 1。选择
▣ 功能选项卡下的 🔻 命令，在系统的提示下，选取
如图 5.88 所示的截面 1 与截面 2，激活 引导线(G) 的文本
框，利用 SelectionManager (R) 选取如图 5.88 所示的引导线 1
与引导线 2，单击 ✓ 按钮，完成放样曲面 1 的创建。

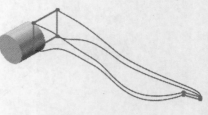

图 5.86　三维草图 6

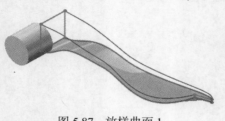

图 5.87　放样曲面 1

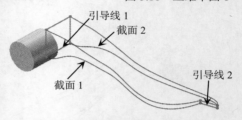

图 5.88　放样截面与引导线

步骤 22：创建如图 5.89 所示的放样曲面 2。选择 ▣ 功能选项卡下的 🔻 命令，在系统的
提示下，选取如图 5.90 所示的截面 1 与截面 2，激活 引导线(G) 的文本框，利用 SelectionManager (R) 选
取如图 5.90 所示的引导线 1 与引导线 2，单击 ✓ 按钮，完成放样曲面 2 的创建。

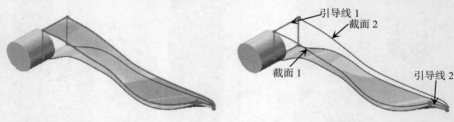

图 5.89　放样曲面 2　　　　　　　　　　　　图 5.90　放样截面与引导线

步骤 23：创建如图 5.91 所示的放样曲面 3。选择 ▣ 功能选项卡下的 🔻 命令，在系统
的提示下，选取如图 5.92 所示的截面 1 与截面 2，激活 引导线(G) 的文本框，选取如图 5.92
所示的引导线 1 与引导线 2，单击 ✓ 按钮，完成放样曲面 3 的创建。

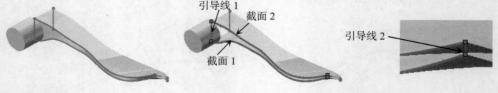

图 5.91　放样曲面 3　　　　　　　　　　　　图 5.92　放样截面与引导线

步骤 24：创建如图 5.93 所示的放样曲面 4。选择 ▣ 功能选项卡下的 🔻 命令，在系统
的提示下，选取如图 5.94 所示的截面 1 与截面 2，激活 引导线(G) 的文本框，选取如图 5.94
所示的引导线 1 与引导线 2，单击 ✓ 按钮，完成放样曲面 4 的创建。

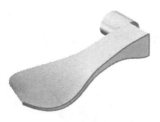

图 5.93　放样曲面 4

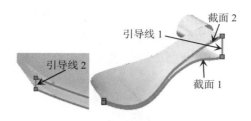

图 5.94　放样截面与引导线

步骤 25：创建如图 5.95 所示的放样曲面 5。选择 曲面 功能选项卡下的 ⬛ 命令，在系统的提示下，选取如图 5.96 所示的截面 1 与截面 2，激活 引导线(G) 的文本框，选取如图 5.96 所示的引导线 1 与引导线 2，单击 ✓ 按钮，完成放样曲面 5 的创建。

图 5.95　放样曲面 5

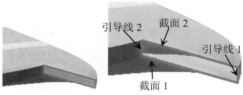

图 5.96　放样截面与引导线

步骤 26：创建如图 5.97 所示的拉伸曲面 1。单击 曲面 功能选项卡中的 ◆ 按钮，在系统的提示下选取如图 5.98 所示的模型表面作为草图平面，绘制如图 5.99 所示的截面草图；在"拉伸曲面"对话框 方向 1(1) 区域的下拉列表中选择 给定深度，输入深度值 20；单击 ✓ 按钮，完成拉伸曲面 1 的创建。

图 5.97　拉伸曲面 1

图 5.98　草图平面

图 5.99　截面草图

步骤 27：创建如图 5.100 所示的填充曲面 1。单击 曲面 功能选项卡中的 ◆ 按钮，在"曲率控制"的下拉列表中选择 相触 类型，选取如图 5.101 所示的两根边线作为修补边界，单击 ✓ 按钮完成填充曲面 1 的创建。

图 5.100　填充曲面 1

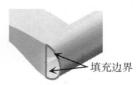

图 5.101　填充边界

步骤28：创建如图5.102所示的填充曲面2。单击 曲面 功能选项卡中的 按钮，在"曲率控制"的下拉列表中选择 相触 类型，选取如图5.103所示的两根边线作为修补边界，单击 ✓ 按钮完成填充曲面2的创建。

图5.102 填充曲面2

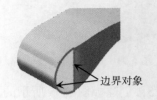

图5.103 填充边界

步骤29：创建缝合曲面1。单击 曲面 功能选项卡中的 按钮，选取所有曲面（共计8个）作为参考，选中 ☑创建实体(T) 复选项，单击 ✓ 按钮完成缝合曲面1的创建。

步骤30：创建组合1。选择下拉菜单 插入(I) → 特征(F) → 组合(B)... 命令，在 操作类型(O) 区域选中 ⦿添加(A) 单选项，在图形区选取两个实体作为组合对象，单击 ✓ 按钮完成组合1的创建。

步骤31：创建如图5.104所示的圆角1。单击 特征 功能选项卡 下的 按钮，选择 圆角 命令，在"圆角"对话框中选择"固定大小圆角" 类型，在系统的提示下选取如图5.105所示的边线（2条边线）作为圆角对象，在"圆角"对话框的 圆角参数 区域中的 文本框中输入圆角半径值6，单击 ✓ 按钮，完成圆角1的定义。

图5.104 圆角1

图5.105 圆角边线

步骤32：创建如图5.106所示的圆角2。单击 特征 功能选项卡 下的 按钮，选择 圆角 命令，在"圆角"对话框中选择"固定大小圆角" 类型，在系统的提示下选取如图5.107所示的边线（2条边线）作为圆角对象，在"圆角"对话框的 圆角参数 区域中的 文本框中输入圆角半径值1，单击 ✓ 按钮，完成圆角2的定义。

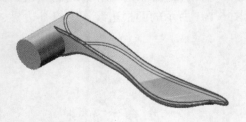

图5.106 圆角2

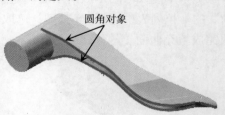

图5.107 圆角边线

步骤 33：创建如图 5.108 所示的圆角 3。单击 特征 功能选项卡 ⬡ 下的 · 按钮，选择 ◎ 圆角 命令，在"圆角"对话框中选择"固定大小圆角" ⬡ 类型，在系统的提示下选取如图 5.109 所示的边线作为圆角对象，在"圆角"对话框的 圆角参数 区域中的 ⋏ 文本框中输入圆角半径值 1，单击 ✓ 按钮，完成圆角 3 的定义。

图 5.108　圆角 3　　　　　　　　　　　　　　图 5.109　圆角边线

5.4　曲面的删除

删除曲面可以把现有的多个面删除，并且可以根据实际需要对删除面后的曲面进行修补或者填补。下面以如图 5.110 所示的曲面为例，介绍创建删除曲面的一般操作过程。

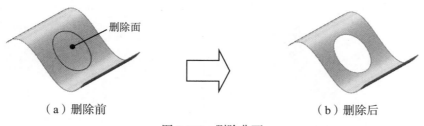

（a）删除前　　　　　　　　　　　　　　（b）删除后

图 5.110　删除曲面

步骤 1：打开文件 D:\SOLIDWORKS 曲面设计 \work\ch05\ch05.04\ 曲面删除 -ex。

步骤 2：选择命令。选择 曲面 功能选项卡下的 ◎ 删除面 命令，系统会弹出"删除面"对话框。

步骤 3：选择删除面。选取如图 5.110 所示的面作为要删除的面。

步骤 4：定义删除面选项。在"删除面"对话框 选项(O) 区域选中 ◎ 删除 单选项。

步骤 5：完成删除。在"删除面"对话框中单击 ✓ 完成曲面的删除。

"删除面"对话框部分选项的说明如下。

（1）◎ 删除 选项：用于从曲面实体删除面，或从实体中删除一个或多个面来生成曲面，如图 5.111 所示。

（2）◎ 删除并修补 选项：用于可以从曲面实体或实体中删除一个面，并自动修补和剪裁实体，如图 5.112 所示。

（3）◎ 删除并填补 ：用于删除面并生成单个面以封闭任何间隙，如图 5.113 所示。

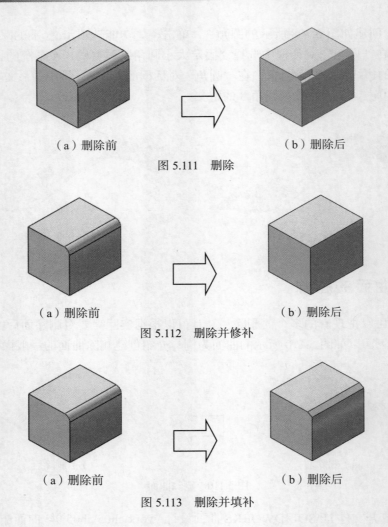

（a）删除前　　　　　　　　　　　　　（b）删除后

图 5.111　删除

（a）删除前　　　　　　　　　　　　　（b）删除后

图 5.112　删除并修补

（a）删除前　　　　　　　　　　　　　（b）删除后

图 5.113　删除并填补

▷ 3min

5.5　曲面圆角

　　曲面圆角是可以在曲面对象间倒圆角，其基本操作与实体建模中的圆角基本相同。下面以如图 5.114 所示的曲面圆角为例，介绍创建曲面圆角的一般操作过程。

　　步骤 1：打开文件 D:\SOLIDWORKS 曲面设计 \work\ch05\ch05.05\ 曲面圆角 -ex。

　　步骤 2：选择命令。选择 曲面 功能选项卡下的 ◉ （圆角）命令，系统会弹出"圆角"对话框。

　　步骤 3：定义圆角类型。在"圆角"对话框中选择"面圆角" ◙ 单选项。

　　步骤 4：定义圆角对象。在"圆角"对话框中激活"面组 1"区域，选取如图 5.114（a）所示的面 1，然后激活"面组 2"区域，选取如图 5.114（a）所示的面 2。

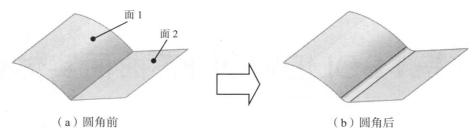

（a）圆角前　　　　　　　　　　　　（b）圆角后

图 5.114　曲面圆角

步骤 5：定义圆角参数。在 圆角参数 区域中的 ⌒ 文本框中输入圆角半径值 15。

步骤 6：完成操作。在"圆角"对话框中单击 ✓ 按钮，完成圆角的操作，如图 5.114（b）所示。

5.6　曲面展平

▶ 3min

曲面展开是可以将一个曲面展平为一个平面，对于可展曲面可以生成无变形的平面，对于不可展曲面可以生成变形的平面，对于比较复杂的曲面钣金零件的展开可以采用曲面展平的方式实现。下面以如图 5.115 所示的曲面展平为例，介绍创建曲面展平的一般操作过程。

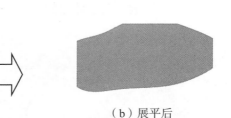

（a）展平前　　　　　　　　　　　　（b）展平后

图 5.115　曲面展平

步骤 1：打开文件 D:\SOLIDWORKS 曲面设计 \work\ch05\ch05.06\ 曲面展平 -ex。

步骤 2：选择命令。选择 曲面 功能选项卡下的 🥫（曲面展平）命令，系统会弹出"展平"对话框。

步骤 3：选择展平面。在系统的提示下选取图 5.115（a）所示的面作为要展平的曲面。

步骤 4：选择固定点。在"展平"对话框激活 ⬚ 文本框，选取图 5.115（a）所示的点作为参考。

步骤 5：完成操作。在"展平"对话框中单击 ✓ 按钮，完成曲面展平的展平，如图 5.115（b）所示。

第6章　SOLIDWORKS曲面实体化

创建曲面的最终目的是生成实体，所以曲面实体化在曲面设计中非常重要和必要，曲面实体化主要分为开放曲面实体化、封闭曲面实体化，以及使用曲面创建局部的曲面结构。

6.1　开放曲面实体化

使用曲面加厚可以将开放的曲面偏置加厚，从而得到实体。下面以如图6.1所示的鼠标盖模型为例，介绍开放曲面实体化的一般操作过程。

（a）前视方位　　　　　　　（b）轴侧方位　　　　　　　（c）俯视方位

图6.1　鼠标盖

步骤1：新建一个零件三维模型文件。选择快速访问工具栏中的 ▯· 命令，在系统弹出的"新建SOLIDWORKS文件"对话框中选择"零件" ▮，然后单击"确定"按钮进入零件设计环境。

步骤2：创建如图6.2所示的草图1。单击 草图 功能选项卡中的 □ 草图绘制 按钮，在系统的提示下，选取"上视基准面"作为草图平面，绘制如图6.3所示的平面草图。

步骤3：创建如图6.4所示的基准面1。单击 特征 功能选项卡 ▯ 下的 · 按钮，选择 ▮ 基准面 命令，选取"前视基准面"作为第一参考，将位置类型设置为平行，选取如图6.5所示的点作为第二参考，将位置类型设置为重合，单击 ✔ 按钮，完成基准面1的定义。

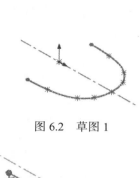

图 6.2　草图 1

图 6.3　平面草图

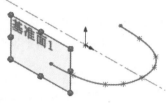

图 6.4　基准面 1

图 6.5　基准参考

步骤 4：创建如图 6.6 所示的草图 2。单击 草图 功能选项卡中的 草图绘制 按钮，在系统的提示下，选取"基准面 1"作为草图平面，绘制如图 6.7 所示的平面草图。

图 6.6　草图 2

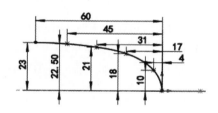

图 6.7　平面草图

步骤 5：创建如图 6.8 所示的基准面 2。单击 特征 功能选项卡 下的 按钮，选择 基准面 命令，选取"前视基准面"作为第一参考，将位置类型设置为平行，选取如图 6.9 所示的点作为第二参考，将位置类型设置为重合，单击 按钮，完成基准面 2 的定义。

图 6.8　基准面 2

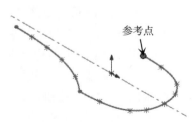

图 6.9　基准参考

步骤 6：创建如图 6.10 所示的草图 3。单击 草图 功能选项卡中的 ⌐ 草图绘制 按钮，在系统的提示下，选取"基准面 2"作为草图平面，绘制如图 6.11 所示的平面草图。

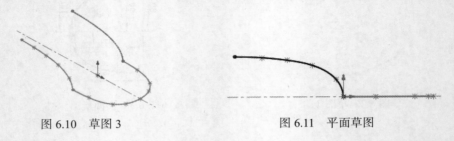

图 6.10　草图 3　　　　　　　　　　　　　　图 6.11　平面草图

步骤 7：创建如图 6.12 所示的草图 4。单击 草图 功能选项卡中的 ⌐ 草图绘制 按钮，在系统的提示下，选取"前视基准面"作为草图平面，绘制如图 6.13 所示的平面草图。

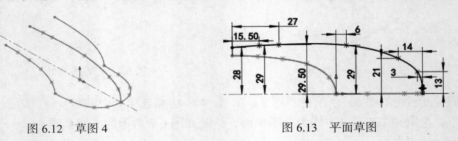

图 6.12　草图 4　　　　　　　　　　　　　　图 6.13　平面草图

步骤 8：创建如图 6.14 所示的基准面 3。单击 特征 功能选项卡 ⬞ 下的 · 按钮，选择 ▦ 基准面 命令，选取"右视基准面"作为第一参考，将位置类型设置为平行，选取如图 6.15 所示的点作为第二参考，将位置类型设置为重合，单击 ✔ 按钮，完成基准面 3 的定义。

图 6.14　基准面 3　　　　　　　　　　　　　图 6.15　基准参考

步骤 9：创建如图 6.16 所示的草图 5。单击 草图 功能选项卡中的 ⌐ 草图绘制 按钮，在系统的提示下，选取"基准面 3"作为草图平面，绘制如图 6.17 所示的平面草图。

步骤 10：创建如图 6.18 所示的边界曲面 1。选择 曲面 功能选项卡下的 ◈（边界曲面）命令，选取如图 6.19 所示的截面 1、截面 2 与截面 3 作为第一方向截面，选取截面 4 与截面 5 作为第二方向截面，单击 ✔ 按钮，完成边界曲面 1 的创建。

步骤 11：创建如图 6.20 所示的草图 6。单击 草图 功能选项卡中的 ⌐ 草图绘制 按钮，在系统的提示下，选取"基准面 1"作为草图平面，绘制如图 6.21 所示的平面草图。

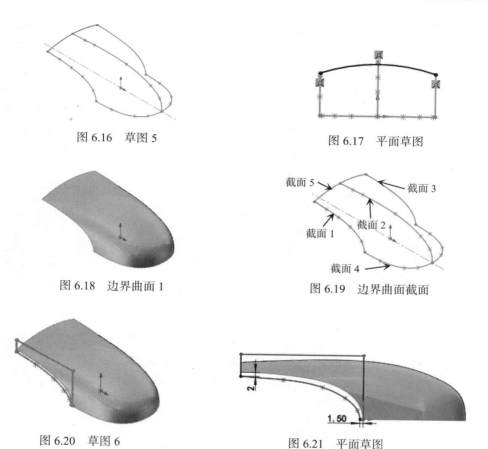

图 6.16　草图 5

图 6.17　平面草图

图 6.18　边界曲面 1

图 6.19　边界曲面截面

图 6.20　草图 6

图 6.21　平面草图

步骤 12：创建如图 6.22 所示的曲面基准面 1。单击 曲面 功能选项卡中的 ▣ 平面区域 按钮，选取步骤 11 创建的草图作为参考，单击 ✓ 按钮完成曲面基准面 1 的创建。

步骤 13：创建如图 6.23 所示的镜像 1。选择 特征 功能选项卡中的 ᴴ⊣ 镜像 命令，选取"前视基准面"作为镜像中心平面，激活 要镜像的实体(B) 区域的文本框，选取步骤 12 创建的曲面基准面 1 作为要镜像的实体，单击"镜像"对话框中的 ✓ 按钮，完成镜像 1 的创建。

图 6.22　曲面基准面 1

图 6.23　镜像 1

步骤 14：创建如图 6.24 所示的剪裁曲面。选择 曲面 功能选项卡下的 ◈ 剪裁曲面 命令，在 剪裁类型(T) 区域选中 ◉ 标准(D) 单选项，选取步骤 10 创建的边界曲面 1 作为修剪工具，在"剪裁曲面"对话框 <u>选择(S)</u> 区域选中 ⦿移除选择(R) 类型，选取如图 6.25 所示的面作为要移除的面，单击 ✓ 完成剪裁曲面的创建。

步骤 15：创建缝合曲面 1。单击 曲面 功能选项卡中的 🔲 按钮，选取所有曲面（共计 3 个）作为参考，单击 ✓ 按钮完成缝合曲面 1 的创建。

步骤 16：创建加厚特征。选择 曲面 功能选项卡中的 🔲加厚 命令，在系统的提示下选取步骤 15 创建的缝合曲面 1 作为要加厚的曲面，在 厚度: 区域选中 🟰（加厚侧边 1）单选项，在 🔗 文本框中输入 1.5，单击"加厚"对话框中的 ✓ 按钮，完成加厚特征的创建，如图 6.26 所示。

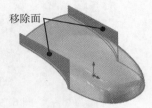

移除面

图 6.24　剪裁曲面　　　　图 6.25　移除面　　　　图 6.26　加厚特征

步骤 17：创建如图 6.27 所示的切除 - 拉伸 1。单击 特征 功能选项卡中的 🔲 按钮，在系统的提示下选取"上视基准面"作为草图平面，绘制如图 6.28 所示的截面草图；在"切除 - 拉伸"对话框 方向 1(1) 区域的下拉列表中选择 完全贯穿，单击按钮使方向沿 Y 轴正方向；单击 ✓ 按钮，完成切除 - 拉伸 1 的创建。

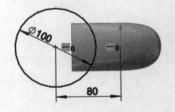

Ø100　　　80

图 6.27　切除 - 拉伸 1　　　　图 6.28　截面草图

步骤 18：创建如图 6.29 所示的圆角 1。单击 特征 功能选项卡 🔲 下的 ⌄ 按钮，选择 🔲圆角 命令，在"圆角"对话框中选择"固定大小圆角"🔲类型，在系统的提示下选取如图 6.30 所示的边线（2 条边线）作为圆角对象，在"圆角"对话框的 圆角参数 区域中的 🔗 文本框中输入圆角半径值 2，单击 ✓ 按钮，完成圆角 1 的定义。

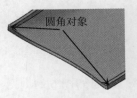

圆角对象

图 6.29　圆角 1　　　　图 6.30　圆角边线

步骤19：创建如图6.31所示的圆角2。单击 特征 功能选项卡 🔲 下的 · 按钮，选择 🔲 圆角 命令，在"圆角"对话框中选择"固定大小圆角" 🔲 类型，在系统的提示下选取如图6.32所示的边线（2条边线）作为圆角对象，在"圆角"对话框的 圆角参数 区域中的 🔲 文本框中输入圆角半径值1，单击 ✓ 按钮，完成圆角2的定义。

图6.31　圆角2

图6.32　圆角边线

步骤20：创建如图6.33所示的圆角3。单击 特征 功能选项卡 🔲 下的 · 按钮，选择 🔲 圆角 命令，在"圆角"对话框中选择"固定大小圆角" 🔲 类型，在系统的提示下选取如图6.34所示的边线作为圆角对象，在"圆角"对话框的 圆角参数 区域中的 🔲 文本框中输入圆角半径值0.5，单击 ✓ 按钮，完成圆角3的定义。

图6.33　圆角3

图6.34　圆角边线

6.2　封闭曲面实体化

缝合曲面命令可以将封闭的曲面缝合成一个面，并可以将其转换为实心实体。下面以如图6.35所示的涡轮模型为例，介绍封闭曲面实体化的一般操作过程。

（a）前视方位

（b）轴侧方位

（c）俯视方位

图6.35　涡轮模型

步骤 1：新建一个零件三维模型文件。选择快速访问工具栏中的 □▷ 命令，在系统弹出的"新建 SOLIDWORKS 文件"对话框中选择"零件"，然后单击"确定"按钮进入零件设计环境。

步骤 2：创建如图 6.36 所示的旋转特征 1。选择 特征 功能选项卡中的旋转凸台基体 🍃 命令，在系统提示"选择一基准面来绘制特征横截面"下，选取"前视基准面"作为草图平面，绘制如图 6.37 所示的截面轮廓，在"旋转"对话框的 方向1(1) 区域的下拉列表中选择 给定深度 ，在 🖫 文本框中输入旋转角度值 360，单击"旋转"对话框中的 ✓ 按钮，完成旋转特征 1 的创建。

图 6.36　旋转特征 1

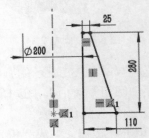

图 6.37　截面轮廓

步骤 3：创建如图 6.38 所示的等距曲面 1（与模型外表面重合）。选择 曲面 功能选项卡下的 🍃 等距曲面 命令，选取旋转体外表面作为要等距的面，在"等距曲面"对话框"等距距离"文本框中输入 0，单击 ✓ 完成等距曲面 1 的创建。

步骤 4：创建如图 6.39 所示的草图 1。单击 草图 功能选项卡中的 ⌐ 草图绘制 按钮，在系统的提示下，选取"前视基准面"作为草图平面，绘制如图 6.40 所示的平面草图。

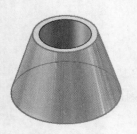

图 6.38　等距曲面 1

图 6.39　草图 1

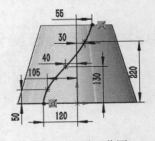

图 6.40　平面草图

步骤 5：创建如图 6.41 所示的投影曲线 1。单击 特征 功能选项卡 曲线 下的 ⌐ 按钮，选择 🗍 投影曲线 命令，在"投影曲线"对话框 投影类型 区域选中 ◉面上草图(K) 类型，选取步骤 4 创建的草图作为要投影的草图，选取步骤 3 创建的等距曲面作为投影面，方向采用默认（沿 Z 轴方向），单击 ✓ 按钮完成投影曲线 1 的创建。

步骤 6：创建如图 6.42 所示的草图 2。单击 草图 功能选项卡中的 ⌐ 草图绘制 按钮，在系统的提示下，选取"前视基准面"作为草图平面，绘制如图 6.43 所示的平面草图。

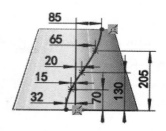

图 6.41　投影曲线 1　　　　　图 6.42　草图 2　　　　　图 6.43　平面草图

步骤 7：创建如图 6.44 所示的投影曲线 2。单击 特征 功能选项卡 曲线 下的 ▾ 按钮，选择 ⊞ 投影曲线 命令，在"投影曲线"对话框 投影类型 区域选中 ◉ 面上草图(K) 类型，选取步骤 6 创建的平面草图作为要投影的草图，选取步骤 3 创建的等距曲面 1 作为投影面，方向采用默认（沿 Z 轴方向），单击 ✔ 按钮完成投影曲线 2 的创建。

步骤 8：创建如图 6.45 所示的剪裁曲面 1。选择 曲面 功能选项卡下的 ◈ 剪裁曲面 命令，在 剪裁类型(T) 区域选中 ◉ 标准(D) 单选项，选取"前视基准面"作为修剪工具，在"剪裁曲面"对话框 选择(S) 区域选中 ◉ 保留选择(K) 类型，选取如图 6.46 所示的面作为要保留的面，单击 ✔ 完成剪裁曲面 1 的创建。

图 6.44　投影曲线 2　　　　　图 6.45　剪裁曲面 1　　　　　图 6.46　保留面

步骤 9：创建如图 6.47 所示的曲面剪裁 2。选择 曲面 功能选项卡下的 ◈ 剪裁曲面 命令，在 剪裁类型(T) 区域选中 ◉ 标准(D) 单选项，选取步骤 5 创建的投影曲线 1 作为修剪工具，在"剪裁曲面"对话框 选择(S) 区域选中 ◉ 保留选择(K) 类型，选取如图 6.48 所示的面作为要保留的面，单击 ✔ 完成剪裁曲面 2 的创建。

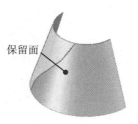

图 6.47　剪裁曲面 2　　　　　　　　　图 6.48　保留面

步骤 10：创建如图 6.49 所示的剪裁曲面 3。选择 曲面 功能选项卡下的 剪裁曲面 命令，在 剪裁类型(T) 区域选中 ⊙标准(D) 单选项，选取步骤 7 创建的投影曲线 2 作为修剪工具，在"剪裁曲面"对话框 选择(S) 区域选中 ⊙保留选择(K) 类型，选取如图 6.50 所示的面作为要保留的面，单击 ✓ 完成剪裁曲面 3 的创建。

图 6.49　剪裁曲面 3

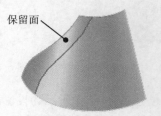

保留面

图 6.50　保留面

步骤 11：创建如图 6.51 所示的旋转曲面 1。单击 曲面 功能选项卡中的 按钮，在系统的提示下选取"右视基准面"作为草图平面，绘制如图 6.52 所示的截面草图；在"旋转"对话框的 方向1(1) 区域的下拉列表中选择 两侧对称，在 文本框中输入旋转角度 180，单击"旋转"对话框中的 ✓ 按钮，完成旋转曲面 1 的创建。

图 6.51　旋转曲面 1

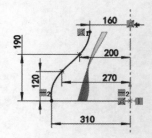

图 6.52　截面草图

步骤 12：创建如图 6.53 所示的草图 3。单击 草图 功能选项卡中的 草图绘制 按钮，在系统的提示下，选取"前视基准面"作为草图平面，绘制如图 6.54 所示的平面草图。

图 6.53　草图 3

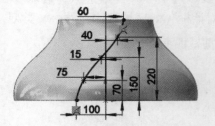

图 6.54　平面草图

步骤 13：创建如图 6.55 所示的投影曲线 3。单击 特征 功能选项卡下的 按钮，选择 投影曲线 命令，在"投影曲线"对话框 投影类型 区域选中 ⊙面上草图(K) 类型，选取步骤 12 创建的平面草图作为要投影的草图，选取步骤11创建的旋转曲面1作为投影面，方向采用默认（沿Z轴方向），单击 ✔ 按钮完成投影曲线3的创建。

步骤14：创建如图6.56所示的草图4。单击 草图 功能选项卡中的 [草图绘制] 按钮，在系统的提示下，选取"前视基准面"作为草图平面，绘制如图6.57所示的平面草图。

图6.55 投影曲线3

图6.56 草图4

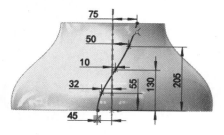

图6.57 平面草图

步骤15：创建如图6.58所示的投影曲线4。单击 特征 功能选项卡下的 · 按钮，选择 ⑪ 投影曲线 命令，在"投影曲线"对话框 投影类型 区域选中 ◉面上草图(K) 类型，选取步骤14创建的平面草图作为要投影的草图，选取步骤11创建的旋转曲面1作为投影面，方向采用默认（沿Z轴方向），单击 ✔ 按钮完成投影曲线4的创建。

步骤16：创建如图6.59所示的剪裁曲面4。选择 曲面 功能选项卡下的 剪裁曲面 命令，在 剪裁类型(T) 区域选中 ◉标准(D) 单选项，选取步骤13创建的投影曲线3作为修剪工具，在"剪裁曲面"对话框 选择(S) 区域选中 ◉保留选择(K) 类型，选取如图6.60所示的面作为要保留的面，单击 ✔ 完成剪裁曲面4的创建。

图6.58 投影曲线4

图6.59 剪裁曲面4

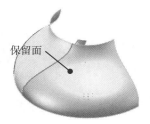

图6.60 保留面

步骤17：创建如图6.61所示的剪裁曲面5。选择 曲面 功能选项卡下的 剪裁曲面 命令，在 剪裁类型(T) 区域选中 ◉标准(D) 单选项，选取步骤15创建的投影曲线4作为修剪工具，在"裁剪曲面"对话框 选择(S) 区域选中 ◉保留选择(K) 类型，选取如图6.62所示的面作为要保留的面，单击 ✔ 完成剪裁曲面5的创建。

步骤18：创建如图6.63所示的放样曲面1。选择 曲面 功能选项卡下的 ⬇ 命令，在系统"选择至少两个轮廓"的提示下，选取如图6.64所示的截面1与截面2，单击 ✔ 按钮，完成放样曲面1的创建。

步骤19：创建如图6.65所示的放样曲面2。选择 曲面 功能选项卡下的 ⬇ 命令，在系

"选择至少两个轮廓"的提示下，选取如图 6.66 所示的截面 1 与截面 2，单击 ✓ 按钮，完成放样曲面 2 的创建。

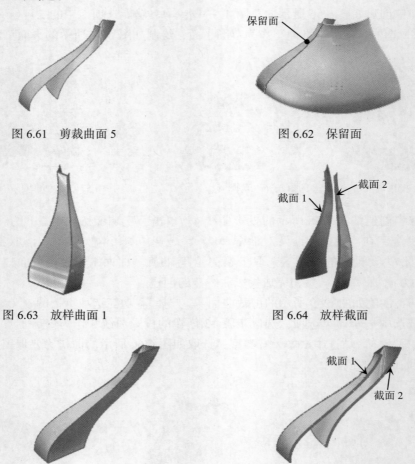

图 6.61　剪裁曲面 5

图 6.62　保留面

图 6.63　放样曲面 1

图 6.64　放样截面

图 6.65　放样曲面 2

图 6.66　放样截面

　　步骤 20：创建如图 6.67 所示的填充曲面 1。单击 曲面 功能选项卡中的 ✍ 按钮，在"曲率控制"的下拉列表中选择 相触 类型，选取如图 6.68 所示的 4 根边线作为修补边界，单击 ✓ 按钮完成填充曲面 1 的创建。

图 6.67　填充曲面 1

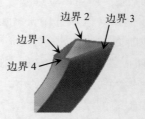

图 6.68　填充边界

步骤21：创建如图6.69所示的填充曲面2。单击 曲面 功能选项卡中的 ◈ 按钮，在"曲率控制"的下拉列表中选择 相触 类型，选取如图6.70所示的4根边线作为修补边界，单击 ✓ 按钮完成填充曲面2的创建。

步骤22：创建缝合曲面1。单击 曲面 功能选项卡中的 📄 按钮，选取所有曲面（共计6个）作为参考，选中 ☑创建实体(T) 单击 ✓ 按钮完成缝合曲面1的创建。

步骤23：创建如图6.71所示的圆周阵列。单击 特征 功能选项卡 📳 下的 ⋅ 按钮，选择 ⊞圆周阵列 命令，在"圆周阵列"对话框中选中 ☑实体(B)，单击激活 ◈ 后的文本框，选取涡轮叶片作为阵列的源对象，在"圆周阵列"对话框中激活 方向 1(1) 区域中 ◉ 后的文本框，选取如图6.71所示的圆柱面（系统会自动选取圆柱面的中心轴作为圆周阵列的中心轴），选中 ◉等间距 复选项，在 ⬡ 文本框中输入间距值360，在 ❀ 文本框中输入数量6，单击 ✓ 按钮，完成圆周阵列的创建。

步骤24：创建组合1。选择下拉菜单 插入(I) → 特征(F) → 🎁 组合(B)... 命令，在 操作类型(O) 区域选中 ◉添加(A) 单选项，在图形区选取7个实体作为组合对象，单击 ✓ 按钮完成组合1的创建。

图6.69　填充曲面2

图6.70　填充边界

图6.71　圆周阵列

6.3　使用曲面切除

▶ 14min

使用曲面切除是以曲面或者基准面为切除工具来切除实体模型，从而得到局部的曲面结构，需要注意的是使用曲面切除所选取的面必须贯穿被切除的实体。下面以如图6.72所示的塑料旋钮模型为例，介绍使用曲面切除的一般操作过程。

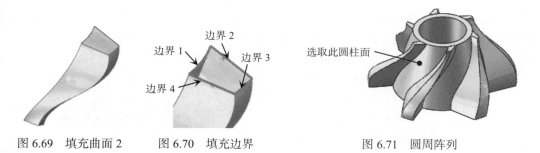

图6.72　塑料旋钮模型

步骤1：新建一个零件三维模型文件。选择快速访问工具栏中的 🗋⋅ 命令，在系统弹出的"新建SOLIDWORKS文件"对话框中选择"零件"，然后单击"确定"按钮进入零件设计环境。

步骤2：创建如图6.73所示的旋转特征1。选择 特征 功能选项卡中的旋转凸台基体 ◉ 命令，在系统提示"选择一基准面来绘制特征横截面"下，选取"前视基准面"作为草图平面，绘制如图6.74所示的截面草图，在"旋转"对话框的 方向1(1) 区域的下拉列表中选择 给定深度，在 ↻ 文本框中输入旋转角度360，单击"旋转"对话框中的 ✓ 按钮，完成旋转特征1的创建。

图6.73　旋转特征1

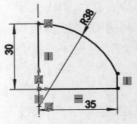

图6.74　旋转截面

步骤3：创建如图6.75所示的草图1。单击 草图 功能选项卡中的 ⊏ 草图绘制 按钮，在系统的提示下，选取"前视基准面"作为草图平面，绘制如图6.76所示的草图。

图6.75　草图1

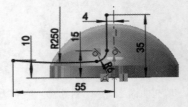

图6.76　平面草图

步骤4：创建如图6.77所示的基准面1。单击 特征 功能选项卡 🗐 下的 ⌄ 按钮，选择 ▥ 基准面 命令，选取"前视基准面"作为参考平面，在"基准面"对话框 🗐 文本框中输入间距值40，取消选中 □反转等距 使方向沿Z轴正方向。单击 ✓ 按钮，完成基准面的定义，如图6.77所示。

步骤5：创建如图6.78所示的草图2。单击 草图 功能选项卡中的 ⊏ 草图绘制 按钮，在系统的提示下，选取"基准面1"作为草图平面，绘制如图6.79所示的草图。

图6.77　基准面1

图6.78　草图2

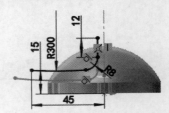

图6.79　平面草图

步骤6：创建如图6.80所示的基准面2。单击 特征 功能选项卡 🐝 下的 ˙ 按钮，选择 🔲基准面 命令，选取"前视基准面"作为参考平面，在"基准面"对话框🔂文本框中输入间距值40，选中☑反转等距 使方向沿 Z 轴负方向。单击 ✓ 按钮，完成基准面的定义，如图6.80所示。

步骤7：创建如图6.81所示的草图3。单击 草图 功能选项卡中的🔲 草图绘制 按钮，在系统的提示下，选取"基准面2"作为草图平面，绘制如图6.82所示的草图。

图 6.80　基准面 2　　　　图 6.81　草图 3　　　　图 6.82　平面草图

步骤8：创建如图6.83所示的放样曲面1。选择 曲面 功能选项卡下的 🐝 命令，在系统"选择至少两个轮廓"的提示下，选取草图1、草图2与草图3作为截面，单击✓按钮，完成放样曲面的创建。

步骤9：创建如图6.84所示的镜像。选择 特征 功能选项卡中的 📐镜像 命令，选取"右视基准面"作为镜像中心平面，激活 要镜像的实体(B) 区域的文本框，选取"右视基准面"作为要镜像的实体，单击"镜像"对话框中的✓按钮，完成镜像特征的创建。

图 6.83　放样曲面 1　　　　　　　　图 6.84　镜像

步骤10：创建如图6.85所示的使用曲面切除1。选择 曲面 功能选项卡下的 🐝 使用曲面切除 命令，选取步骤8创建的曲面作为参考，单击↗使方向向外，单击"使用曲面切除"对话框中的✓按钮，完成使用曲面切除特征的创建。

步骤11：创建如图6.86所示的使用曲面切除2。选择 曲面 功能选项卡下的 🐝 使用曲面切除 命令，选取步骤9创建的镜像曲面作为参考，单击↗使方向向外，单击"使用曲面切除"对话框中的✓按钮，完成使用曲面切除特征的创建。

步骤12：创建如图6.87所示的圆角1。单击 特征 功能选项卡 🔲 下的 ˙ 按钮，选择 🔲圆角 命令，在"圆角"对话框中选择"固定大小圆角"🔂类型，在系统的提示下选取如图6.88所示的边线（2条边线）作为圆角对象，在"圆角"对话框的 圆角参数 区域中的↖文本框中输入圆角半径值2，单击✓按钮，完成圆角的定义。

图 6.85　使用曲面切除 1

图 6.86　使用曲面切除 2

图 6.87　圆角 1

圆角对象

图 6.88　圆角边线

步骤 13：创建如图 6.89 所示的圆角 2。单击 特征 功能选项卡 ⬡ 下的 ⌄ 按钮，选择 ⬡ 圆角 命令，在"圆角"对话框中选择"固定大小圆角" ⬡ 类型，在系统的提示下选取如图 6.90 所示的边线作为圆角对象，在"圆角"对话框的 圆角参数 区域中的 ⬔ 文本框中输入圆角半径值 8，单击 ✓ 按钮，完成圆角的定义。

图 6.89　圆角 2

圆角对象

图 6.90　圆角边线

步骤 14：创建如图 6.91 所示的抽壳特征。单击 特征 功能选项卡中的 ⬡ 抽壳 按钮，系统会弹出"抽壳"对话框，选取如图 6.92 所示的面作为移除面，在"抽壳"对话框的 参数(P) 区域的"厚度" ⬡ 文本框中输入 1，在"抽壳"对话框中单击 ✓ 按钮，完成抽壳特征的创建。

图 6.91　抽壳特征

移除面

图 6.92　移除面

6.4　使用曲面替换

使用曲面替换可以使用现有曲面替代实体表面，替换面不要求与实体表面具有相同的边界。下面以如图 6.93 所示的模型为例，介绍使用曲面替换的一般操作过程。

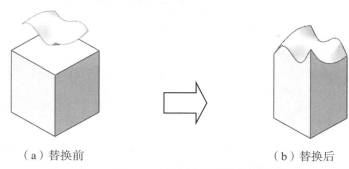

（a）替换前　　　　　　　　　　　　　　（b）替换后

图 6.93　使用曲面替换

步骤 1：打开文件 D:\SOLIDWORKS 曲面设计 \work\ch06\ch06.04\ 曲面替换 -ex。

步骤 2：选择命令。选择 曲面 功能选项卡下的 替换面 命令，系统会弹出"替换面"对话框。

步骤 3：定义替换目标面。选取如图 6.94 所示的面 1 作为替换目标面。

步骤 4：定义替换曲面。选取如图 6.94 所示的面 2 作为替换曲面。

步骤 5：完成替换。在"替换面"对话框中单击 ✔ 完成曲面的替换。

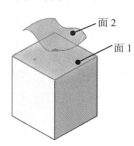

面 2
面 1

图 6.94　替换参考

第7章 | SOLIDWORKS特殊曲面创建专题

在实际进行曲面造型的过程中，有一些特殊的曲面结构很难通过传统的曲面设计方法顺利地进行创建，对于特殊的曲面结构一般有特殊的曲面建模思路与方法，本章主要向大家介绍减消曲面与多边曲面的常用创建方法。

7.1 减消曲面

减消曲面是指造型曲面的一端逐渐消失于一个点，也可以理解为造型曲面从有到无逐渐消失的过渡面。在3C产品或者一般的家用电器产品中经常会出现减消曲面，减消曲面可以使产品的外观更活泼更具有灵活性，往往可以提升产品的质感，吸引消费者的目光，增强购买欲望，因此受到广大产品设计人员的青睐。

创建减消曲面的一般思路如下：

（1）剪裁出减消曲面区域。

（2）做出必要的减消曲面控制曲线。

（3）利用曲面创建工具创建减消曲面（注意连接处的连接条件）。

下面以如图7.1所示的耐克标志模型为例，介绍创建减消曲面的一般操作过程。

（a）俯视方位 　　　　　　（b）轴侧方位 　　　　　　（c）左视方位

图 7.1 耐克标志

步骤1：打开文件 D:\SOLIDWORKS 曲面设计 \work\ch05\ch07.01\ 耐克标志 -ex。

步骤2：定义剪裁减消区域草图。单击 草图 功能选项卡中的草图绘制 草图绘制 按钮，在系统的提示下，选取"上视基准面"作为草图平面，绘制如图7.2所示的剪裁草图。

步骤3：剪裁曲面。选择 曲面 功能选项卡下的 🗇 剪裁曲面 命令，在 剪裁类型(T) 区域选中 ⦿ 标准(D) 单选项，选取步骤2创建的草图作为修剪工具，在"剪裁曲面"对话框 选择(S) 区域选中 ⦿ 保留选择(K) 类型，选取草图封闭区域之外的面作为要保留的面，单击 ✔ 完成曲面的修剪，完成后如图7.3所示。

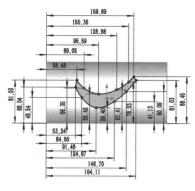

图7.2　剪裁草图

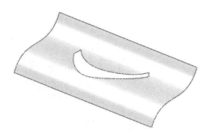

图7.3　剪裁曲面

步骤4：创建基准面1。单击 特征 功能选项卡 📐 下的 · 按钮，选择 📐 基准面 命令，选取"右视基准面"作为参考平面，在"基准面"对话框 📐 文本框中输入间距值15，选中 ☑ 反转等距 使方向沿 X 轴负方向。单击 ✔ 按钮，完成基准面的定义，如图7.4所示。

步骤5：定义放样控制草图。单击 草图 功能选项卡中的 □ 草图绘制 按钮，在系统的提示下，选取"基准面1"作为草图平面，绘制如图7.5所示的放样草图。

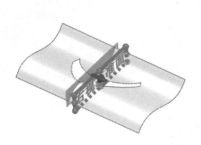

图7.4　基准面1

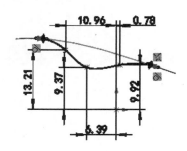

图7.5　放样草图

步骤6：创建如图7.6所示的放样曲面1。选择 曲面 功能选项卡下的 🗔 命令，在系统的提示下，选取如图7.7所示的截面1、截面2与截面3，激活 引导线(G) 的文本框，利用 SelectionManager (R) 选取如图7.7所示的引导线1与引导线2，在 开始约束(S)： 与 结束约束(E)： 的下拉列表中均选择 与面相切 ，在引导线区域分别选中两根引导线，将连接类型均设置为 与面相切 ，单击 ✔ 按钮，完成放样曲面的创建。

步骤7：创建缝合曲面1。单击 曲面 功能选项卡中的 🗗 按钮，选取所有曲面（共计2个）作为参考，单击 ✔ 按钮完成缝合曲面的创建。

图 7.6　放样曲面 1

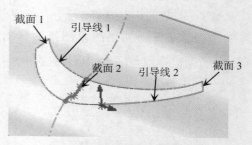

图 7.7　放样截面与引导线

7.2　曲面的拆分与修补

在前面曲面创建章节所学习的曲面创建工具中大多创建的曲面为四边曲面，对于三角面、五边面、六边面等多边曲面很难通过传统的曲面创建方式得到一个高质量的曲面，因此对于非四边的曲面一般需要通过拆分的方式拆分为多个四边面，然后利用传统曲面创建功能填补曲面。

下面以如图 7.8 所示的水龙头模型为例，介绍创建曲面拆分与修补的一般操作过程。

步骤 1：新建一个零件三维模型文件。选择快速访问工具栏中的 ▯· 命令，在系统弹出的"新建 SOLIDWORKS 文件"对话框中选择"零件"，然后单击"确定"按钮进入零件设计环境。

（a）前视方位

（c）俯视方位

（b）轴侧方位

图 7.8　水龙头

步骤 2：定义如图 7.9 所示的草图 1。单击 草图 功能选项卡中的 ⌐ 草图绘制 按钮，在系统的提示下，选取"前视基准面"作为草图平面，绘制如图 7.10 所示的平面草图。

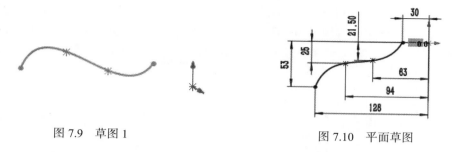

图 7.9 草图 1　　　　　　　　　　　　　图 7.10 平面草图

步骤 3：定义如图 7.11 所示的草图 2。单击 草图 功能选项卡中的 □ 草图绘制 按钮，在系统的提示下，选取"前视基准面"作为草图平面，绘制如图 7.12 所示的平面草图。

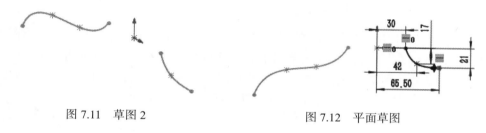

图 7.11 草图 2　　　　　　　　　　　　　图 7.12 平面草图

步骤 4：定义如图 7.13 所示的草图 3。单击 草图 功能选项卡中的 □ 草图绘制 按钮，在系统的提示下，选取"前视基准面"作为草图平面，绘制如图 7.14 所示的平面草图。

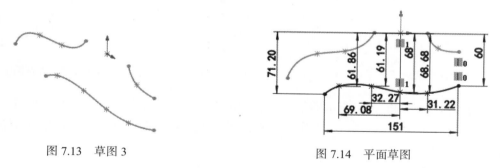

图 7.13 草图 3　　　　　　　　　　　　　图 7.14 平面草图

步骤 5：定义如图 7.15 所示的草图 4。单击 草图 功能选项卡中的 □ 草图绘制 按钮，在系统的提示下，选取"上视基准面"作为草图平面，绘制如图 7.16 所示的平面草图。

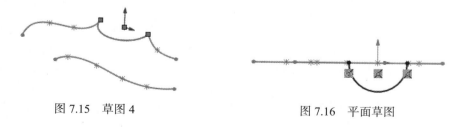

图 7.15 草图 4　　　　　　　　　　　　　图 7.16 平面草图

步骤6：创建如图7.17所示的基准面1。单击 特征 功能选项卡 ▥ 下的 · 按钮，选择 ▥ 基准面 命令，选取"右视基准面"作为第一参考，将位置类型设置为平行，选取如图7.18所示的点作为第二参考，将位置类型设置为重合，单击 ✓ 按钮，完成基准面的创建。

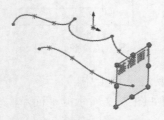

图7.17 基准面1

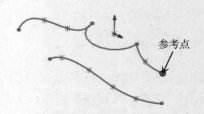

图7.18 基准参考

步骤7：定义如图7.19所示的草图5。单击 草图 功能选项卡中的 ┖ 草图绘制 按钮，在系统的提示下，选取"基准面1"作为草图平面，绘制如图7.20所示的平面草图。

步骤8：定义如图7.21所示的三维草图1。单击 草图 功能选项卡中的三维草图绘制 ㉛ 3D草图 按钮，绘制如图7.21所示的平面草图（直线沿Z轴方向）。

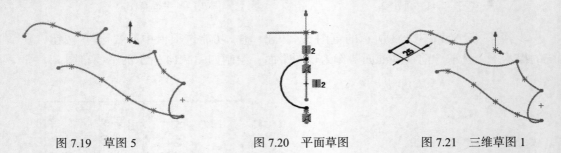

图7.19 草图5　　　　图7.20 平面草图　　　　图7.21 三维草图1

步骤9：创建如图7.22所示的基准面2。单击 特征 功能选项卡 ▥ 下的 · 按钮，选取如图7.23所示的点1、点2与点3作为参考，将位置类型均确认为重合，单击 ✓ 按钮，完成基准面的创建。

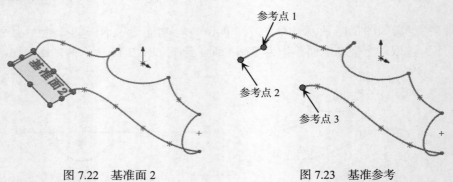

图7.22 基准面2　　　　图7.23 基准参考

步骤10：定义如图7.24所示的草图1。单击 草图 功能选项卡中的 □ 草图绘制 按钮，在系统的提示下，选取"基准面2"作为草图平面，绘制如图7.25所示的平面草图。

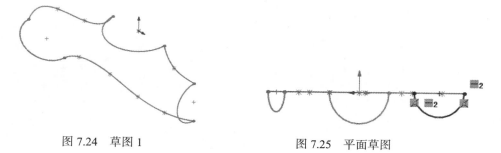

图 7.24　草图 1　　　　　　　　　　　图 7.25　平面草图

步骤11：定义如图7.26所示的草图2。单击 草图 功能选项卡中的 □ 草图绘制 按钮，在系统的提示下，选取"右视基准面"作为草图平面，绘制如图7.27所示的平面草图。

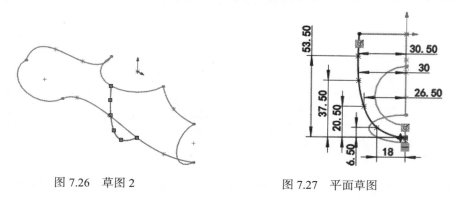

图 7.26　草图 2　　　　　　　　　　　图 7.27　平面草图

步骤12：定义如图7.28所示的草图3。单击 草图 功能选项卡中的 □ 草图绘制 按钮，在系统的提示下，选取"前视基准面"作为草图平面，绘制如图7.29所示的平面草图。

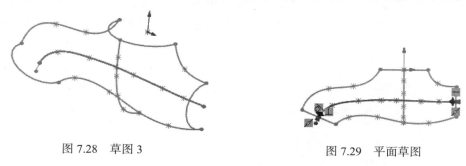

图 7.28　草图 3　　　　　　　　　　　图 7.29　平面草图

步骤13：创建如图7.30所示的拉伸曲面1。单击 曲面 功能选项卡中的 ◆ 按钮，在系统的提示下选取步骤12创建的草图作为截面；在"拉伸曲面"对话框 方向1(1) 区域的下拉列表中选择 给定深度 ，输入深度值96；单击 ✔ 按钮，完成拉伸曲面1的创建。

步骤14：定义如图7.31所示的三维草图2。单击 草图 功能选项卡中的三维草图绘制 3D 3D草图 按钮，绘制如图7.31所示的草图点（拉伸曲面1与草图2的交点）。

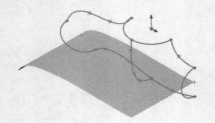

图7.30　拉伸曲面1

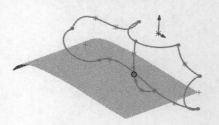

图7.31　3D草图2

步骤15：定义如图7.32所示的草图3。单击 草图 功能选项卡中的 草图绘制 按钮，在系统的提示下，选取"上视基准面"作为草图平面，绘制如图7.33所示的平面草图（注意两端的水平约束添加，中间位置与三维草图2投影点的重合）。

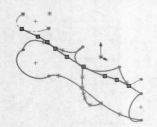

图7.32　草图3

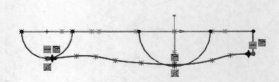

图7.33　平面草图

步骤16：创建如图7.34所示的拉伸曲面2。单击 曲面 功能选项卡中的 按钮，在系统的提示下选取步骤15创建的草图作为截面；在"拉伸曲面"对话框 方向1(1) 区域的下拉列表中选择 给定深度 ，输入深度值113；单击 ✓ 按钮，完成拉伸曲面2的创建。

步骤17：创建如图7.35所示的相交曲线。单击 草图 功能选项卡中的 交叉曲线 （转换实体引用节点下）命令，选取步骤13与步骤16创建的曲面作为参考，单击 ✓ 按钮，完成相交曲线的创建。

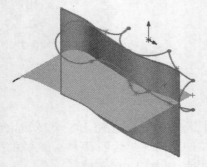

图7.34　拉伸曲面2

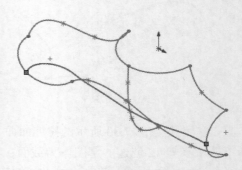

图7.35　相交曲线

步骤 18：定义如图 7.36 所示的草图 4。单击 草图 功能选项卡中的 [草图绘制] 按钮，在系统的提示下，选取 "前视基准面" 作为草图平面，绘制如图 7.37 所示的平面草图。

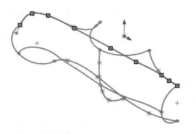

图 7.36　草图 4

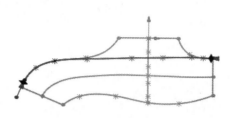

图 7.37　平面草图

步骤 19：创建如图 7.38 所示的拉伸曲面 3。单击 曲面 功能选项卡中的 ◈ 按钮，在系统的提示下选取步骤 18 创建的草图作为截面；在 "拉伸曲面" 对话框 方向1(1) 区域的下拉列表中选择 给定深度 ，输入深度值 30，方向沿 Z 轴负方向；单击 ✓ 按钮，完成拉伸曲面 3 的创建。

步骤 20：创建如图 7.39 所示的拉伸曲面 4。单击 曲面 功能选项卡中的 ◈ 按钮，在系统的提示下选取步骤 4 创建的草图 3 作为截面；在 "拉伸曲面" 对话框 方向1(1) 区域的下拉列表中选择 给定深度 ，输入深度值 30，方向沿 Z 轴负方向；单击 ✓ 按钮，完成拉伸曲面 4 的创建。

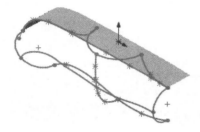

图 7.38　拉伸曲面 3

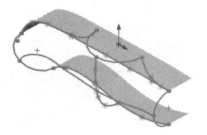

图 7.39　拉伸曲面 4

步骤 21：定义如图 7.40 所示的草图 5。单击 草图 功能选项卡中的 [草图绘制] 按钮，在系统的提示下，选取 "右视基准面" 作为草图平面，绘制如图 7.41 所示的平面草图。

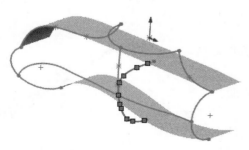

图 7.40　草图 5

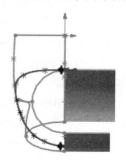

图 7.41　平面草图

步骤 22：创建如图 7.42 所示的放样曲面 1。选择 曲面 功能选项卡下的 🥄 命令，在系统的提示下，选取如图 7.43 所示的截面 1、截面 2 与截面 3，激活 引导线(G) 的文本框，选取如图 7.43 所示的引导线 1、引导线 2 与引导线 3，在 开始约束(S): 与 结束约束(E): 的下拉列表中均选择 与面相切，单击 ✔ 按钮，完成放样曲面的创建。

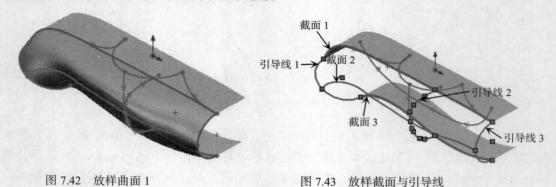

图 7.42 放样曲面 1　　　　　图 7.43 放样截面与引导线

步骤 23：定义如图 7.44 所示的草图 6。单击 草图 功能选项卡中的 ⌒ 草图绘制 按钮，在系统的提示下，选取"前视基准面"作为草图平面，绘制如图 7.45 所示的平面草图。

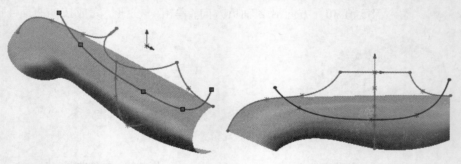

图 7.44 草图 6　　　　　图 7.45 平面草图

步骤 24：剪裁曲面。选择 曲面 功能选项卡下的 ✍ 剪裁曲面 命令，在 剪裁类型(T) 区域选中 ⦿标准(D) 单选项，选取步骤 23 创建的草图作为修剪工具，在"剪裁曲面"对话框 选择(S) 区域选中 ⦿保留选择(K) 类型，选取草图下方的面作为要保留的面，单击 ✔ 完成曲面的修剪，完成后如图 7.46 所示。

步骤 25：创建如图 7.47 所示的拉伸曲面 5。单击 曲面 功能选项卡中的 ◈ 按钮，在系统的提示下选取步骤 2 创建的草图 1 作为截面；在"拉伸曲面"对话框 方向 1(1) 区域的下拉列表中选择 给定深度 ，输入深

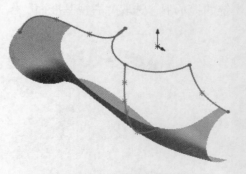

图 7.46 剪裁曲面

度值 20，方向沿 *Z* 轴负方向；单击 ✓ 按钮，完成拉伸曲面 5 的创建。

　　步骤 26：创建如图 7.48 所示的拉伸曲面 6。单击 曲面 功能选项卡中的 🐟 按钮，在系统的提示下选取步骤 3 创建的草图 2 作为截面；在"拉伸曲面"对话框 方向1(1) 区域的下拉列表中选择 给定深度，输入深度值 20，方向沿 *Z* 轴负方向；单击 ✓ 按钮，完成拉伸曲面 6 的创建。

 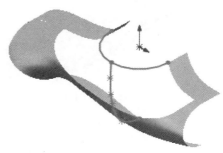

图 7.47　拉伸曲面 5　　　　　　　　　　　图 7.48　拉伸曲面 6

　　步骤 27：创建如图 7.49 所示的放样曲面 2。选择 曲面 功能选项卡下的 🝢 命令，在系统的提示下，选取如图 7.50 所示的截面 1 与截面 2，激活 引导线(G) 的文本框，利用 SelectionManager (R) 选取如图 7.50 所示的引导线 1、引导线 2 与引导线 3，在 结束约束(E): 下拉列表中选择 与面相切，在引导线区域分别选中引导线 1 与引导线 3，将连接类型均设置为 与面相切，单击 ✓ 按钮，完成放样曲面的创建。

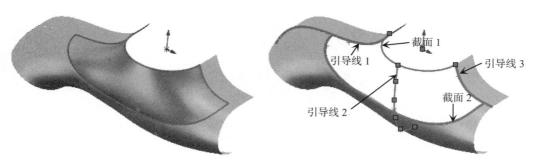

图 7.49　放样曲面 2　　　　　　　　　　图 7.50　放样截面与引导线

　　步骤 28：创建缝合曲面 1。单击 曲面 功能选项卡中的 🀫 按钮，选取放样曲面 1 与放样曲面 2 作为参考，单击 ✓ 按钮完成缝合曲面的创建。

　　步骤 29：创建如图 7.51 所示的镜像 1。选择 特征 功能选项卡中的 🔀 镜像 命令，选取"前视基准面"作为镜像中心平面，激活 要镜像的实体(B) 区域的文本框，选取步骤 28 创建的缝合曲面作为要镜像的实体，选中 ☑缝合曲面(K) 单选项，单击"镜像"对话框中的 ✓ 按钮，完成镜像特征的创建。

　　步骤 30：创建加厚特征。选择 曲面 功能选项卡中的 🐘 加厚 命令，在系统的提示下选取步骤 29 创建的镜像曲面作为要加厚的曲面，在 厚度 区域选中 ▤（加厚侧边 1）单选项，在

🔄文本框中输入 2，单击"加厚"对话框中的 ✓ 按钮，完成加厚特征的创建，如图 7.52 所示。

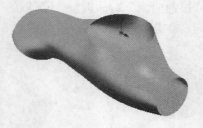 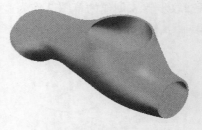

图 7.51　镜像 1 　　　　　　　　　图 7.52　曲面加厚

第8章 自顶向下的设计方法

8.1 自顶向下设计基本概述

装配设计分为自下向顶设计（Down_Top Design）和自顶向下设计（Top_Down Design）两种设计方法。

自下向顶设计是一种从局部到整体的设计方法。主要设计思路是先做零部件，然后将零部件插入装配体文件中进行组装，从而得到整个装配体。这种方法在零件之间不存在任何参数关联，仅仅存在简单的装配关系，如图8.1所示。

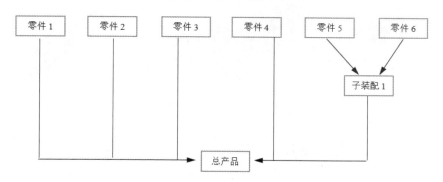

图 8.1　自下向顶设计

1. 自下向顶设计

自下向顶设计举例：如图 8.2 所示，快速夹钳产品模型使用自下向顶方法设计。

步骤 1：首先设计快速夹钳中的各个零件，如图 8.3 所示。

步骤 2：对于结构比较复杂的产品，可以根据产品结构的特点先将部分零部件组装成子装配，如图 8.4 所示。

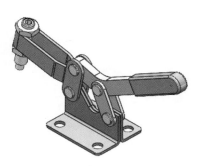

图 8.2　快速夹钳产品

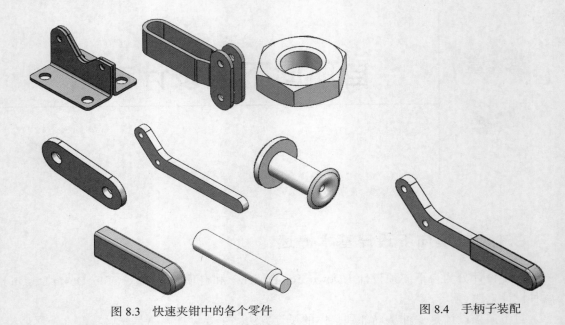

图 8.3　快速夹钳中的各个零件　　　　　　　　　图 8.4　手柄子装配

步骤3：使用子装配和其他零件组装成总装配，得到的最终产品模型如图 8.5 所示。

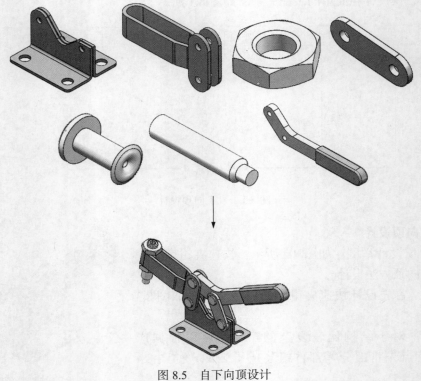

图 8.5　自下向顶设计

2. 自顶向下设计

首先,创建一个反映装配体整体构架的一级控件,所谓控件就是控制元件;用于控制模型的外观及尺寸等,在设计中起承上启下的作用,最高级别的控件称为一级控件;其次,根据一级控件来分配各个零件间的位置关系和结构;据分配好零件间的关系,完成各零件的设计,如图8.6所示。

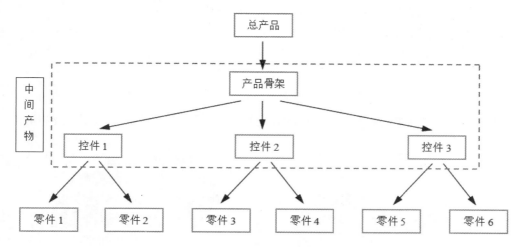

图 8.6 自顶向下设计

如图8.7所示,这是一款儿童塑料玩具产品模型,该产品结构的特点就是表面造型比较复杂且呈流线型,各零部件之间配合紧密,但是各部件上的很多细节尺寸是无法得知的,像这样的产品就可以使用自顶向下的方法来设计。

步骤1:首先根据总体设计参数及设计要求信息创建一级控件,如图8.8所示。

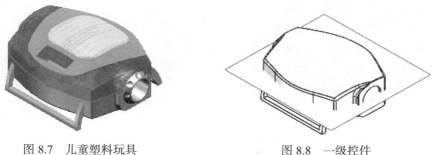

图 8.7　儿童塑料玩具　　　　　图 8.8　一级控件

步骤2:根据产品结构,对一级控件进行分割,并进行一定程度的细化,得到二级控件,如图8.9与图8.10所示。

步骤3:根据产品结构,对二级控件01进行分割,并进行一定程度的细化,得到三级控件,如图8.11所示。

图 8.9　二级控件（1）

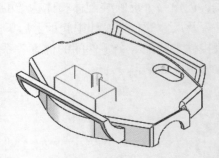

图 8.10　二级控件（2）

步骤 4：对二级控件 01 进行进一步的分割和细化，得到上盖零件，如图 8.12 所示。

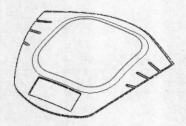

图 8.11　三级控件

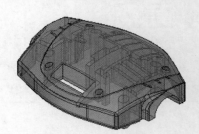

图 8.12　上盖零件

步骤 5：根据产品结构，对二级控件 02 进行分割，并进行一定程度的细化，得到下盖（如图 8.13 所示）与电池盖（如图 8.14 所示）。

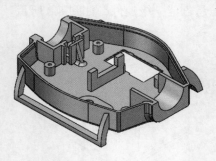

图 8.13　下盖

图 8.14　电池盖

步骤 6：根据产品结构，对三级控件进行分割，并进行一定程度的细化，得到上盖面（如图 8.15 所示）与电池盖（如图 8.16 所示）。

步骤 7：根据产品结构，根据一级控件得到左侧旋钮（如图 8.17 所示）与右侧旋钮（如图 8.18 所示）。

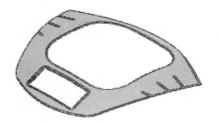

图 8.15 上盖面

图 8.16 电池盖

图 8.17 左侧旋钮

图 8.18 右侧旋钮

8.2 自顶向下设计案例：轴承

25min

如图 8.19 所示的轴承，主要由轴承外环、轴承保持架、轴承滚珠与轴承内环 4 个零件组成，轴承的 4 个零件都比较简单，但是在实际设计时需要考虑轴承滚珠与轴承内环、轴承外环、轴承保持架之间的尺寸位置控制。

1. 创建轴承一级控件

步骤 1：新建模型文件，选择"快速访问工具栏"中的 ⬚ 命令，在系统弹出的"新建 SOLIDWORKS 文件"对话框中选择"零件"，单击"确定"按钮进入零件建模环境。

步骤 2：绘制控件草图。单击 草图 功能选项卡中的 ⬚ 草图绘制 按钮，在系统的提示下，选取"前视基准面"作为草图平面，绘制如图 8.20 所示的控件草图。

图 8.19 轴承

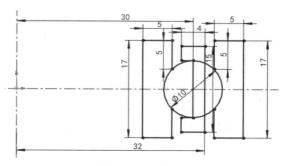

图 8.20 控件草图

步骤3：保存文件。选择"快速访问工具栏"中的 📇 保存(S) 命令，系统会弹出"另存为"对话框，在 文件名(N): 文本框中输入"一级控件"，单击"保存"按钮，完成保存操作。

2. 创建轴承内环

步骤1：新建模型文件，选择"快速访问工具栏"中的 📄· 命令，在系统弹出的"新建 SOLIDWORKS 文件"对话框中选择"零件"，单击"确定"按钮进入零件建模环境。

步骤2：关联复制引用一级控件。选择下拉菜单 插入(I) → 🗋 零件(A)... 命令，在系统弹出的"打开"对话框中选择"一级控件"模型并打开；在"插入零件"对话框 转移(T) 区域选中 ☑ 解除吸收的草图(U) 复选项，其他均取消选取，如图 8.21 所示；单击 ✓ 按钮完成一级控件的引入。

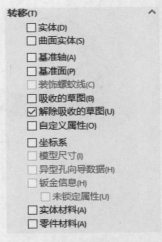

图 8.21 "插入零件"对话框

步骤3：创建如图 8.22 所示的旋转特征1。选择 特征 功能选项卡中的旋转凸台基体 💊 命令，在系统提示"选择一基准面来绘制特征横截面"下，选取如图 8.23 所示的竖直轴线作为旋转特征的旋转轴，选取如图 8.23 所示的区域作为旋转轮廓区域，单击 ✓ 按钮完成旋转的创建。

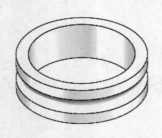

图 8.22 旋转特征 1

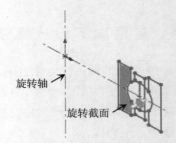

图 8.23 旋转轴与旋转截面

步骤4：保存文件。选择"快速访问工具栏"中的 📇 保存(S) 命令，系统会弹出"另存为"对话框，在 文件名(N): 文本框中输入"轴承内环"，单击"保存"按钮，完成保存操作。

3. 创建轴承外环

步骤1：新建模型文件，选择"快速访问工具栏"中的 📄·命令，在系统弹出的"新建 SOLIDWORKS 文件"对话框中选择"零件"，单击"确定"按钮进入零件建模环境。

步骤2：关联复制引用一级控件。选择下拉菜单 插入(I) → 🗋 零件(A)... 命令，在系统弹出的"打开"对话框中选择"一级控件"模型并打开；在"插入零件"对话框 转移(T) 区域选中 ☑ 解除吸收的草图(U) 复选项，其他均取消选取；单击 ✓ 按钮完成一级控件的引入。

步骤3：创建如图 8.24 所示的旋转特征1。选择 特征 功能选项卡中的旋转凸台基体 💊 命令，在系统提示"选择一基准面来绘制特征横截面"下，选取如图 8.25 所示的竖直轴线作为旋转特征的旋转轴，选取如图 8.25 所示的区域作为旋转轮廓区域，单击 ✓ 按钮完成旋转的创建。

步骤4：保存文件。选择"快速访问工具栏"中的 ▣ 保存(S) 命令，系统会弹出"另存为"对话框，在 文件名(N): 文本框中输入"轴承外环"，单击"保存"按钮，完成保存操作。

图 8.24　旋转特征 1

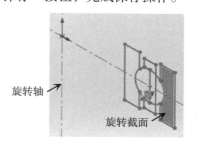

图 8.25　旋转轴与旋转截面

4. 创建轴承固定架

步骤1：新建模型文件，选择"快速访问工具栏"中的 ▣▾ 命令，在系统弹出的"新建SOLIDWORKS 文件"对话框中选择"零件"，单击"确定"按钮进入零件建模环境。

步骤2：关联复制引用一级控件。选择下拉菜单 插入(I) → 🗐 零件(A)... 命令，在系统弹出的"打开"对话框中选择"一级控件"模型并打开；在"插入零件"对话框 转移(T) 区域选中 ☑解除吸收的草图(U) 复选项，其他均取消选取；单击 ✔ 按钮完成一级控件的引入。

步骤3：创建如图 8.26 所示的旋转特征 1。选择 特征 功能选项卡中的旋转凸台基体 🗐 命令，在系统提示"选择一基准面来绘制特征横截面"下，选取如图 8.27 所示的竖直轴线作为旋转特征的旋转轴，选取如图 8.27 所示的区域作为旋转轮廓区域，单击 ✔ 按钮完成旋转的创建。

图 8.26　旋转特征 1

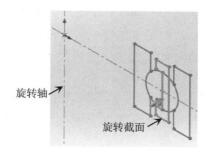

图 8.27　旋转轴与旋转截面

步骤4：创建如图 8.28 所示的旋转特征 2。选择 特征 功能选项卡中的旋转切除 🗐 命令，在系统提示"选择一基准面来绘制特征横截面"下，选取如图 8.29 所示的竖直轴线作为旋转特征的旋转轴，选取如图 8.29 所示的区域作为旋转轮廓区域，单击 ✔ 按钮完成旋转的创建。

步骤5：创建如图 8.30 所示的圆周阵列 1。单击 特征 功能选项卡 🔡 下的 ▾ 按钮，选择 🔡 圆周阵列 命令，在"圆周阵列"对话框中选中 ☑特征和面(F)，单击激活 🗐 后的文本框，选取步骤 4 创建的旋转特征作为阵列的源对象，在"圆周阵列"对话框中激活 方向 1(1) 区域中 ⟳ 后的文本框，选取如图 8.30 所示的圆柱面（系统会自动选取圆柱面的中心轴作为圆周阵列的中心轴），选中 ⊙等间距 复选项，在 ⟑ 文本框中输入间距值 360，在 ❀ 文本框中输入数量 12，单击 ✓ 按钮，完成圆周阵列的创建。

图 8.28　旋转特征 2

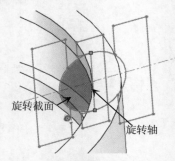
旋转截面
旋转轴
图 8.29　旋转轴与旋转截面

选取此圆柱面
图 8.30　圆周阵列 1

步骤 6：保存文件。选择"快速访问工具栏"中的 💾 保存(S) 命令，系统会弹出"另存为"对话框，在 文件名(N): 文本框中输入"轴承固定架"，单击"保存"按钮，完成保存操作。

5. 创建轴承滚珠

步骤 1：新建模型文件，选择"快速访问工具栏"中的 🗅﹒命令，在系统弹出的"新建SOLIDWORKS 文件"对话框中选择"零件"，单击"确定"按钮进入零件建模环境。

步骤 2：关联复制引用一级控件。选择下拉菜单 插入(I) → 🗗 零件(A)... 命令，在系统弹出的"打开"对话框中选择"一级控件"模型并打开；在"插入零件"对话框 转移(T) 区域选中 ☑解除吸收的草图(U) 复选项，其他均取消选取；单击 ✓ 按钮完成一级控件的引入。

步骤 3：创建如图 8.31 所示的旋转特征 1。选择 特征 功能选项卡中的旋转凸台基体 🍢 命令，在系统提示"选择一基准面来绘制特征横截面"下，选取如图 8.32 所示的竖直轴线作为旋转特征的旋转轴，选取如图 8.32 所示的区域作为旋转轮廓区域，单击 ✓ 按钮完成旋转的创建。

步骤 4：保存文件。选择"快速访问工具栏"中的 💾 保存(S) 命令，系统会弹出"另存为"对话框，在 文件名(N): 文本框中输入"轴承滚珠"，单击"保存"按钮，完成保存操作。

图 8.31　旋转特征 1

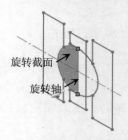
旋转截面
旋转轴
图 8.32　旋转轴与旋转截面

6. 创建轴承装配

步骤 1：新建装配文件。选择"快速访问工具栏"中的 ▢· 命令，在"新建 SOLIDWORKS 文件"对话框中选择"装配体"模板，单击"确定"按钮进入装配环境。

步骤 2：装配轴承内环零件。在打开的对话框中选择 D:\SOLIDWORKS 曲面设计 \work\ch08\ch08.02\ 中的轴承内环，然后单击"打开"按钮。

步骤 3：定位零部件。直接单击开始装配体对话框中的 ✓ 按钮，即可把零部件固定到装配原点处（零件的 3 个默认基准面与装配体的 3 个默认基准面分别重合），如图 8.33 所示。

步骤 4：装配轴承固定架零件。单击 装配体 功能选项卡 💠 下的 · 按钮，选择 📁 插入零部件 命令，在打开的对话框中选择 D:\SOLIDWORKS 曲面设计 \work\ch08\ch08.02\ 中的轴承固定架，然后单击"打开"按钮。

步骤 5：定位零部件。直接单击插入零部件对话框中的 ✓ 按钮，即可把零部件固定到装配原点处（零件的 3 个默认基准面与装配体的 3 个默认基准面分别重合），如图 8.34 所示。

图 8.33　轴承内环　　　　　图 8.34　轴承固定架

步骤 6：装配轴承滚珠零件。单击 装配体 功能选项卡 💠 下的 · 按钮，选择 📁 插入零部件 命令，在打开的对话框中选择 D:\SOLIDWORKS 曲面设计 \work\ch08\ch08.02\ 中的轴承滚珠，然后单击"打开"按钮。

步骤 7：定位零部件。直接单击插入零部件对话框中的 ✓ 按钮，即可把零部件固定到装配原点处（零件的 3 个默认基准面与装配体的 3 个默认基准面分别重合），如图 8.35 所示。

步骤 8：阵列轴承滚珠。单击 装配体 功能选项卡 💠 下的 · 按钮，选择 📁 阵列驱动零部件阵列 命令，在图形区选取如图 8.35 所示的轴承滚珠作为要阵列的零部件，单击"阵列驱动"窗口的驱动特征或零部件区域中的 💠 文本框，然后展开轴承固定架的设计树，选取阵列圆周作为驱动特征。单击 ✓ 按钮，完成阵列驱动操作，如图 8.36 所示。

步骤 9：装配轴承外环零件。单击 装配体 功能选项卡 💠 下的 · 按钮，选择 📁 插入零部件 命令，在打开的对话框中选择 D:\SOLIDWORKS 曲面设计 \work\ch08\ch08.02\ 中的轴承外环，然后单击"打开"按钮。

步骤 10：定位零部件。直接单击插入零部件对话框中的 ✓ 按钮，即可把零部件固定到装配原点处（零件的 3 个默认基准面与装配体的 3 个默认基准面分别重合），如图 8.37 所示。

图 8.35　轴承滚珠　　　　　　图 8.36　阵列轴承滚珠　　　　　　图 8.37　轴承装配

7. 验证关联性

步骤 1：打开"一级控件"模型，将草图修改至如图 8.38 所示。

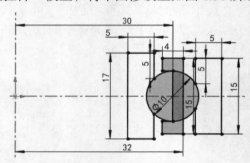

图 8.38　修改一级控件草图

步骤 2：打开"轴承"总装配，在系统弹出的如图 8.39 所示的"SOLIDWORKS 2023"对话框中选择 是(Y) 即可完成自动更新，轴承产品如图 8.40 所示。

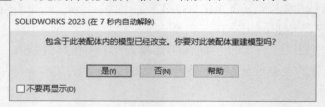

图 8.39　"SOLIDWORKS 2023"对话框

图 8.40　轴承装配自动更新

8.3 自顶向下设计案例：鼠标

如图 8.41 所示的鼠标产品，主要由鼠标上盖、鼠标下盖、鼠标左右键、鼠标滚轮等零件组成，由于整体形状流线型较强，各零件之间的形状与配合要求更高，因此采用自顶向下的设计方式会更合适。

57min

（a）前视方位

（b）轴侧方位

（c）俯视方位

图 8.41 鼠标

1. 创建鼠标一级控件

一级控件主要控制鼠标整体形状，另外需要对鼠标的上下部分进行分割，完成后如图 8.42 所示。

步骤 1：新建模型文件，选择"快速访问工具栏"中的 命令，在系统弹出的"新建 SOLIDWORKS 文件"对话框中选择"零件"，单击"确定"按钮进入零件建模环境。

步骤 2：创建如图 8.43 所示的凸台 - 拉伸 1。单击 特征 功能选项卡中的 按钮，在系统的提示下选取

图 8.42 一级控件

"上视基准面"作为草图平面，绘制如图 8.44 所示的截面草图；在"凸台 - 拉伸"对话框 方向1(1) 区域的下拉列表中选择 给定深度，输入深度值 40；单击 ✔ 按钮，完成凸台 - 拉伸 1 的创建。

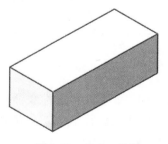

图 8.43 凸台 - 拉伸 1

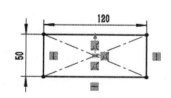

图 8.44 截面轮廓

步骤 3：绘制如图 8.45 所示的放样截面 1。单击 草图 功能选项卡中的 草图绘制 按钮，在系统的提示下，选取如图 8.45 所示的模型表面作为草图平面，绘制如图 8.46 所示的平面草图。

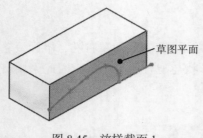

图 8.45　放样截面 1

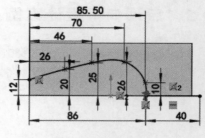

图 8.46　平面草图

步骤 4：绘制如图 8.47 所示的放样截面 2。单击 草图 功能选项卡中的 [草图绘制 按钮，在系统的提示下，选取"前视基准面"作为草图平面，绘制如图 8.48 所示的平面草图。

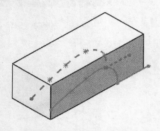

图 8.47　放样截面 2

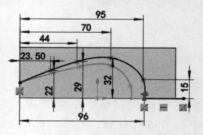

图 8.48　平面草图

步骤 5：绘制如图 8.49 所示的放样截面 3。单击 草图 功能选项卡中的 [草图绘制 按钮，在系统的提示下，选取如图 8.49 所示的模型表面作为草图平面，绘制如图 8.50 所示的平面草图。

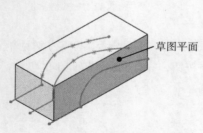

图 8.49　放样截面 3

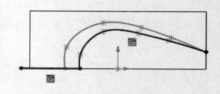

图 8.50　平面草图

步骤 6：创建如图 8.51 所示的放样曲面。选择 曲面 功能选项卡下的 🦌 命令，在系统的提示下，依次选取步骤 3 创建的放样截面 1、步骤 4 创建的放样截面 2 与步骤 5 创建的放样截面 3（注意选择位置的一致性），单击 ✓ 按钮，完成放样曲面的创建。

步骤 7：创建如图 8.52 所示的使用曲面切除 1。选择 曲面 功能选项卡下的 🥄 使用曲面切除 命令，选取步骤 6 创建的曲面作为参考，单击 ⬈ 使方向向外，单击"使用曲面切除"对话框中的 ✓ 按钮，完成使用曲面切除特征的创建。

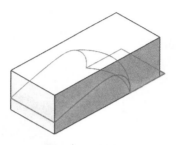

图 8.51　放样曲面

图 8.52　使用曲面切除

步骤 8：创建如图 8.53 所示的圆角 1。单击 特征 功能选项卡 ⬡ 下的 ∙ 按钮，选择 圆角 命令，在"圆角"对话框中选择"固定大小圆角" 类型，在系统的提示下选取如图 8.54 所示的两条边线作为圆角对象，在"圆角"对话框的 圆角参数 区域中的 ⭢ 文本框中输入圆角半径值 10，单击 ✔ 按钮，完成圆角的定义。

图 8.53　圆角 1

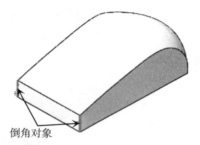

图 8.54　圆角对象

步骤 9：创建如图 8.55 所示的变化圆角 1。单击 特征 功能选项卡 ⬡ 下的 ∙ 按钮，选择 圆角 命令，在"圆角"对话框中选择"变量大小圆角" 类型，在系统的提示下选取如图 8.56 所示的 5 条边线作为圆角对象，设置如图 8.56 所示的半径参数，单击 ✔ 按钮，完成变化圆角的定义。

图 8.55　变化圆角 1

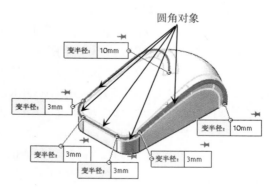

图 8.56　圆角对象

步骤 10：创建如图 8.57 所示的圆角 2。单击 特征 功能选项卡 🍥 下的 · 按钮，选择 🞑圆角 命令，在"圆角"对话框中选择"固定大小圆角" 🞉 类型，在系统的提示下选取如图 8.58 所示的边线作为圆角对象，在"圆角"对话框的 圆角参数 区域中的 ⋏ 文本框中输入圆角半径值 3，单击 ✓ 按钮，完成圆角的定义。

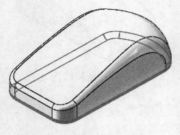

图 8.57　圆角 2

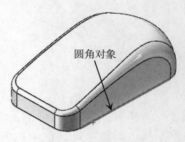

圆角对象

图 8.58　圆角对象

步骤 11：创建如图 8.59 所示的拉伸曲面 1。单击 曲面 功能选项卡中的 🖋 按钮，在系统的提示下选取"前视基准面"作为草图平面，绘制如图 8.60 所示的截面草图；在"拉伸曲面"对话框 方向1(1) 区域的下拉列表中选择 两侧对称，输入深度值 86；单击 ✓ 按钮，完成拉伸曲面 1 的创建。

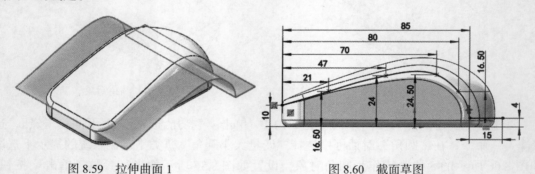

图 8.59　拉伸曲面 1

图 8.60　截面草图

2. 创建鼠标二级控件

二级控件是在一级控件的基础上将上半部分的鼠标按键与鼠标上盖分隔开，完成后如图 8.61 所示。

步骤 1：新建模型文件，选择"快速访问工具栏"中的 🗋· 命令，在系统弹出的"新建 SOLIDWORKS 文件"对话框中选择"零件"，单击"确定"按钮进入零件建模环境。

步骤 2：关联复制引用一级控件。选择下拉菜单 插入(I) → 🞕 零件(A)... 命令，在系统弹出的"打开"对话框中选择"一级控件"模型并打开；在"插入零件"对话框 转移(T) 区域选中 ☑实体(D)、☑曲面实体(S) 与 ☑解除吸收的草图(U) 复选项，其他均取消选取；单击 ✓ 按钮完成一级控件的引入。

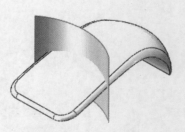

图 8.61　二级控件

步骤 3：创建如图 8.62 所示的使用曲面切除 1。选择 曲面 功能选项卡下的 使用曲面切除 命令，选取如图 8.63 所示的曲面作为参考，单击 使方向向下，单击"使用曲面切除"对话框中的 按钮，完成使用曲面切除特征的创建。

选取此面

图 8.62 使用曲面切除 1   图 8.63 曲面参考

步骤 4：创建如图 8.64 所示的拉伸曲面 1。单击 曲面 功能选项卡中的 按钮，在系统的提示下选取"上视基准面"作为草图平面，绘制如图 8.65 所示的截面草图；在"拉伸曲面"对话框 方向1(1) 区域的下拉列表中选择 给定深度，输入深度值 47；单击 按钮，完成拉伸曲面 1 的创建。

3. 创建鼠标三级控件

三级控件是在二级控件的基础上将鼠标左右键分隔，完成后如图 8.66 所示。

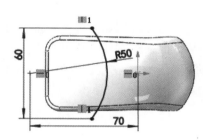

图 8.64 拉伸曲面 1   图 8.65 截面草图   图 8.66 三级控件

步骤 1：新建模型文件，选择"快速访问工具栏"中的 命令，在系统弹出的"新建 SOLIDWORKS 文件"对话框中选择"零件"，单击"确定"按钮进入零件建模环境。

步骤 2：关联复制引用二级控件。选择下拉菜单 插入(I) → 零件(A)... 命令，在系统弹出的"打开"对话框中选择"二级控件"模型并打开；在"插入零件"对话框 转移(T) 区域选中 ☑实体(D) 、 ☑曲面实体(S) 与 ☑解除吸收的草图(U) 复选项，其他均取消选取；单击 按钮完成二级控件的引入。

步骤 3：创建如图 8.67 所示的使用曲面切除 1。选择 曲面 功能选项卡下的 使用曲面切除 命令，选取如图 8.68 所示的曲面作为参考，单击 使方向向右，单击"使用曲面切除"对话框中的 按钮，完成使用曲面切除特征的创建。

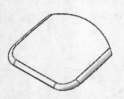

图 8.67　使用曲面切除 1

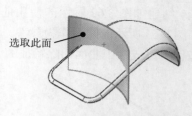

选取此面

图 8.68　曲面参考

步骤 4：创建如图 8.69 所示的抽壳。单击 特征 功能选项卡中的 抽壳 按钮，系统会弹出"抽壳"对话框，选取如图 8.70 所示的两个移除面，在"抽壳"对话框的 参数(P) 区域的"厚度" 文本框中输入 2，在"抽壳"对话框中单击 ✓ 按钮，完成抽壳的创建，如图 8.69 所示。

图 8.69　抽壳

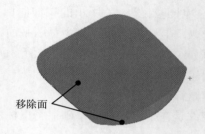

移除面

图 8.70　移除面

步骤 5：创建如图 8.71 所示的旋转切除特征 1。选择 特征 功能选项卡中的旋转切除 命令，在系统提示"选择一基准面来绘制特征横截面"下，选取"前视基准面"作为草图平面，绘制如图 8.72 所示的截面草图，在"旋转"对话框的 方向 1(1) 区域的下拉列表中选择 给定深度，在 文本框中输入旋转角度 360，单击"旋转"对话框中的 ✓ 按钮，完成特征的创建。

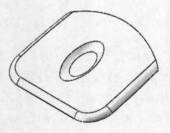

图 8.71　旋转切除特征 1

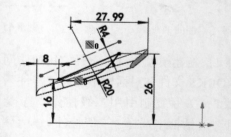

图 8.72　截面草图

步骤 6：创建如图 8.73 所示的拉伸曲面 1。单击 曲面 功能选项卡中的 按钮，在系统的提示下选取"上视基准面"作为草图平面，绘制如图 8.74 所示的截面草图；在"拉伸曲面"对话框 方向 1(1) 区域的下拉列表中选择 给定深度，输入深度值 41；单击 ✓ 按钮，完成拉伸曲面 1 的创建。

图 8.73 拉伸曲面 1

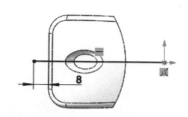

图 8.74 截面草图

步骤 7：绘制如图 8.75 所示的控制草图。单击 草图 功能选项卡中的 □ 草图绘制 按钮，在系统的提示下，选取"上视基准面"作为草图平面，绘制如图 8.76 所示的平面草图。

图 8.75 控制草图

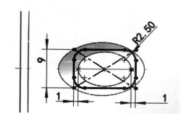

图 8.76 平面草图

4. 创建鼠标底座

鼠标底座是在一级控件的基础上通过将上半部分切除，然后抽壳得到，完成后如图 8.77 所示。

步骤 1：新建模型文件，选择"快速访问工具栏"中的 □·命令，在系统弹出的"新建 SOLIDWORKS 文件"对话框中选择"零件"，单击"确定"按钮进入零件建模环境。

步骤 2：关联复制引用一级控件。选择下拉菜单 插入(I) → ⬚ 零件(A)... 命令，在系统弹出的"打开"对话框中选择"一级控件"模型并打开；在"插入零件"对话框 转移(T) 区域选中 ☑实体(D)、☑曲面实体(S) 与 ☑解除吸收的草图(U) 复选项，其他均取消选取；单击 ✔ 按钮完成一级控件的引入。

图 8.77 鼠标底座

步骤 3：创建如图 8.78 所示的使用曲面切除 1。选择 曲面 功能选项卡下的 ⬚ 使用曲面切除 命令，选取如图 8.79 所示的曲面作为参考，单击 ⬚ 使方向向上，单击"使用曲面切除"对话框中的 ✔ 按钮，完成使用曲面切除特征的创建。

步骤 4：创建如图 8.80 所示的抽壳。单击 特征 功能选项卡中的 ⬚ 抽壳 按钮，系统会弹出"抽壳"对话框，选取如图 8.81 所示的两个移除面，在"抽壳"对话框的 参数(P) 区域的

"厚度"⬡文本框中输入2，在"抽壳"对话框中单击✓按钮，完成抽壳的创建，如图8.80所示。

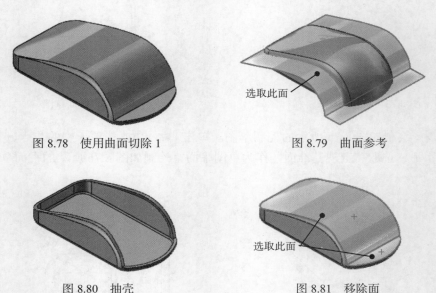

图 8.78　使用曲面切除 1　　　　　　图 8.79　曲面参考

选取此面

图 8.80　抽壳　　　　　　图 8.81　移除面

选取此面

步骤 5：创建如图 8.82 所示的切除 - 拉伸 1。单击 特征 功能选项卡中的 ⬚ 按钮，在系统的提示下选取如图 8.82 所示的模型表面作为草图平面，绘制如图 8.83 所示的截面草图；在"切除 - 拉伸"对话框 方向1(1) 区域的下拉列表中选择 完全贯穿 ；单击 ✓ 按钮，完成切除 - 拉伸的创建。

草图平面

图 8.82　切除 - 拉伸 1

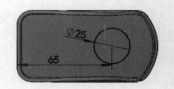

Ø25
65

图 8.83　截面轮廓

5. 创建鼠标上盖

鼠标上盖是在二级控件的基础上通过将鼠标按键部分切除，然后抽壳得到，完成后如图 8.84 所示。

步骤 1：新建模型文件，选择"快速访问工具栏"中的 ▣ 命令，在系统弹出的"新建SOLIDWORKS 文件"对话框中选择"零件"，单击"确定"按钮进入零件建模环境。

步骤 2：关联复制引用二级控件。选择下拉菜单 插入(I) → 零件(A)... 命令，在系统弹出的"打开"对话框中选择"二级控件"模型并打开；在"插入零件"对话框 转移(T) 区域选中

☑实体(D)　、　☑曲面实体(S)　与　☑解除吸收的草图(U) 复选项，其他均取消选取；单击 ✓ 按钮完成二级控件的引入。

（a）轴侧方位 1

（b）轴侧方位 2

图 8.84　鼠标上盖

步骤 3：创建如图 8.85 所示的使用曲面切除 1。选择 曲面 功能选项卡下的 🗇 使用曲面切除 命令，选取如图 8.86 所示的曲面作为参考，单击 ⬀ 使方向向左，单击"使用曲面切除"对话框中的 ✓ 按钮，完成使用曲面切除特征的创建。

图 8.85　使用曲面切除 1

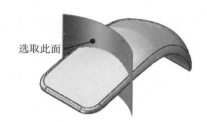
选取此面

图 8.86　曲面参考

步骤 4：创建如图 8.87 所示的抽壳。单击 特征 功能选项卡中的 🗇抽壳 按钮，系统会弹出"抽壳"对话框，选取如图 8.88 所示的 3 个移除面，在"抽壳"对话框的 参数(P) 区域的"厚度" ⟨文本框中输入 2，在"抽壳"对话框中单击 ✓ 按钮，完成抽壳的创建，如图 8.87 所示。

图 8.87　抽壳

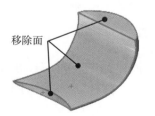
移除面

图 8.88　移除面

6. 创建鼠标左键

鼠标左键是在三级控件的基础上通过将右侧部分切除，然后抽壳得到，完成后如图 8.89 所示。

步骤 1：新建模型文件，选择"快速访问工具栏"中的 ▢▪ 命令，在系统弹出的"新建 SOLIDWORKS 文件"对话框中选择"零件"，单击"确定"按钮进入零件建模环境。

步骤 2：关联复制引用三级级控件。选择下拉菜单 插入(I) → 零件(A)... 命令，在系统弹出的"打开"对话框中选择"三级控件"模型并打开；在"插入零件"对话框 转移(T) 区域选中 ☑实体(D) 、☑曲面实体(S) 与 ☑解除吸收的草图(U) 复选项，其他均取消选取；单击 ✓ 按钮完成三级控件的引入。

步骤 3：创建如图 8.90 所示的使用曲面切除 1。选择 曲面 功能选项卡下的 🗇 使用曲面切除 命令，选取如图 8.91 所示的曲面作为参考，单击 ↗ 使方向沿 Z 轴负方向，单击"使用曲面切除"对话框中的 ✓ 按钮，完成使用曲面切除特征的创建。

图 8.89 鼠标左键

图 8.90 使用曲面切除 1

选取此面

图 8.91 曲面参考

步骤 4：创建如图 8.92 所示的切除 - 拉伸 1。单击 特征 功能选项卡中的 🗐 按钮，在系统的提示下选取如图 8.93 所示的草图作为截面；在"切除 - 拉伸"对话框 方向 1(1) 区域的下拉列表中选择 完全贯穿，切除方向沿 Y 轴正方向；单击 ✓ 按钮，完成切除 - 拉伸的创建。

图 8.92 切除 - 拉伸 1

截面轮廓

图 8.93 截面轮廓

步骤 5：创建如图 8.94 所示的圆角 1。单击 特征 功能选项卡 🗇 下的 ▾ 按钮，选择 🗇 圆角 命令，在"圆角"对话框中选择"固定大小圆角" 🗇 类型，在系统的提示下选取如图 8.95 所示的边线作为圆角对象，在"圆角"对话框的 圆角参数 区域中的 🖉 文本框中输入圆角半径值 0.3，单击 ✓ 按钮，完成圆角的定义。

步骤 6：创建如图 8.96 所示的圆角 2。单击 特征 功能选项卡 🗇 下的 ▾ 按钮，选择 🗇 圆角 命令，在"圆角"对话框中选择"固定大小圆角" 🗇 类型，在系统的提示下选取如图 8.97 所示的边线作为圆角对象，在"圆角"对话框的 圆角参数 区域中的 🖉 文本框中输入圆角半径值 0.3，单击 ✓ 按钮，完成圆角的定义。

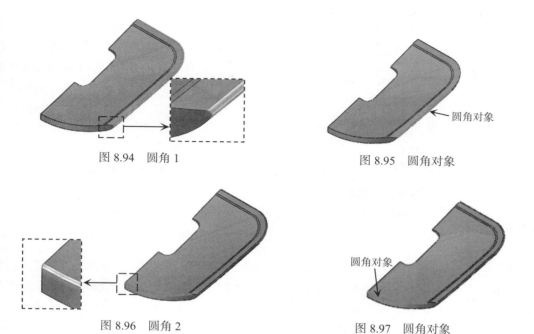

图 8.94　圆角 1　　　　　　　　　　　　　　图 8.95　圆角对象

图 8.96　圆角 2　　　　　　　　　　　　　　图 8.97　圆角对象

7. 创建鼠标右键

鼠标右键是在三级控件的基础上通过将左侧部分切除，然后抽壳得到，完成后如图 8.98 所示。

步骤 1：新建模型文件，选择"快速访问工具栏"中的 命令，在系统弹出的"新建 SOLIDWORKS 文件"对话框中选择"零件"，单击"确定"按钮进入零件建模环境。

步骤 2：关联复制引用三级级控件。选择下拉菜单 插入(I) → 零件(A)... 命令，在系统弹出的"打开"对话框中选择"三级控件"模型并打开；在"插入零件"对话框 转移(T) 区域选中 ☑实体(D) 、 ☑曲面实体(S) 与 ☑解除吸收的草图(U) 复选项，其他均取消选取；单击 ✓ 按钮完成三级控件的引入。

步骤 3：创建如图 8.99 所示的使用曲面切除 1。选择 曲面 功能选项卡下的 使用曲面切除 命令，选取如图 8.100 所示的曲面作为参考，单击 使方向沿 Z 轴正方向，单击"使用曲面切除"对话框中的 ✓ 按钮，完成使用曲面切除特征的创建。

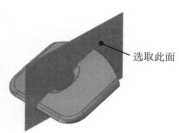

图 8.98　鼠标右键　　　　　图 8.99　使用曲面切除　　　　　图 8.100　曲面参考

步骤4：创建如图8.101所示的切除-拉伸1。单击 [特征] 功能选项卡中的 [圖] 按钮，在系统的提示下选取如图8.102所示的草图作为截面；在"切除-拉伸"对话框 [方向1(1)] 区域的下拉列表中选择 [完全贯穿]，切除方向沿Z轴正方向；单击 ✓ 按钮，完成切除-拉伸的创建。

截面轮廓

图 8.101　切除-拉伸1　　　　　　图 8.102　截面轮廓

步骤5：创建如图8.103所示的圆角1。单击 [特征] 功能选项卡 [圖] 下的 [▾] 按钮，选择 [圓角] 命令，在"圆角"对话框中选择"固定大小圆角" [圖] 类型，在系统的提示下选取如图8.104所示的边线作为圆角对象，在"圆角"对话框的 [圆角参数] 区域中的 [⋏] 文本框中输入圆角半径值0.3，单击 ✓ 按钮，完成圆角的定义。

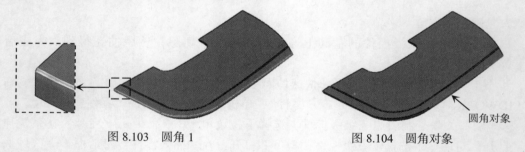

圆角对象

图 8.103　圆角1　　　　　　　　图 8.104　圆角对象

步骤6：创建如图8.105所示的圆角2。单击 [特征] 功能选项卡 [圖] 下的 [▾] 按钮，选择 [圓角] 命令，在"圆角"对话框中选择"固定大小圆角" [圖] 类型，在系统的提示下选取如图8.106所示的边线作为圆角对象，在"圆角"对话框的 [圆角参数] 区域中的 [⋏] 文本框中输入圆角半径值0.3，单击 ✓ 按钮，完成圆角的定义。

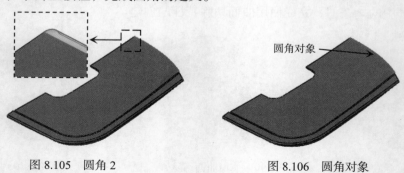

圆角对象

图 8.105　圆角2　　　　　　　　图 8.106　圆角对象

8. 创建鼠标装配

步骤 1：新建装配文件。选择"快速访问工具栏"中的 📄 命令，在"新建 SOLIDWORKS 文件"对话框中选择"装配体"模板，单击"确定"按钮进入装配环境。

步骤 2：装配鼠标底座零件。在打开的对话框中选择 D:\SOLIDWORKS 曲面设计 \work\ch08\ch08.03\ 中的鼠标底座，然后单击"打开"按钮。

步骤 3：定位零部件。直接单击"开始装配体"对话框中的 ✓ 按钮，即可把零部件固定到装配原点处（零件的 3 个默认基准面与装配体的 3 个默认基准面分别重合），如图 8.107 所示。

步骤 4：装配鼠标上盖零件。单击 装配体 功能选项卡 🔧 下的 ▾ 按钮，选择 🔩 插入零部件 命令，在打开的对话框中选择 D:\SOLIDWORKS 曲面设计 \work\ch08\ch08.03\ 中的鼠标上盖，然后单击"打开"按钮。

步骤 5：定位零部件。直接单击"插入零部件"对话框中的 ✓ 按钮，即可把零部件固定到装配原点处（零件的 3 个默认基准面与装配体的 3 个默认基准面分别重合），如图 8.108 所示。

图 8.107　鼠标底座　　　　　　　　图 8.108　鼠标上盖

步骤 6：装配鼠标左键零件。单击 装配体 功能选项卡 🔧 下的 ▾ 按钮，选择 🔩 插入零部件 命令，在打开的对话框中选择 D:\SOLIDWORKS 曲面设计 \work\ch08\ch08.03\ 中的鼠标左键，然后单击"打开"按钮。

步骤 7：定位零部件。直接单击"插入零部件"对话框中的 ✓ 按钮，即可把零部件固定到装配原点处（零件的 3 个默认基准面与装配体的 3 个默认基准面分别重合），如图 8.109 所示。

步骤 8：装配鼠标右键零件。单击 装配体 功能选项卡 🔧 下的 ▾ 按钮，选择 🔩 插入零部件 命令，在打开的对话框中选择 D:\SOLIDWORKS 曲面设计 \work\ch08\ch08.03\ 中的鼠标右键，然后单击"打开"按钮。

步骤 9：定位零部件。直接单击"插入零部件"对话框中的 ✓ 按钮，即可把零部件固定到装配原点处（零件的 3 个默认基准面与装配体的 3 个默认基准面分别重合），如图 8.110 所示。

步骤 10：装配鼠标滚轮零部件。

図 8.109　鼠标左键　　　　　　　　　　図 8.110　鼠标右键

（1）引入鼠标滚轮零部件。单击 装配体 功能选项卡 🔧 下的 · 按钮，选择 🔧插入零部件 命令，在打开的对话框中选择 D:\sw23\work\ch08.03 中的鼠标滚轮，然后单击"打开"按钮，在图形区合适的位置单击放置鼠标滚轮。

（2）定义重合配合。单击 装配体 功能选项卡中的 🔧 命令，系统会弹出"配合"对话框；分别选取鼠标滚轮零件的右视基准面与装配体的前视基准面作为配合面，单击"配合"对话框中的 ✓ 按钮，完成重合配合的添加，效果如图 8.111 所示。

（3）定义距离配合 01。选取鼠标滚轮零件的前视基准面与装配体的右视基准面作为配合面，激活 🔲，在文本框中输入间距值 41，单击"配合"对话框中的 ✓ 按钮，完成距离配合的添加，将模型调整至如图 8.112 所示。

（4）定义距离配合 02。选取鼠标滚轮零件的上视基准面与装配体的上视基准面作为配合面，激活 🔲，在文本框中输入间距值 18，单击"配合"对话框中的 ✓ 按钮，完成距离配合的添加，将模型调整至如图 8.113 所示。

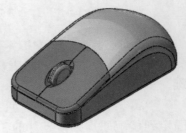

図 8.111　重合配合　　　　　図 8.112　距离配合 01　　　　　図 8.113　距离配合 02

| 第 9 章 | # SOLIDWORKS曲面设计
综合案例 |

9.1　曲面设计综合案例：电话座机

案例概述：

本案例将介绍电话座机的创建过程，电话座机产品由上盖、下盖、听筒键、上按键、下按键及电池盖组成，各零件之间的配合与关联性相对较强，因此采用自顶向下的设计方法完成此产品，在创建各零件时主要使用拉伸、旋转、放样、拔模、倒角、圆角、加强筋、基准、投影曲线、使用曲面切除等实体与曲面建模常用功能。该产品如图9.1所示。

（a）俯视方位

（b）左视方位

（c）后视方位

（d）轴侧方位

图 9.1　电话座机主机

1. 创建电话座机一级控件

一级控件主要用于控制电话座机整体形状，另外需要对电话座机的上下部分进行分割，完成后如图9.2所示。

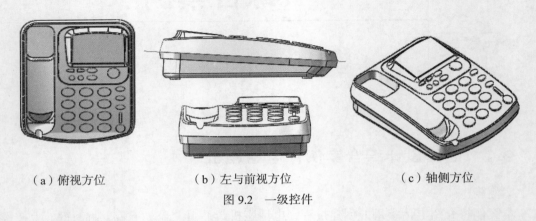

（a）俯视方位 　　　　　（b）左与前视方位 　　　　　（c）轴侧方位

图9.2　一级控件

步骤1：新建模型文件，选择"快速访问工具栏"中的 [□] 命令，在系统弹出的"新建SOLIDWORKS文件"对话框中选择"零件"，单击"确定"按钮进入零件建模环境。

步骤2：定义放样截面草图1。单击 草图 功能选项卡中的 [□ 草图绘制] 按钮，在系统的提示下，选取"上视基准面"作为草图平面，绘制如图9.3所示的草图。

步骤3：创建基准面1。单击 特征 功能选项卡 🛫 下的 · 按钮，选择 [▥ 基准面] 命令，选取"上视基准面"作为参考平面，在"基准面"对话框 🗠 文本框中输入间距值12，方向沿Y轴正方向。单击 ✓ 按钮，完成基准面的定义，如图9.4所示。

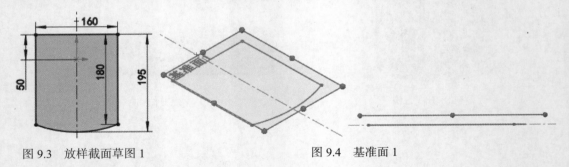

图9.3　放样截面草图1 　　　　　　　　　　图9.4　基准面1

步骤4：定义草图2。单击 草图 功能选项卡中的 [□ 草图绘制] 按钮，在系统的提示下，选取"基准面1"作为草图平面，绘制如图9.5所示的草图。

步骤5：创建基准面2。单击 特征 功能选项卡 🛫 下的 · 按钮，选择 [▥ 基准面] 命令，选取"基准面1"作为参考平面，在第一参考区域的 🗠 文本框中输入角度值3.5，选取步骤4创建的直线作为第二参考，在第二参考区域选中 🗘（重合）选项。单击 ✓ 按钮，完成基准面的定义，如图9.6所示。

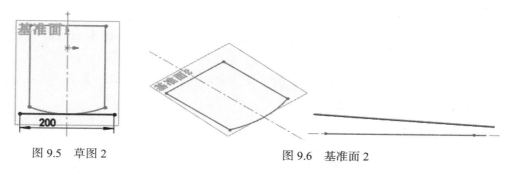

图 9.5　草图 2　　　　　　　　　图 9.6　基准面 2

步骤 6：定义放样截面草图 2。单击 草图 功能选项卡中的 ▭ 草图绘制 按钮，在系统的提示下，选取"基准面 2"作为草图平面，绘制如图 9.7 所示的草图。

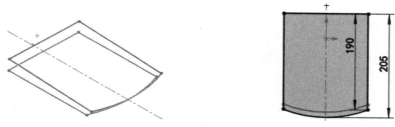

图 9.7　放样截面草图 2

步骤 7：创建如图 9.8 所示的放样特征。选择 特征 功能选项卡中的 🎣 放样凸台/基体 命令，在绘图区域依次选取步骤 2 创建的放样截面草图 1 与步骤 6 创建的放样截面草图 2 作为放样截面，单击"放样"对话框中的 ✔ 按钮，完成放样的创建。

步骤 8：创建如图 9.9 所示的圆角 1。单击 特征 功能选项卡 🧊 下的 ⋅ 按钮，选择 🍥 圆角 命令，在"圆角"对话框中选择 ⏣ 类型，在系统的提示下选取如图 9.10 所示的两条边线作为圆角对象，在"圆角"对话框的 圆角参数 区域中的 ⌕ 文本框中输入圆角半径值 20，单击 ✔ 按钮，完成圆角的定义。

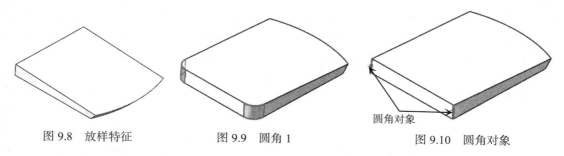

图 9.8　放样特征　　　　　图 9.9　圆角 1　　　　　图 9.10　圆角对象

步骤 9：创建如图 9.11 所示的圆角 2。单击 特征 功能选项卡 🌀 下的 ⋅ 按钮，选择 🍥 圆角 命令，在"圆角"对话框中选择 ⏣ 类型，在系统的提示下选取如图 9.12 所示的两条边线作为圆角对象，在"圆角"对话框的 圆角参数 区域中的 ⌕ 文本框中输入圆角半径值 10，

单击 ✔ 按钮，完成圆角的定义。

步骤 10：创建如图 9.13 所示的凸台 - 拉伸 1。单击 特征 功能选项卡中的 按钮，在系统的提示下选取如图 9.14 所示的模型表面作为草图平面，绘制如图 9.15 所示的截面草图；在"凸台 - 拉伸"对话框 方向1(1) 区域的下拉列表中选择 给定深度，输入深度值 8；单击 ✔ 按钮，完成凸台 - 拉伸 1 的创建。

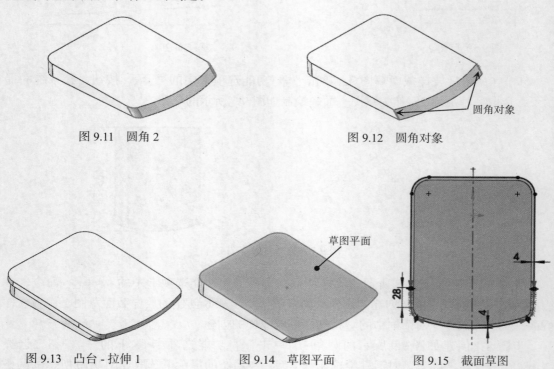

图 9.11 圆角 2　　图 9.12 圆角对象

图 9.13 凸台 - 拉伸 1　　图 9.14 草图平面　　图 9.15 截面草图

步骤 11：创建如图 9.16 所示的拔模特征。单击 特征 功能选项卡中的 拔模 按钮，在"拔模"对话框的 拔模类型(T) 区域中选中 ◉中性面(E) 单选项；在系统 设定要拔模的中性面和面。 的提示下选取如图 9.17 所示的面作为中性面；在拔模面区域的 拔模沿面延伸(A): 下拉列表中选择 沿切面 选项，在系统 设定要拔模的中性面和面。 的提示下选取如图 9.17 所示的面作为拔模面；在 拔模角度(G) 区域的 文本框中输入 10；单击"拔模"对话框中的 ✔ 按钮，完成拔模的创建。

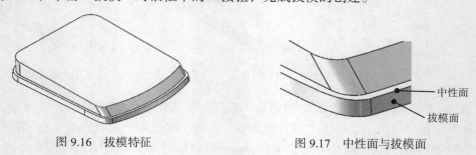

图 9.16 拔模特征　　图 9.17 中性面与拔模面

步骤12：创建如图9.18所示的拉伸曲面1。单击 曲面 功能选项卡中的 ⬦ 按钮，在系统的提示下选取"右视图基准面"作为草图平面，绘制如图9.19所示的截面草图；在"拉伸曲面"对话框 方向1(C) 区域的下拉列表中选择 两侧对称，输入深度值200；单击 ✓ 按钮，完成拉伸曲面1的创建。

图9.18　拉伸曲面1

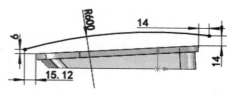

图9.19　截面草图

步骤13：创建如图9.20所示的投影草图。单击 草图 功能选项卡中的 ▭ 草图绘制 按钮，在系统的提示下，选取如图9.20所示的模型表面作为草图平面，绘制如图9.21所示的截面草图。

步骤14：创建如图9.22所示的投影曲线1。单击 特征 功能选项卡 ↺ 下的 ▾ 按钮，在系统弹出的快捷菜单中选择 ⬚ 投影曲线 命令，在 投影类型 区域选中 ◉ 面上草图(K) 类型，选取步骤13创建的草图作为投影的草图，选取步骤12创建的曲面作为投影面参考，单击 ✓ 按钮，完成投影曲线的创建。

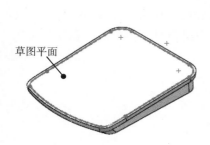

草图平面

图9.20　投影草图

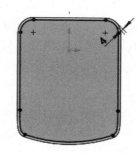

图9.21　截面草图

图9.22　投影曲线1

步骤15：创建如图9.23所示的剪裁曲面。选择 曲面 功能选项卡下的 ⬦ 剪裁曲面 命令，在 剪裁类型(T) 区域选中 ◉ 标准(D) 单选项，选取步骤14创建的投影曲线作为修剪工具，在"剪裁曲面"对话框 选择(S) 区域选中 ◉ 保留选择(K) 类型，选取如图9.24所示的面作为要保留的面，单击 ✓ 完成曲面的修剪。

步骤16：创建如图9.25所示的放样曲面。选择 曲面 功能选项卡下的 ▮ 命令，在系统的提示下，在图形区右击通过 SelectionManager (Q) 选取如图9.26所示的封闭边线作为第一截面，选取步骤14创建的投影曲线作为第二截面（选取时注意起始位置的一致性，如有不合适，则需要手动调整至一致状态），单击 ✓ 按钮，完成放样曲面的创建。

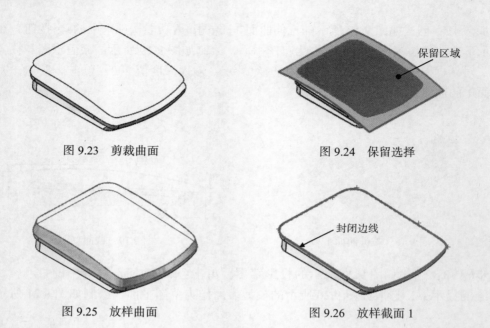

图 9.23 剪裁曲面　　　　　　　　　　图 9.24 保留选择

保留区域

图 9.25 放样曲面　　　　　　　　　　图 9.26 放样截面 1

封闭边线

步骤 17：创建如图 9.27 所示的曲面基准面。单击 曲面 功能选项卡中的 █平面区域 按钮，选取如图 9.28 所示的边界作为参考，单击 ✓ 按钮完成平面曲面的创建。

步骤 18：创建缝合曲面 1。单击 曲面 功能选项卡中的 🛱 按钮，选取所有曲面（共计 3 个）作为参考，选中 ☑创建实体(f) 复选项，单击 ✓ 按钮完成缝合曲面的创建。

步骤 19：创建如图 9.29 所示的组合 1。选择下拉菜单 插入(I) → 特征(F) → 🗗 组合(B)... 命令，在 操作类型(O) 区域选中 ◉添加(A) 单选项，在图形区选取两个实体作为组合对象，单击 ✓ 按钮完成组合的创建。

图 9.27 曲面基准面　　　　图 9.28 边界参考　　　　图 9.29 组合 1

边界参考

步骤 20：创建基准面 3。单击 特征 功能选项卡 🗐 下的 · 按钮，选择 🗐 基准面 命令，选取上视基准面作为参考平面，在"基准面"对话框 🗐 文本框中输入间距值 52，方向沿 Y 轴正方向。单击 ✓ 按钮，完成基准面的定义，如图 9.30 所示。

步骤 21：定义基准面定位草图。单击 草图 功能选项卡中的 └ 草图绘制 按钮，在系统的提示下，选取"基准面 3"作为草图平面，绘制如图 9.31 所示的草图。

图 9.30　基准面 3

步骤 22：创建基准面 4。单击 特征 功能选项卡 📦 下的 ▾ 按钮，选择 📄 基准面 命令，选取"基准面 3"作为参考平面，在第一参考区域的 📐 文本框中输入角度值 7，选取步骤 21 创建的直线作为第二参考，在第二参考区域选中 人 选项。单击 ✓ 按钮，完成基准面的定义，如图 9.32 所示。

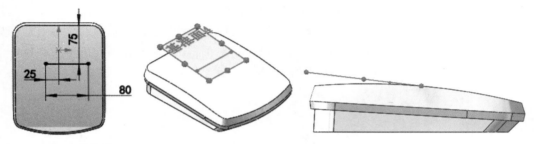

图 9.31　基准面定位草图　　　　　　　　图 9.32　基准面 4

步骤 23：创建如图 9.33 所示的凸台 - 拉伸 2。单击 特征 功能选项卡中的 📦 按钮，在系统的提示下选取"基准面 4"作为草图平面，绘制如图 9.34 所示的截面草图；在"凸台 - 拉伸"对话框 方向1(1) 区域的下拉列表中选择 成形到下一面，方向朝向实体；单击 ✓ 按钮，完成凸台 - 拉伸 2 的创建。

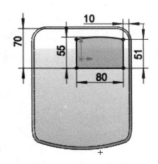

图 9.33　凸台 - 拉伸 2　　　　　　　　图 9.34　截面草图

步骤 24：创建如图 9.35 所示的切除 - 拉伸薄壁 1。单击 特征 功能选项卡中的 📦 按钮，在系统的提示下选取"基准面 4"作为草图平面，绘制如图 9.36 所示的截面草图；在"切除-拉伸"对话框 方向1(1) 区域的下拉列表中选择 到离指定面指定的距离 ，选取如图 9.35 所示的模型表面作为参考，在等距距离文本框中输入 2；选中薄壁特征复选区域，将薄壁类型设置为 两侧对称 ，厚度值为 1，单击 ✓ 按钮，完成切除-拉伸薄壁的创建。

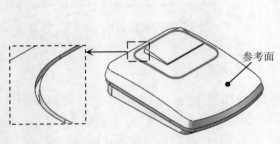

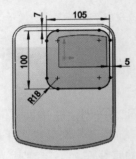

图 9.35　切除-拉伸薄壁 1　　　　　图 9.36　截面草图

　　步骤 25：创建如图 9.37 所示的圆角 3。单击 特征 功能选项卡 ⬦ 下的 · 按钮，选择 ⬡ 圆角 命令，在"圆角"对话框中选择"固定大小圆角" ⬡ 类型，在系统的提示下选取如图 9.38 所示的两条边线作为圆角对象，在"圆角"对话框的 圆角参数 区域中的 ⬦ 文本框中输入圆角半径值 1，单击 ✓ 按钮，完成圆角的定义。

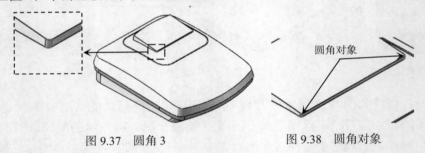

图 9.37　圆角 3　　　　　　　　　图 9.38　圆角对象

　　步骤 26：创建如图 9.39 所示的圆角 4。单击 特征 功能选项卡 ⬦ 下的 · 按钮，选择 ⬡ 圆角 命令，在"圆角"对话框中选择"固定大小圆角" ⬡ 类型，在系统的提示下选取如图 9.40 所示的两条边线作为圆角对象，在"圆角"对话框的 圆角参数 区域中的 ⬦ 文本框中输入圆角半径值 5，单击 ✓ 按钮，完成圆角的定义。

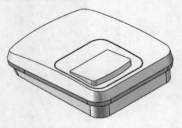

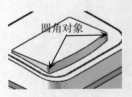

图 9.39　圆角 4　　　　　　　　　图 9.40　圆角对象

步骤27：创建如图 9.41 所示的圆角 5。单击 特征 功能选项卡 🔲 下的 · 按钮，选择 ◎ 圆角 命令，在"圆角"对话框中选择"固定大小圆角" 🔲 类型，在系统的提示下选取如图 9.42 所示的边线作为圆角对象，在"圆角"对话框的 圆角参数 区域中的 📐 文本框中输入圆角半径值 10，单击 ✓ 按钮，完成圆角的定义。

图 9.41　圆角 5

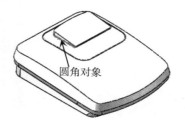

图 9.42　圆角对象

步骤28：创建如图 9.43 所示的圆角 6。单击 特征 功能选项卡 🔲 下的 · 按钮，选择 ◎ 圆角 命令，在"圆角"对话框中选择 🔲 类型，在系统的提示下选取如图 9.44 所示的边线作为圆角对象，在"圆角"对话框的 圆角参数 区域中的 📐 文本框中输入圆角半径值 1.5，单击 ✓ 按钮，完成圆角的定义。

图 9.43　圆角 6

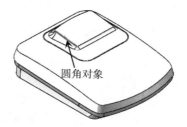

图 9.44　圆角对象

步骤29：创建基准面 5。单击 特征 功能选项卡 📄 下的 · 按钮，选择 🔲 基准面 命令，选取"上视基准面"作为参考平面，在"基准面"对话框 🔲 文本框中输入间距值 70，方向沿 Y 轴正方向。单击 ✓ 按钮，完成基准面的定义，如图 9.45 所示。

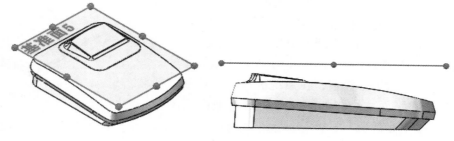

图 9.45　基准面 5

步骤30：创建如图9.46所示的凸台 - 拉伸3。单击 特征 功能选项卡中的 ⬚ 按钮，在系统的提示下选取"基准面5"作为草图平面，绘制如图9.47所示的截面草图；在"凸台 - 拉伸"对话框 方向1(1) 区域的下拉列表中选择 成形到下一面 ，方向朝向实体，取消选中 □合并结果(M) 复选框；单击 ✔ 按钮，完成凸台 - 拉伸3的创建。

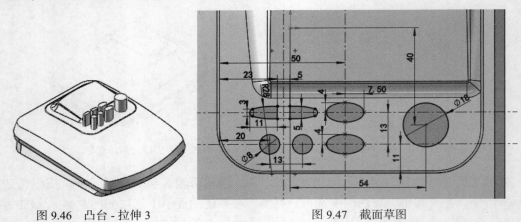

图9.46　凸台 - 拉伸3　　　　　　　　　图9.47　截面草图

步骤31：创建如图9.48所示的等距曲面1。选择 曲面 功能选项卡下的 ⬚ 等距曲面 命令，选取如图9.49所示的模型表面作为要等距的面，在"等距曲面"对话框"等距距离"文本框中输入2，等距方向向外，单击 ✔ 完成曲面的创建。

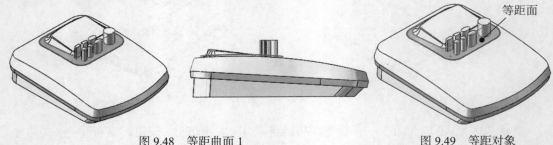

图9.48　等距曲面1　　　　　　　　　　图9.49　等距对象

步骤32：创建如图9.50所示的使用曲面切除1。选择 曲面 功能选项卡下的 ⬚ 使用曲面切除 命令，选取步骤31创建的等距曲面作为参考，单击 ⬚ 使方向向外，单击"使用曲面切除"对话框中的 ✔ 按钮，完成使用曲面切除特征的创建。

步骤33：创建如图9.51所示的凸台 - 拉伸4。单击 特征 功能选项卡中的 ⬚ 按钮，在系统的提示下选取"基准面5"作为草图平面，绘制如图9.52所示的截面草图；在"凸台 - 拉伸"对话框 方向1(1) 区域的下拉列表中选择 成形到下一面 ，方向朝向实体，取消选中 □合并结果(M) 复选框；单击 ✔ 按钮，完成凸台 - 拉伸4的创建。

图9.50　使用曲面切除1

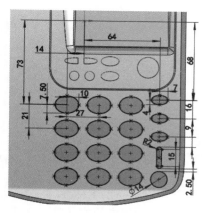

图 9.51　凸台 - 拉伸 4

图 9.52　截面草图

步骤 34：创建如图 9.53 所示的等距曲面 2。选择 曲面 功能选项卡下的 等距曲面 命令，选取如图 9.54 所示的模型表面作为要等距的面，在"等距曲面"对话框"等距距离"文本框中输入 2，等距方向向外，单击 ✓ 完成曲面的创建。

图 9.53　等距曲面 2

图 9.54　等距对象

步骤 35：创建如图 9.55 所示的使用曲面切除 2。选择 曲面 功能选项卡下的 使用曲面切除 命令，选取步骤 34 创建的等距曲面作为参考，单击 使方向向外，单击"使用曲面切除"对话框中的 ✓ 按钮，完成使用曲面切除特征的创建。

步骤 36：创建基准面 6。单击 特征 功能选项卡 下的 按钮，选择 基准面 命令，选取"上视基准面"作为参考平面，在"基准面"对话框 文本框中输入间距值 35，方向沿 Y 轴正方向。单击 ✓ 按钮，完成基准面的定义，如图 9.56 所示。

图 9.55　使用曲面切除 2

步骤 37：创建放样截面 1。单击 草图 功能选项卡中的 草图绘制 按钮，在系统的提示下，选取"基准面 6"作为草图平面，绘制如图 9.57 所示的草图。

步骤 38：创建基准面 7。单击 特征 功能选项卡 下的 按钮，选择 基准面 命令，选取"上视基准面"作为参考平面，在"基准面"对话框 文本框中输入间距值 53，方向沿 Y 轴正方向。单击 ✓ 按钮，完成基准面的定义，如图 9.58 所示。

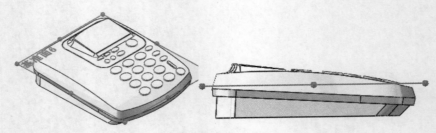

图 9.56　基准面 6

步骤 39：创建放样截面 2。单击 草图 功能选项卡中的 ⌐ 草图绘制 按钮，在系统的提示下，选取"基准面 7"作为草图平面，绘制如图 9.59 所示的草图。

步骤 40：创建如图 9.60 所示的放样切除 1。单击 特征 功能选项卡中的 🔲 放样切割 按钮，在绘图区域依次选取步骤 37 创建的放样截面 1 与步骤 39 创建的放样截面 2，单击"放样切除"对话框中的 ✓ 按钮，完成放样切除的创建。

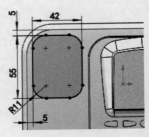

图 9.57　放样截面 1

步骤 41：创建如图 9.61 所示的拉伸曲面 2。单击 曲面 功能选项卡中的 ◈ 按钮，在系统的提示下选取"基准面 5"作为草图平面，绘制如图 9.62 所示的截面草图；在"拉伸曲面"对话框 方向1(1) 区域的下拉列表中选择 给定深度，输入深度值 65，深度方向沿 Y 轴负方向；单击 ✓ 按钮，完成拉伸曲面 2 的创建。

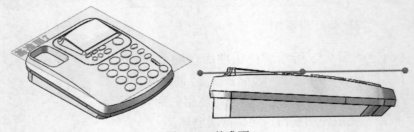

图 9.58　基准面 7

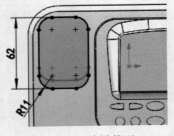

图 9.59　放样截面 2

图 9.60　放样切除 1

图 9.61　拉伸曲面 2

图 9.62　截面草图

步骤 42：创建投影草图 2。单击 草图 功能选项卡中的 草图绘制 按钮，在系统的提示下，选取"基准面 5"作为草图平面，绘制如图 9.63 所示的草图。

图 9.63　投影草图 2

步骤 43：创建如图 9.64 所示的投影曲线 2。单击 特征 功能选项卡 ↻ 下的 · 按钮，在系统弹出的快捷菜单中选择 投影曲线 命令，在 投影类型 区域选中 ⊙面上草图(K) 类型，选取步骤 42 创建的草图作为投影的草图，选取如图 9.64 所示的曲面作为投影面参考，单击 ✓ 按钮，完成投影曲线的创建。

步骤 44：创建投影草图 3。单击 草图 功能选项卡中的 草图绘制 按钮，在系统的提示下，选取"基准面 5"作为草图平面，绘制如图 9.65 所示的草图。

图 9.64　投影曲线 2

图 9.65　投影草图 3

步骤45：创建如图9.66所示的投影曲线3。单击 特征 功能选项卡 ↺ 下的 · 按钮，在系统弹出的快捷菜单中选择 📖 投影曲线 命令，在 投影类型 区域选中 ◉面上草图(K) 类型，选取步骤44创建的草图作为投影的草图，选取如图9.66所示的曲面作为投影面参考，单击 ✔ 按钮，完成投影曲线的创建。

步骤46：创建如图9.67所示的基准面8。单击 特征 功能选项卡 📖 下的 · 按钮，选择 📖 基准面 命令，选取如图9.68所示的直线1与直线2作为参考。单击 ✔ 按钮，完成基准面的定义。

图9.66 投影曲线3 　　　　图9.67 基准面8 　　　　图9.68 基准参考

步骤47：创建曲面放样截面1。单击 草图 功能选项卡中的 🖊 草图绘制 按钮，在系统的提示下，选取"基准面8"作为草图平面，绘制如图9.69所示的截面草图。

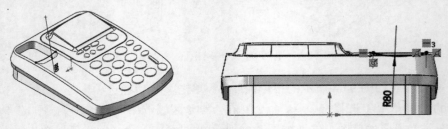

图9.69 曲面放样截面草图1

步骤48：创建如图9.70所示的基准面9。单击 特征 功能选项卡 📖 下的 · 按钮，选择 📖 基准面 命令，选取如图9.71所示的直线1与直线2作为参考。单击 ✔ 按钮，完成基准面的定义。

图9.70 基准面9 　　　　　　　图9.71 基准参考

步骤49：创建曲面放样截面2。单击 草图 功能选项卡中的 草图绘制 按钮，在系统的提示下，选取"基准面9"作为草图平面，绘制如图9.72所示的草图。

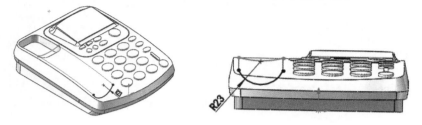

图9.72　曲面放样截面草图2

步骤50：创建如图9.73所示的放样曲面2。选择 曲面 功能选项卡下的 命令，在系统的提示下，选取步骤47创建的曲面放样截面1与步骤49创建的曲面放样截面2，激活 引导线(G) 的文本框，选取步骤43创建的投影曲线2与步骤45创建的投影曲线3，单击 按钮，完成放样曲面的创建。

图9.73　放样曲面2

步骤51：创建如图9.74所示的拉伸曲面3。单击 曲面 功能选项卡中的 按钮，在系统的提示下选取"右视基准面"作为草图平面，绘制如图9.75所示的截面草图；在"拉伸曲面"对话框 方向1(D) 区域的下拉列表中选择 给定深度 ，输入深度值108，深度方向沿 X 轴负方向；单击 按钮，完成拉伸曲面3的创建。

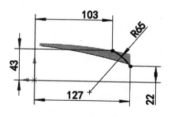

图9.74　拉伸曲面3　　　　　　　　图9.75　截面草图

步骤52：创建投影草图4。单击 草图 功能选项卡中的 草图绘制 按钮，在系统的提示下，选取"基准面5"作为草图平面，绘制如图9.76所示的投影草图。

图 9.76　投影草图 4

步骤 53：创建如图 9.77 所示的投影曲线 4。单击 特征 功能选项卡 ⟲ 下的 · 按钮，在系统弹出的快捷菜单中选择 ⬚ 投影曲线 命令，在 投影类型 区域选中 ◉ 面上草图(K) 类型，选取步骤 52 创建的草图作为投影的草图，选取如图 9.77 所示的曲面作为投影面参考，单击 ✔ 按钮，完成投影曲线的创建。

步骤 54：创建如图 9.78 所示的放样曲面 3。选择 曲面 功能选项卡下的 🔔 命令，在系统的提示下，选取如图 9.79 所示的截面 1 与截面 2（选取后需要确认截面方向一致），在 开始/结束约束(C) 区域的 开始约束(S): 的下拉列表中选择 与面相切 选项，单击 ✔ 按钮，完成放样曲面的创建。

图 9.77　投影曲线 4　　　　　　图 9.78　放样曲面 3　　　　　图 9.79　放样截面

步骤 55：创建如图 9.80 所示的扫描曲面。单击 曲面 功能选项卡中的 🖋 按钮，在"扫描曲面"对话框的 轮廓和路径(P) 区域选中 ◉ 草图轮廓 单选项，在系统的提示下选取如图 9.81 所示的边线 1 作为扫描截面，选取如图 9.81 所示的边线 2 作为扫描路径，单击 ✔ 按钮完成扫描曲面的创建。

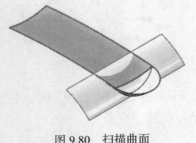
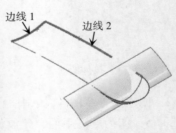

图 9.80　扫描曲面　　　　　　　　　图 9.81　扫描截面与路径

步骤 56：创建如图 9.82 所示的剪裁曲面 2。选择 曲面 功能选项卡下的 ✎ 剪裁曲面 命令，在 剪裁类型(T) 区域选中 ◉ 标准(D) 单选项，选取步骤 51 创建的拉伸曲面 3 作为修剪工具，在"剪裁曲面"对话框 选择(S) 区域选中 ◉ 保留选择(K) 类型，选取如图 9.83 所示的面作为要保留的面，单击 ✔ 完成曲面的修剪。

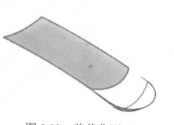

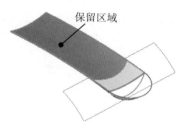

保留区域

图 9.82　剪裁曲面 2　　　　　图 9.83　保留选择

步骤 57：创建如图 9.84 所示的剪裁曲面 3。选择 曲面 功能选项卡下的 ✎ 剪裁曲面 命令，在 剪裁类型(T) 区域选中 ◉ 相互(M) 单选项，选取步骤 51 创建的拉伸曲面 3 与步骤 50 创建的放样曲面 2 作为参考，在"剪裁曲面"对话框 选择(S) 区域选中 ◉ 保留选择(K) 类型，选取如图 9.85 所示的面作为要保留的面，单击 ✔ 完成曲面的修剪。

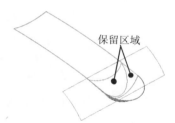

保留区域

图 9.84　剪裁曲面 3　　　　　图 9.85　保留选择

步骤 58：创建如图 9.86 所示的剪裁曲面 4。选择 曲面 功能选项卡下的 ✎ 剪裁曲面 命令，在 剪裁类型(T) 区域选中 ◉ 标准(D) 单选项，选取如图 9.87 所示的面作为修剪工具，在"剪裁曲面"对话框 选择(S) 区域选中 ◉ 保留选择(K) 类型，选取如图 9.88 所示的面作为要保留的面，单击 ✔ 完成曲面的修剪。

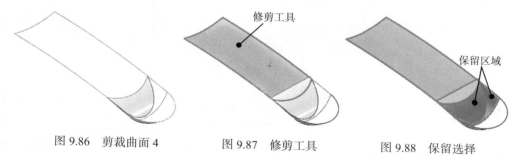

修剪工具　　　　　　　　　保留区域

图 9.86　剪裁曲面 4　　　图 9.87　修剪工具　　　图 9.88　保留选择

步骤59：创建缝合曲面2。单击曲面功能选项卡中的 按钮，选取如图9.89所示的面（共计3个）作为参考，单击✓按钮完成缝合曲面的创建。

步骤60：创建如图9.90所示的剪裁曲面5。选择曲面功能选项卡下的 剪裁曲面命令，在剪裁类型(T)区域选中 ◉标准(D)单选项，选取步骤59创建的缝合曲面作为修剪工具，在"剪裁曲面"对话框选择(S)区域选中 ◉保留选择(K)类型，选取如图9.91所示的面作为要保留的面，单击✓完成曲面的修剪。

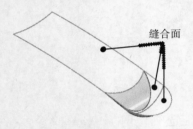

图9.89 缝合曲面2

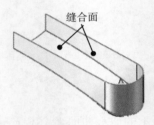

图9.90 剪裁曲面5

图9.91 保留选择

步骤61：创建缝合曲面3。单击曲面功能选项卡中的 按钮，选取如图9.90所示的面（共计2个）作为参考，单击✓按钮完成缝合曲面的创建。

步骤62：创建如图9.92所示的使用曲面切除1。选择曲面功能选项卡下的 使用曲面切除命令，选取步骤61创建的缝合曲面作为参考，单击 使方向向上，单击"使用曲面切除"对话框中的✓按钮，完成使用曲面切除特征的创建。

图9.92 使用曲面切除1

步骤63：创建基准面10。单击特征功能选项卡 下的 按钮，选择 基准面命令，选取基准面8作为参考平面，在"基准面"对话框 文本框中输入间距值140，方向沿 Z 轴正方向。单击✓按钮，完成基准面的定义，如图9.93所示。

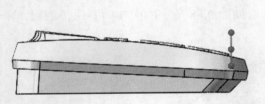

图9.93 基准面10

步骤64：创建如图9.94所示的切除-拉伸。单击特征功能选项卡中的 按钮，在系统的提示下选取基准面10作为草图平面，绘制如图9.95所示的截面草图；在"切除-拉伸"对话框方向1(1)区域的下拉列表中选择两侧对称，输入深度值30；单击✓按钮，完成切除-拉伸的创建。

图 9.94　切除 - 拉伸

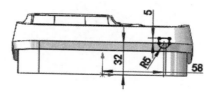

图 9.95　截面草图

步骤 65：创建如图 9.96 所示的圆角 7。单击 特征 功能选项卡 ⬡ 下的 · 按钮，选择 ⬢ 圆角 命令，在"圆角"对话框中选择"固定大小圆角" ⬚ 类型，在系统的提示下选取如图 9.97 所示的边线作为圆角对象，在"圆角"对话框的 圆角参数 区域中的 ⬠ 文本框中输入圆角半径值 5，单击 ✔ 按钮，完成圆角的定义。

图 9.96　圆角 7

图 9.97　圆角对象

步骤 66：创建如图 9.98 所示的圆角 8。单击 特征 功能选项卡 ⬡ 下的 · 按钮，选择 ⬢ 圆角 命令，在"圆角"对话框中选择"固定大小圆角" ⬚ 类型，在系统的提示下选取如图 9.99 所示的边线作为圆角对象，取消选中 □切线延伸(G) 复选项，在"圆角"对话框的 圆角参数 区域中的 ⬠ 文本框中输入圆角半径值 2，单击 ✔ 按钮，完成圆角的定义。

图 9.98　圆角 8

图 9.99　圆角对象

步骤 67：创建如图 9.100 所示的圆角 9。单击 特征 功能选项卡 ⬡ 下的 · 按钮，选择 ⬢ 圆角 命令，在"圆角"对话框中选择"固定大小圆角" ⬚ 类型，在系统的提示下选取如图 9.101 所示的边线作为圆角对象，取消选中 □切线延伸(G) 复选项，在"圆角"对话框的 圆角参数 区域中的 ⬠ 文本框中输入圆角半径值 1，单击 ✔ 按钮，完成圆角的定义。

图 9.100　圆角 9

图 9.101　圆角对象

　　步骤 68：创建如图 9.102 所示的凸台 - 拉伸 5。单击 特征 功能选项卡中的 🔘 按钮，在系统的提示下选取如图 9.102 所示的模型表面作为草图平面，绘制如图 9.103 所示的截面草图；在"凸台 - 拉伸"对话框 方向 1(1) 区域的下拉列表中选择 给定深度 ，输入深度值 2；单击 ✓ 按钮，完成凸台 - 拉伸 5 的创建。

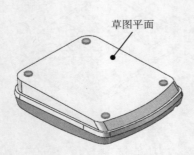

图 9.102　凸台 - 拉伸 5

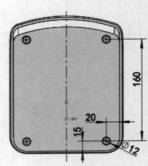

图 9.103　截面草图

　　步骤 69：创建如图 9.104 所示的圆角 10。单击 特征 功能选项卡 🔲 下的 · 按钮，选择 🔘 圆角 命令，在"圆角"对话框中选择"固定大小圆角" 🔘 类型，在系统的提示下选取如图 9.105 所示的边线作为圆角对象，在"圆角"对话框的 圆角参数 区域中的 ╲ 文本框中输入圆角半径值 2，单击 ✓ 按钮，完成圆角的定义。

图 9.104　圆角 10

图 9.105　圆角对象

　　步骤 70：创建如图 9.106 所示的圆角 11。单击 特征 功能选项卡 🔲 下的 · 按钮，选择 🔘 圆角 命令，在"圆角"对话框中选择 🔘 类型，在系统的提示下选取如图 9.107 所示的边

线作为圆角对象，在"圆角"对话框的 圆角参数 区域中的 ⏉ 文本框中输入圆角半径值 5，单击
✅ 按钮，完成圆角的定义。

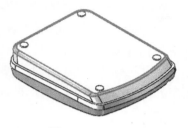

图 9.106　圆角 11

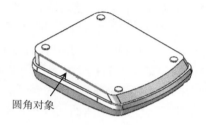

圆角对象

图 9.107　圆角对象

步骤 71：创建如图 9.108 所示的拉伸曲面 4。单击 曲面 功能选项卡中的 ⬦ 按钮，在系统的提示下选取"右视基准面"作为草图平面，绘制如图 9.109 所示的截面草图；在"拉伸曲面"对话框 方向 1(1) 区域的下拉列表中选择 两侧对称，输入深度值 240；单击 ✅ 按钮，完成拉伸曲面 4 的创建。

图 9.108　拉伸曲面 4

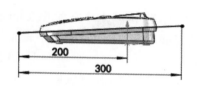

图 9.109　截面草图

步骤 72：创建组合 1。选择下拉菜单 插入(I) → 特征(F) → 🔲 组合(B)... 命令，在 操作类型(O) 区域选中 ◉ 添加(A) 单选项，在图形区选取所有实体作为组合对象，单击 ✅ 按钮完成组合的创建。

2. 创建电话座机二级控件

二级控件是在一级控件的基础上将下半部分的下盖与电池盖分隔开，完成后如图 9.110 所示。

▶ 11min

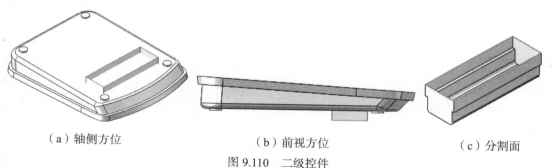

（a）轴侧方位　　　　　　（b）前视方位　　　　　　（c）分割面

图 9.110　二级控件

步骤1：新建模型文件，选择"快速访问工具栏"中的 🗋▾ 命令，在系统弹出的"新建 SOLIDWORKS 文件"对话框中选择"零件"，单击"确定"按钮进入零件建模环境。

步骤2：关联复制引用一级控件。选择下拉菜单 插入⑪ → 🔗 零件(A)... 命令，在系统弹出的"打开"对话框中选择"一级控件"模型并打开；在"插入零件"对话框 转移(T) 区域选中 ☑实体(D) 与 ☑曲面实体(S) 复选项，其他均取消选取；单击 ✓ 按钮完成一级控件的引入。

步骤3：创建如图9.111所示的使用曲面切除1。选择 曲面 功能选项卡下的 🗂 使用曲面切除 命令，选取如图9.112所示的曲面作为参考，单击 ↗ 使方向向上，单击"使用曲面切除"对话框中的 ✓ 按钮，完成使用曲面切除特征的创建。

选取此面

图9.111　使用曲面切除1　　　　　图9.112　曲面参考

步骤4：创建如图9.113所示的拉伸曲面1。单击 曲面 功能选项卡中的 🗂 按钮，在系统的提示下选取如图9.113所示的模型表面作为草图平面，绘制如图9.114所示的截面草图；在"拉伸曲面"对话框 方向 1(1) 区域的下拉列表中选择 给定深度，输入深度值10，深度方向沿 Y 轴负方向，选中 ☑ 方向 2(2) 复选区域，在 ☑ 方向 2(2) 区域的下拉列表中选择 给定深度，输入深度值2；单击 ✓ 按钮，完成拉伸曲面1的创建。

▶ 14min

草图平面

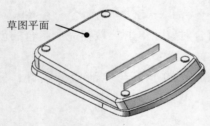

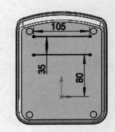

图9.113　拉伸曲面1　　　　　图9.114　截面草图

步骤5：创建如图9.115所示的拉伸曲面2。单击 曲面 功能选项卡中的 🗂 按钮，在系统的提示下选取"右视基准面"作为草图平面，绘制如图9.116所示的截面草图；在"拉伸曲面"对话框 方向 1(1) 区域的下拉列表中选择 两侧对称，输入深度值105；单击 ✓ 按钮，完成拉伸曲面2的创建。

步骤6：创建如图9.117所示的基准面1。单击 特征 功能选项卡 🗂 下的 ▾ 按钮，选择 📄 基准面 命令，选取如图9.118所示的直线1与直线2作为参考。单击 ✓ 按钮，完成基准面的定义。

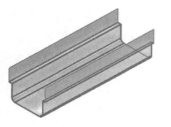

图 9.115 拉伸曲面 2

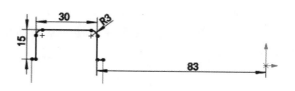

图 9.116 截面草图

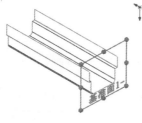

图 9.117 基准面 1

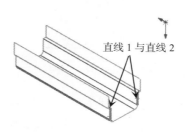

直线 1 与直线 2

图 9.118 基准参考

步骤 7：创建曲面基准面草图 1。单击 草图 功能选项卡中的 □ 草图绘制 按钮，在系统的提示下，选取"基准面 1"作为草图平面，绘制如图 9.119 所示的草图。

步骤 8：创建如图 9.120 所示的曲面基准面 1。单击 曲面 功能选项卡中的 ▦ 平面区域 按钮，选取步骤 7 创建的草图作为参考，单击 ✔ 按钮完成平面曲面的创建。

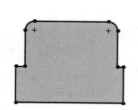

图 9.119 曲面基准面草图 1

图 9.120 曲面基准面 1

步骤 9：创建如图 9.121 所示的基准面 2。单击 特征 功能选项卡 ▮ 下的 ▾ 按钮，选择 ▮ 基准面 命令，选取如图 9.122 所示的直线 1 与直线 2 作为参考。单击 ✔ 按钮，完成基准面的定义。

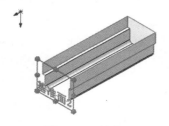

图 9.121 基准面 2

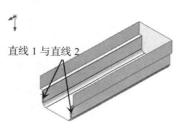

直线 1 与直线 2

图 9.122 基准参考

步骤 10：创建曲面基准面草图 2。单击 草图 功能选项卡中的 草图绘制 按钮，在系统的提示下，选取"基准面 2"作为草图平面，绘制如图 9.123 所示的草图。

步骤 11：创建如图 9.124 所示的曲面基准面 2。单击 曲面 功能选项卡中的 平面区域 按钮，选取步骤 10 创建的草图作为参考，单击 ✓ 按钮完成平面曲面的创建。

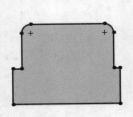

图 9.123　曲面基准面草图 2

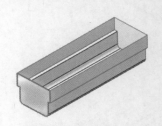

图 9.124　曲面基准面 2

步骤 12：创建缝合曲面 1。单击 曲面 功能选项卡中的 按钮，选取拉伸曲面 1、拉伸曲面 2、曲面基准面 1 与曲面基准面 2 作为参考，单击 ✓ 按钮完成缝合曲面的创建。

3. 创建电话座机上盖零件

电话座机上盖是在一级控件的基础上创建的，通过拉伸、基准面、镜像与阵列等特征创建，完成后如图 9.125 所示。

步骤 1：新建模型文件，选择"快速访问工具栏"中的 命令，在系统弹出的"新建 SOLIDWORKS 文件"对话框中选择"零件"，单击"确定"按钮进入零件建模环境。

（a）轴侧方位 1

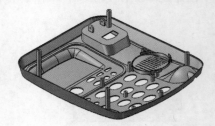

（b）轴侧方位 2

图 9.125　上盖零件

步骤 2：关联复制引用一级控件。选择下拉菜单 插入(I) → 零件(A)... 命令，在系统弹出的"打开"对话框中选择"一级控件"模型并打开；在"插入零件"对话框 转移(T) 区域选中 ☑实体(D) 与 ☑曲面实体(S) 复选项，其他均取消选取；单击 ✓ 按钮完成一级控件的引入。

步骤 3：创建如图 9.126 所示的使用曲面切除 1。选择 曲面 功能选项卡下的 使用曲面切除 命令，选取如图 9.127 所示的曲面作为参考，单击 使方向向下，单击"使用曲面切除"对话框中的 ✓ 按钮，完成使用曲面切除特征的创建。

步骤 4：创建等距曲面 1。选择 曲面 功能选项卡下的 等距曲面 命令，选取如图 9.128 所示的按键表面作为要等距的面，在"等距曲面"对话框"等距距离"文本框中输入 0，单击完成曲面的创建（复制曲面的目的是为后期切除按键槽提供参考）。

步骤5：创建基准面1。单击 特征 功能选项卡 ▥ 下的 · 按钮，选择 ▥ 基准面 命令，选取"上视基准面"作为参考平面，在"基准面"对话框 ▥ 文本框中输入间距值100，方向沿 Y 轴正方向。单击 ✓ 按钮，完成基准面的定义，如图9.129所示。

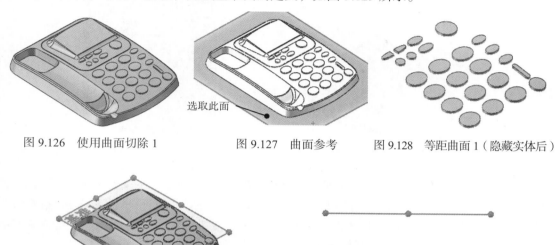

图 9.126　使用曲面切除 1　　　　图 9.127　曲面参考　　　　图 9.128　等距曲面 1（隐藏实体后）

选取此面

图 9.129　基准面 1

步骤6：创建如图9.130所示的切除-拉伸1。单击 特征 功能选项卡中的 ▥ 按钮，在系统的提示下选取基准面1作为草图平面，绘制如图9.131所示的截面草图；在"切除-拉伸"对话框 方向1(1) 区域的下拉列表中选择 成形到面，选取如图9.130所示的面作为参考面；单击 ✓ 按钮，完成切除-拉伸的创建。

选取此面

图 9.130　切除 - 拉伸 1

图 9.131　截面草图

步骤7：创建如图9.132所示的切除-拉伸2。单击 特征 功能选项卡中的 ▥ 按钮，在系统的提示下选取基准面1作为草图平面，绘制如图9.133所示的截面草图；在"切除-拉伸"对话框 方向1(C) 区域的下拉列表中选择 成形到面，选取如图 9.132 所示的面作为参考面；单击 ✓ 按钮，完成切除 - 拉伸的创建。

选取此面

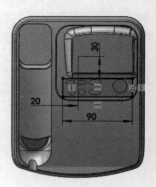

图 9.132　切除 - 拉伸 2　　　　　　　图 9.133　截面草图

步骤 8：创建如图 9.134 所示的抽壳。单击 特征 功能选项卡中的 抽壳 按钮，系统会弹出"抽壳"对话框，选取如图 9.135 所示的移除面，在"抽壳"对话框的 参数(P) 区域的"厚度" 文本框中输入 1，在"抽壳"对话框中单击 ✓ 按钮，完成抽壳的创建，如图 9.134 所示。

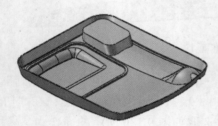

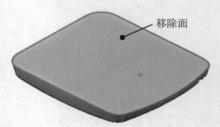

移除面

图 9.134　抽壳　　　　　　　　　　图 9.135　移除面

步骤 9：创建如图 9.136 所示的拉伸薄壁 1。单击 特征 功能选项卡中的 按钮，在系统的提示下选取"上视基准面"作为草图平面，绘制如图 9.137 所示的截面草图；在"凸台 - 拉伸"对话框 方向1(C) 区域的下拉列表中选择 成形到下一面，方向朝向实体，选中 ☑ 薄壁特征(T) 区域，在 ☑ 薄壁特征(T) 区域的下拉列表中选择 单向，单击 ↗ 使方向向内，在厚度文本框中输入厚度值 1.5；单击 ✓ 按钮，完成拉伸薄壁 1 的创建。

步骤 10：创建如图 9.138 所示的拉伸薄壁 2。单击 特征 功能选项卡中的 按钮，在系统的提示下选取"上视基准面"作为草图平面，绘制如图 9.139 所示的截面草图；在"凸台 - 拉伸"对话框 从(F) 区域的下拉列表中选择 等距，输入等距值 7，方向朝向实体，在 方向1(C) 区域的下拉列表中选择 成形到下一面，方向朝向实体，选中 薄壁特征(T) 区域，在 ☑ 薄壁特征(T) 区域的下拉列表中选择 单向，单击 ↗ 使方向向内，在厚度文本框中输入厚度值 1.5；单击 ✓ 按钮，完成拉伸薄壁 2 的创建。

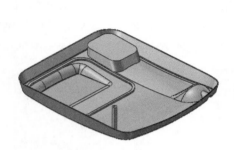

图 9.136　拉伸薄壁 1

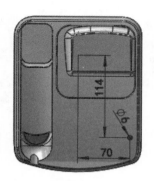

图 9.137　截面草图

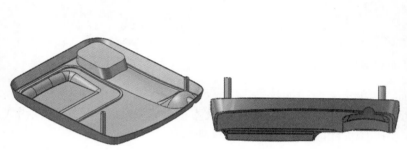

图 9.138　拉伸薄壁 2

图 9.139　截面草图

步骤 11：创建如图 9.140 所示的拉伸薄壁 3。单击 特征 功能选项卡中的 ⚙ 按钮，在系统的提示下选取"上视基准面"作为草图平面，绘制如图 9.141 所示的截面草图；在"凸台 - 拉伸"对话框 从(F) 区域的下拉列表中选择 等距 ，输入等距值 7，方向朝向实体，在 方向1(1) 区域的下拉列表中选择 成形到下一面 ，方向朝向实体，选中 ☑ 薄壁特征(T) 区域，在 薄壁特征(T) 区域的下拉列表中选择 单向 ，单击 ↗ 使方向向内，在厚度文本框中输入厚度值 1.5；单击 ✔ 按钮，完成拉伸薄壁 3 的创建。

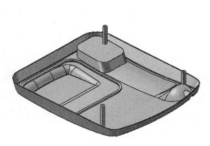

图 9.140　拉伸薄壁 3

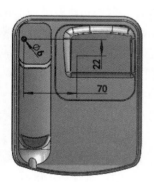

图 9.141　截面草图

步骤12：创建如图 9.142 所示的拉伸薄壁 4。单击 特征 功能选项卡中的 ⬚ 按钮，在系统的提示下选取"上视基准面"作为草图平面，绘制如图 9.143 所示的截面草图；在"凸台 - 拉伸"对话框 方向1(1) 区域的下拉列表中选择 成形到下一面，方向朝向实体，选中 ☑ 薄壁特征(T) 区域，在 ☑ 薄壁特征(T) 区域的下拉列表中选择 单向，单击 ↗ 使方向向内，在厚度文本框中输入厚度值 1.5；单击 ✓ 按钮，完成拉伸薄壁 4 的创建。

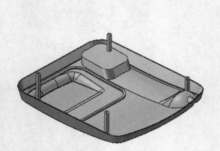

图 9.142　拉伸薄壁 4

图 9.143　截面草图

步骤13：创建基准面 2。单击 特征 功能选项卡 ⬚ 下的 · 按钮，选择 基准面 命令，选取右视基准面作为参考平面，在"基准面"对话框 ⬚ 文本框中输入间距值 56，方向沿 X 轴负方向。单击 ✓ 按钮，完成基准面的定义，如图 9.144 所示。

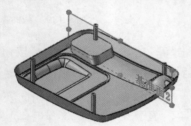

图 9.144　基准面 2

步骤14：创建如图 9.145 所示的凸台 - 拉伸 1。单击 特征 功能选项卡中的 ⬚ 按钮，在系统的提示下选取基准面 2 作为草图平面，绘制如图 9.146 所示的截面草图；在"凸台 - 拉伸"对话框 从(F) 区域的下拉列表中选择 等距，输入等距值 10，方向沿 X 轴负方向，在 方向1(1) 区域的下拉列表中选择 给定深度，输入深度值 2，方向沿 X 轴负方向；单击 ✓ 按钮，完成凸台 - 拉伸 1 的创建。

步骤15：创建如图 9.147 所示的镜像 1。选择 特征 功能选项卡中的 ⬚ 镜像 命令，选取"基准面 2"作为镜像中心平面，激活 要镜像的特征(F) 区域的文本框，选取步骤 14 创建的凸台 - 拉伸作为要镜像的特征，单击"镜像"对话框中的 ✓ 按钮，完成镜像特征的创建。

步骤16：创建如图 9.148 所示的切除 - 拉伸 3。单击 特征 功能选项卡中的 ⬚ 按钮，在系统的提示下选取如图9.148所示的模型表面作为草图平面，绘制如图9.149所示的截面草图；在"切除‑拉伸"对话框 **方向1(1)** 区域的下拉列表中选择 **成形到下一面**；单击 ✓ 按钮，完成切除‑拉伸的创建。

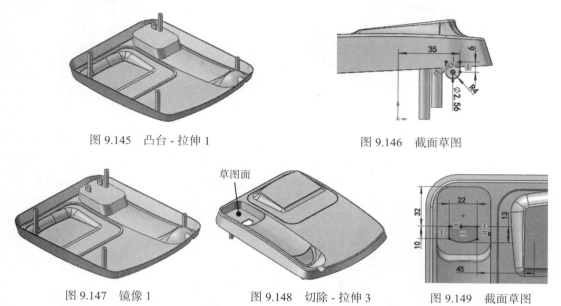

图9.145　凸台‑拉伸1　　　　　　　　　图9.146　截面草图

图9.147　镜像1　　　　图9.148　切除‑拉伸3　　　　图9.149　截面草图

步骤17：创建如图9.150所示的切除‑拉伸薄壁1。单击 **特征** 功能选项卡中的 回 按钮，在系统的提示下选取如图9.150所示的模型表面作为草图平面，绘制如图9.151所示的截面草图；在"切除‑拉伸"对话框 **方向1(1)** 区域的下拉列表中选择 **给定深度**，深度值为1；选中薄壁特征复选区域，将薄壁类型设置为 **两侧对称**，厚度值为0.8，单击 ✓ 按钮，完成切除‑拉伸薄壁的创建。

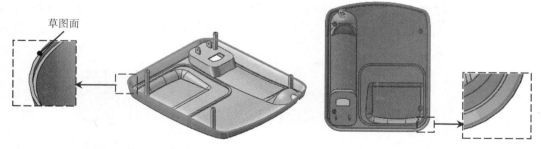

图9.150　切除‑拉伸薄壁1　　　　　　　图9.151　截面草图

步骤18：创建如图9.152所示的基准轴1。单击 **特征** 功能选项卡 🖋 下的 · 按钮，选择 **基准轴** 命令，在"基准轴"对话框选择 **两平面(T)** 单选项，选取"上视基准面"与"前视基准面"作为参考，在"基准轴"对话框中单击 ✓ 按钮，完成基准轴的定义。

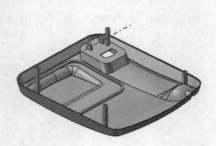

图 9.152　基准轴 1

　　步骤 19：创建基准面 3。单击 [特征] 功能选项卡 [🔲] 下的 [·] 按钮，选择 [🔲 基准面] 命令，选取"上视基准面"作为参考平面，在第一参考区域的 [🔲] 文本框中输入角度值 8，选中 [☑反转等距] 复选项调整角度方向，选取步骤 18 创建的基准轴作为第二参考，在第二参考区域选中 [人]（重合）选项。单击 [✓] 按钮，完成基准面的定义，如图 9.153 所示。

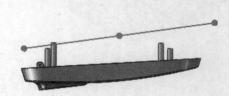

图 9.153　基准面 3

　　步骤 20：创建如图 9.154 所示的拉伸薄壁 5。单击 [特征] 功能选项卡中的 [🔲] 按钮，在系统的提示下选取基准面 3 作为草图平面，绘制如图 9.155 所示的截面草图；在"凸台 - 拉伸"对话框 [从(F)] 区域的下拉列表中选择 [等距]，输入等距值 50，方向朝向实体，在 [方向1(1)] 区域的下拉列表中选择 [成形到下一面]，方向朝向实体，选中 [☑薄壁特征(T)] 区域，在 [薄壁特征(T)] 区域的下拉列表中选择 [单向]，单击 [🗗] 使方向向外，在厚度文本框中输入厚度值 0.5；单击 [✓] 按钮，完成拉伸薄壁 5 的创建。

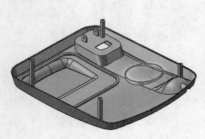

图 9.154　拉伸薄壁 5

图 9.155　截面草图

步骤21：创建如图9.156所示的拉伸薄壁6。单击 特征 功能选项卡中的 ◙ 按钮，在系统的提示下选取基准面3作为草图平面，绘制如图9.157所示的截面草图；在"凸台-拉伸"对话框 从(F) 区域的下拉列表中选择 等距 ，输入等距值48，方向朝向实体，在 方向1(1) 区域的下拉列表中选择 成形到下一面 ，方向朝向实体，在 ☑ 薄壁特征(T) 区域的下拉列表中选择 单向 ，单击 ↗ 使方向向外，在厚度文本框中输入厚度值0.5；单击 ✔ 按钮，完成拉伸薄壁6的创建。

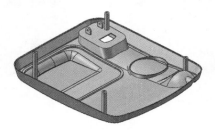

图9.156　拉伸薄壁6

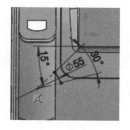

图9.157　截面草图

步骤22：创建如图9.158所示的拉伸薄壁7。单击 特征 功能选项卡中的 ◙ 按钮，在系统的提示下选取基准面3作为草图平面，绘制如图9.159所示的截面草图；在"凸台-拉伸"对话框 从(F) 区域的下拉列表中选择 等距 ，输入等距值50，方向朝向实体，在 方向1(1) 区域的下拉列表中选择 成形到下一面 ，方向朝向实体，选中 薄壁特征(T) 区域，在 ☑ 薄壁特征(T) 区域的下拉列表中选择 两侧对称 ，在厚度文本框中输入厚度值0.5；单击 ✔ 按钮，完成拉伸薄壁7的创建。

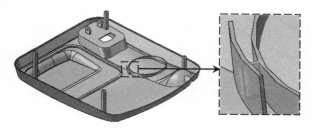

图9.158　拉伸薄壁7

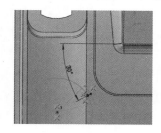

图9.159　截面草图

步骤23：创建如图9.160所示的圆周阵列。单击 特征 功能选项卡 ▦ 下的 · 按钮，选择 ▦ 圆周阵列 命令，在"圆周阵列"对话框中选中 ☑ 特征和面(F) ，单击激活 ◉ 后的文本框，选取拉伸薄壁6与拉伸薄壁7作为阵列的源对象，在"圆周阵列"对话框中激活 方向1(1) 区域中 ⟳ 后的文本框，选取如图9.160所示的圆柱面（系统会自动选取圆柱面的中心轴作为圆周阵列的中心轴），选中 ◉ 等间距 复选项，在 ⌀ 文本框中输入间距值360，在 ❋ 文本框中输入数量4，单击 ✔ 按钮，完成圆周阵列的创建。

步骤24：创建如图9.161所示的切除-拉伸4。单击 特征 功能选项卡中的 ◙ 按钮，在系统的提示下选取"上视基准面"作为草图平面，绘制如图9.162所示的截面草图；在"切除-拉伸"对话框 方向1(1) 区域的下拉列表中选择 完全贯穿 ，方向朝向实体；单击 ✔ 按钮，完成切除-拉伸的创建。

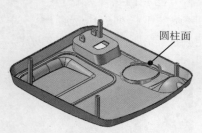

圆柱面

图 9.160　圆周阵列

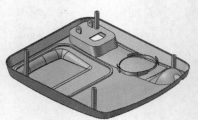

图 9.161　切除 - 拉伸 4

图 9.162　截面草图

步骤 25：创建如图 9.163 所示的线性阵列 1。单击 特征 功能选项卡 ░░ 下的 ░ 按钮，选择 ▒▒ 线性阵列 命令，在 ☑ 特征和面(F) 区域单击激活 ▒ 后的文本框，选取步骤 24 创建的切除 - 拉伸 4 作为阵列的源对象；激活 方向 1(1) 区域中 ▣ 后的文本框，选取"前视基准面"作为参考，方向沿 Z 轴正方向，在 ▒ 文本框中输入间距值 2.3，在 ▒ 文本框中输入数量 13，激活 方向 2(2) 区域中 ▣ 后的文本框，选取"右视基准面"作为参考，方向沿 X 轴正方向，在 ▒ 文本框中输入间距值 3.8，在 ▒ 文本框中输入数量 11，取消选中 □ 几何体阵列(G) 复选框；单击 ✓ 按钮完成线性阵列的创建。

步骤 26：创建如图 9.164 所示的拉伸薄壁 8。单击 特征 功能选项卡中的 ▒ 按钮，在系统的提示下选取基准面 3 作为草图平面，绘制如图 9.165 所示的截面草图；在"凸台 - 拉伸"对话框 从(F) 区域的下拉列表中选择 等距，输入等距值 48，方向朝向实体，在 方向 1(1) 区域的下拉列表中选择 成形到下一面，方向朝向实体，选中 薄壁特征(T) 区域，在 ☑ 薄壁特征(T) 区域的下拉列表中选择 单向，单击 ▣ 使方向向内，在厚度文本框中输入厚度值 0.5；单击 ✓ 按钮，完成拉伸薄壁 8 的创建。

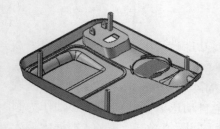

图 9.163　线性阵列 1

图 9.164　拉伸薄壁 8

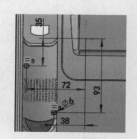

图 9.165　截面草图

步骤 27：创建如图 9.166 所示的切除 - 拉伸 5。单击 特征 功能选项卡中的 ▒ 按钮，在系统的提示下选取基准面 1 作为草图平面，绘制如图 9.167 所示的截面草图；在"切除 - 拉伸"对话框 方向 1(1) 区域的下拉列表中选择 完全贯穿，方向朝向实体；单击 ✓ 按钮，完成切除 - 拉伸的创建。

图 9.166 切除 - 拉伸 5

图 9.167 截面草图

步骤 28：创建基准面 4。单击 [特征] 功能选项卡 🗊 下的 ·按钮，选择 [基准面] 命令，选取"上视基准面"作为参考平面，在"基准面"对话框🔳文本框中输入间距值 25，方向沿 Y 轴正方向。单击 ✓ 按钮，完成基准面的定义，如图 9.168 所示。

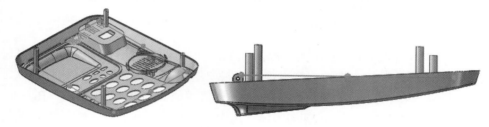

图 9.168 基准面 4

步骤 29：创建如图 9.169 所示的拉伸薄壁 9。单击 [特征] 功能选项卡中的 🗊 按钮，在系统的提示下选取基准面 4 作为草图平面，绘制如图 9.170 所示的截面草图；在"凸台 - 拉伸"对话框 [方向 1(1)] 区域的下拉列表中选择 [成形到下一面]，方向朝向实体，选中 ☑ [薄壁特征(T)] 区域，在 ☑ [薄壁特征(T)] 区域的下拉列表中选择 [单向]，单击 ☑ 使方向向内，在厚度文本框中输入厚度值 1.5；单击 ✓ 按钮，完成拉伸薄壁 9 的创建。

图 9.169 拉伸薄壁 9

图 9.170 截面草图

步骤30：创建如图9.171所示的拉伸薄壁10。单击 特征 功能选项卡中的 🔊 按钮，在系统的提示下选取基准面4作为草图平面，绘制如图9.172所示的截面草图；在"凸台-拉伸"对话框 方向1(1) 区域的下拉列表中选择 成形到下一面，方向朝向实体，选中 ☑ 薄壁特征(1) 区域，在 ☑ 薄壁特征(1) 区域的下拉列表中选择 单向，单击 ↗ 使方向向内，在厚度文本框中输入厚度值1.5；单击 ✓ 按钮，完成拉伸薄壁10的创建。

图 9.171　拉伸薄壁 10　　　　　　　　图 9.172　截面草图

步骤31：创建如图9.173所示的拉伸薄壁11。单击 特征 功能选项卡中的 🔊 按钮，在系统的提示下选取基准面4作为草图平面，绘制如图9.174所示的截面草图；在"凸台-拉伸"对话框 从(F) 区域的下拉列表中选择 等距，输入等距值8，方向朝向实体，在 方向1(1) 区域的下拉列表中选择 成形到下一面，方向朝向实体，选中 ☑ 薄壁特征(1) 区域，在 ☑ 薄壁特征(1) 区域的下拉列表中选择 单向，单击 ↗ 使方向向内，在厚度文本框中输入厚度值1.5；单击 ✓ 按钮，完成拉伸薄壁11的创建。

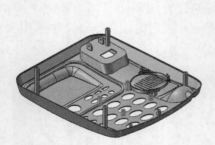

图 9.173　拉伸薄壁 11　　　　　　　　图 9.174　截面草图

步骤32：创建如图9.175所示的拉伸薄壁12。单击 特征 功能选项卡中的 🔊 按钮，在系统的提示下选取基准面4作为草图平面，绘制如图9.176所示的截面草图；在"凸台-拉伸"对话框 从(F) 区域的下拉列表中选择 等距，输入等距值50，方向朝向实体，在 方向1(1) 区域的下拉列表中选择 成形到面，选取如图9.177所示的面作为参考，选中 ☑ 薄壁特征(1) 区域，在

☑ 薄壁特征(T) 区域的下拉列表中选择 单向 ，单击 ↗ 使方向向外，在厚度文本框中输入厚度值 1；取消选中 □合并结果(M) 复选框，单击 ✓ 按钮，完成拉伸薄壁 12 的创建。

图 9.175 拉伸薄壁 12

图 9.176 截面草图

图 9.177 截面草图

步骤 33：创建如图 9.178 所示的等距曲面 2。选择 曲面 功能选项卡下的 ⬟等距曲面 命令，选取如图 9.179 所示的模型表面作为要等距的面，在"等距曲面"对话框"等距距离"文本框中输入 1，方向朝向实体，单击 ✓ 完成曲面的创建。

图 9.178 等距曲面 2

图 9.179 等距参考面

步骤 34：创建如图 9.180 所示的延伸曲面 1。选择 曲面 功能选项卡下的 ◈ 延伸曲面 命令，在系统的提示下选取步骤 33 所创建的等距曲面边线作为延伸参考，在 终止条件(C): 区域选中 ◉距离(D) 单选项，在距离文本框中输入 5，在 延伸类型(X) 区域选中 ◉线性(L) 单选项，单击 ✓ 完成曲面的延伸。

步骤 35：创建如图 9.181 所示的使用曲面切除 2。选择 曲面 功能选项卡下的 ⬟ 使用曲面切除 命令，选取步骤 34 创建的延伸曲面作为参考，单击 ↗ 使方向向上，单击"使用曲面切除"对话框中的 ✓ 按钮，完成使用曲面切除特征的创建。

步骤 36：创建组合 1。选择下拉菜单 插入(I) → 特征(F) → ⬟ 组合(B)... 命令，在 操作类型(O) 区域选中 ◉添加(A) 单选项，在图形区选取所有实体（共计两个）作为组合对象，单击 ✓ 按钮完成组合的创建。

步骤 37：创建如图 9.182 所示的完全倒圆角。单击 特征 功能选项卡 ⬟ 下的 ⋅ 按钮，选择 ⬟ 圆角 命令，在"圆角"对话框中选择"完全圆角" ⬟ 单选项，激活"面组 1"区域，选取如图 9.183 所示的面组 1；激活"中央面组"区域，选取如图 9.183 所示的中央面组；

激活"面组 2"区域，选取如图 9.183 所示的面组 2。

步骤 38：创建如图 9.184 所示的拉伸薄壁 13。单击 特征 功能选项卡中的 按钮，在系统的提示下选取"上视基准面"作为草图平面，绘制如图 9.185 所示的截面草图；在"凸台 - 拉伸"对话框 从(F) 区域的下拉列表中选择 等距，输入等距值 50，方向朝向实体，在 方向1(1) 区域的下拉列表中选择 成形到面，选取如图 9.186 所示的面作为参考，选中 薄壁特征(T) 区域，在 薄壁特征(T) 区域的下拉列表中选择 单向，单击 使方向向外，在厚度文本框中输入厚度值 0.2；取消选中 合并结果(M) 复选框，单击 按钮，完成拉伸薄壁 13 的创建。

图 9.180　延伸曲面 1

图 9.181　使用曲面切除 2

▶ 10min

图 9.182　完全倒圆角

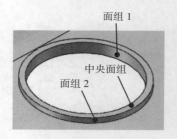

图 9.183　圆角参考

图 9.184　拉伸薄壁 13

图 9.185　截面草图

图 9.186　截面草图

步骤 39：创建如图 9.187 所示的等距曲面 3。选择 曲面 功能选项卡下的 等距曲面 命令，选取如图 9.188 所示的模型表面作为要等距的面，在"等距曲面"对话框"等距距离"文本框中输入 1，方向朝向实体，单击 完成曲面的创建。

步骤 40：创建如图 9.189 所示的延伸曲面 2。选择 曲面 功能选项卡下的 延伸曲面 命令，在系统的提示下选取步骤 39 所创建的等距曲面边线作为延伸参考，在 终止条件(C) 区域选中

◉距离(D) 单选项，在距离文本框中输入 3，在 延伸类型(X) 区域选中 ◉同一曲面(A) 单选项，单击 ✔ 完成曲面的延伸。

图 9.187　等距曲面 3

参考面

图 9.188　等距参考面

步骤 41：创建如图 9.190 所示的使用曲面切除 3。选择 曲面 功能选项卡下的 ⬛ 使用曲面切除 命令，选取步骤 40 创建的延伸曲面作为参考，单击 ⬛ 使方向向上，单击"使用曲面切除"对话框中的 ✔ 按钮，完成使用曲面切除特征的创建。

图 9.189　延伸曲面 2

图 9.190　使用曲面切除 3

步骤 42：创建组合 2。选择下拉菜单 插入(I) → 特征(F) → ⬛ 组合(B)... 命令，在 操作类型(O) 区域选中 ◉添加(A) 单选项，在图形区选取所有实体（共计两个）作为组合对象，单击 ✔ 按钮完成组合的创建。

步骤 43：创建如图 9.191 所示的拉伸薄壁 14。单击 特征 功能选项卡中的 ⬛ 按钮，在系统的提示下选取基准面 4 作为草图平面，绘制如图 9.192 所示的截面草图；在"凸台 - 拉伸"对话框 从(F) 区域的下拉列表中选择 等距，输入等距值 30，方向朝向实体，在 方向 1(1) 区域的下拉列表中选择 成形到面，选取如图 9.193 所示的面作为参考，选中 ☑ 薄壁特征(T) 区域，在 ☑ 薄壁特征(T) 区域的下拉列表中选择 单向，单击 ⬛ 使方向向外，在厚度文本框中输入厚度值 0.2；取消选中 □合并结果(M) 复选框，单击 ✔ 按钮，完成拉伸薄壁 14 的创建。

图 9.191　拉伸薄壁 14

图 9.192　截面草图

参考面

图 9.193　截面草图

步骤 44：创建如图 9.194 所示的等距曲面 3。选择 曲面 功能选项卡下的 ◈ 等距曲面 命令，选取如图 9.195 所示的模型表面作为要等距的面，在"等距曲面"对话框"等距距离"文本框中输入 1，方向朝向实体，单击 ✓ 完成曲面的创建。

参考面

图 9.194　等距曲面 3　　　　　　　　　图 9.195　等距参考面

步骤 45：创建如图 9.196 所示的延伸曲面 3。选择 曲面 功能选项卡下的 ◈ 延伸曲面 命令，在系统的提示下选取步骤 44 所创建的等距曲面边线作为延伸参考，在 终止条件(C): 区域选中 ◉ 距离(D) 单选项，在距离文本框中输入 2，在 延伸类型(X) 区域选中 ◉ 同一曲面(A) 单选项，单击 ✓ 完成曲面的延伸。

步骤 46：创建如图 9.197 所示的使用曲面切除 3。选择 曲面 功能选项卡下的 ◈ 使用曲面切除 命令，选取步骤 45 创建的延伸曲面作为参考，单击 ↗ 使方向向上，单击"使用曲面切除"对话框中的 ✓ 按钮，完成使用曲面切除特征的创建。

图 9.196　延伸曲面 3　　　　　　　　　图 9.197　使用曲面切除 3

步骤 47：创建组合 3。选择下拉菜单 插入(I) → 特征(F) → ◈ 组合(B)... 命令，在 操作类型(O) 区域选中 ◉ 添加(A) 单选项，在图形区选取所有实体（共计两个）作为组合对象，单击 ✓ 按钮完成组合的创建。

4. 创建电话座机下盖零件

电话座机下盖是在二级控件的基础上创建的，通过拉伸、孔、基准、抽壳与阵列等特征创建，完成后如图 9.198 所示。

步骤 1：新建模型文件，选择"快速访问工具栏"中的 ▢· 命令，在系统弹出的"新建SOLIDWORKS 文件"对话框中选择"零件"，单击"确定"按钮进入零件建模环境。

步骤 2：关联复制引用二级控件。选择下拉菜单 插入(I) → ◈ 零件(A)... 命令，在系统弹出的"打开"对话框中选择"二级控件"模型并打开；在"插入零件"对话框 转移(T) 区域选中 ☑ 实体(D) 与 ☑ 曲面实体(S) 复选项，其他均取消选取；单击 ✓ 按钮完成二级控件的引入。

（a）轴侧方位 1

（b）轴侧方位 2

图 9.198　上盖零件

步骤 3：创建如图 9.199 所示的使用曲面切除 1。选择 曲面 功能选项卡下的 使用曲面切除 命令，选取如图 9.200 所示的曲面作为参考，单击 使方向向内，单击"使用曲面切除"对话框中的 ✓ 按钮，完成使用曲面切除特征的创建。

图 9.199　使用曲面切除 1

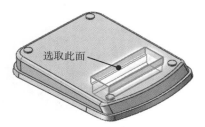

选取此面

图 9.200　曲面参考

步骤 4：创建如图 9.201 所示的抽壳。单击 特征 功能选项卡中的 抽壳 按钮，系统会弹出"抽壳"对话框，选取如图 9.202 所示的移除面，在"抽壳"对话框的 参数(P) 区域的"厚度" 文本框中输入 1，在"抽壳"对话框中单击 ✓ 按钮，完成抽壳的创建，如图 9.198 所示。

图 9.201　抽壳

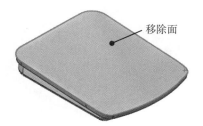

移除面

图 9.202　移除面

步骤 5：创建如图 9.203 所示的凸台 - 拉伸 1。单击 特征 功能选项卡中的 按钮，在系统的提示下选取如图 9.203 所示的模型表面作为草图平面，绘制如图 9.204 所示的截面草图；在"凸台 - 拉伸"对话框 方向 1(1) 区域的下拉列表中选择 给定深度，输入深度值 2；单击 ✓ 按钮，完成凸台 - 拉伸 1 的创建。

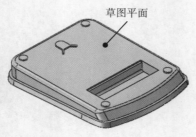

图 9.203 凸台 - 拉伸 1

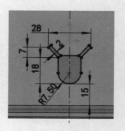

图 9.204 截面草图

步骤 6：创建如图 9.205 所示的切除 - 拉伸 1。单击 特征 功能选项卡中的 按钮，在系统的提示下选取如图 9.205 所示的模型表面作为草图平面，绘制如图 9.206 所示的截面草图；在"切除 - 拉伸"对话框 方向1(1) 区域的下拉列表中选择 完全贯穿，方向朝向实体；单击 ✓ 按钮，完成切除 - 拉伸的创建。

图 9.205 切除 - 拉伸 1

图 9.206 截面草图

步骤 7：创建如图 9.207 所示的切除 - 拉伸 2。单击 特征 功能选项卡中的 按钮，在系统的提示下选取如图 9.207 所示的模型表面作为草图平面，绘制如图 9.208 所示的截面草图；在"切除 - 拉伸"对话框 方向1(1) 区域的下拉列表中选择 给定深度，输入深度值 0.5，方向朝向实体；单击 ✓ 按钮，完成切除 - 拉伸的创建。

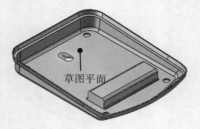

图 9.207 切除 - 拉伸 2

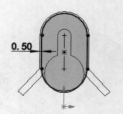

图 9.208 截面草图

步骤 8：创建如图 9.209 所示的拉伸薄壁 1。单击 特征 功能选项卡中的 按钮，在系统的提示下选取如图 9.209 所示的模型表面作为草图平面，绘制如图 9.210 所示的截面草图；在"凸台 - 拉伸"对话框 方向1(1) 区域的下拉列表中选择 给定深度，输入深度值 1，方向沿 Y 轴正方向，选中 薄壁特征(T) 区域，在 ☑ 薄壁特征(T) 区域的下拉列表中选择 单向，单击 ☑ 使方向向外，在厚度文本框中输入厚度值 0.5；单击 ✓ 按钮，完成拉伸薄壁 1 的创建。

　　步骤 9：创建如图 9.211 所示的凸台 - 拉伸 2。单击 特征 功能选项卡中的 🔳 按钮，在系统的提示下选取如图 9.211 所示的模型表面作为草图平面，绘制如图 9.212 所示的截面草图；在"凸台 - 拉伸"对话框 方向1(1) 区域的下拉列表中选择 给定深度，输入深度值 1，方向沿 Y 轴负方向；单击 ✓ 按钮，完成凸台 - 拉伸 2 的创建。

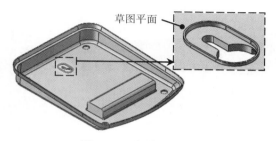

图 9.209　拉伸薄壁 1

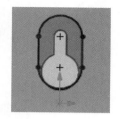

图 9.210　截面草图

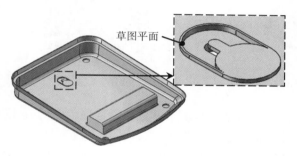

图 9.211　凸台 - 拉伸 2

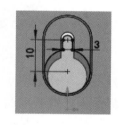

图 9.212　截面草图

　　步骤 10：创建如图 9.213 所示的线性阵列 1。单击 特征 功能选项卡 🔡 下的 ⌄ 按钮，选择 🔡 线性阵列 命令，在 特征和面(F) 区域单击激活 🔳 后的文本框，选取步骤 5~ 步骤 9 创建的凸台 - 拉伸 1、切除 - 拉伸 1、切除 - 拉伸 2、拉伸薄壁 1 与凸台 - 拉伸 2 作为阵列的源对象；激活 方向1(1) 区域中 ↗ 后的文本框，选取图 9.213 所示的边线作为参考，方向沿 Z 轴正方向，在 🔳 文本框中输入间距值 75，在 🔳 文本框中输入数量 2，取消选中 □ 几何体阵列(G) 复选项；单击 ✓ 按钮完成线性阵列的创建。

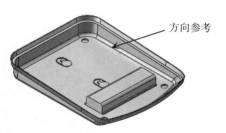

图 9.213　线性阵列 1

　　步骤 11：创建基准面 1。单击 特征 功能选项卡 🔳 下的 ⌄ 按钮，选择 🔳 基准面 命令，选取"上视基准面"作为参考平面，在"基准面"对话框 🔳 文本框中输入间距值 7，方向沿 Y 轴正方向。单击 ✓ 按钮，完成基准面的定义，如图 9.214 所示。

　　步骤 12：创建如图 9.215 所示的凸台 - 拉伸 3。单击 特征 功能选项卡中的 🔳 按钮，在系统的提示下选取基准面 1 作为草图平面，绘制如图 9.216 所示的截面草图；在"凸台 - 拉伸"对话框 方向1(1) 区域的下拉列表中选择 成形到下一面，方向沿 Y 轴负方向；单击 ✔ 按钮，完成凸台 - 拉伸 3 的创建。

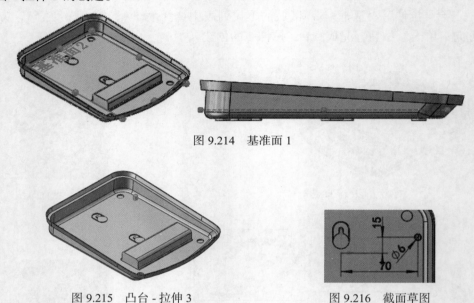

图 9.214　基准面 1

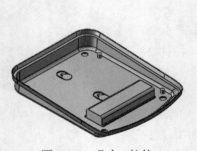

图 9.215　凸台 - 拉伸 3

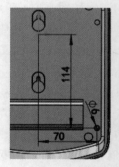

图 9.216　截面草图

步骤 13：创建如图 9.217 所示的凸台 - 拉伸 4。单击 特征 功能选项卡中的 🔘 按钮，在系统的提示下选取基准面 1 作为草图平面，绘制如图 9.218 所示的截面草图；在"凸台 - 拉伸"对话框 方向1(1) 区域的下拉列表中选择 成形到下一面，方向沿 Y 轴负方向；单击 ✔ 按钮，完成凸台 - 拉伸 4 的创建。

图 9.217　凸台 - 拉伸 4

图 9.218　截面草图

步骤 14：创建如图 9.219 所示的凸台 - 拉伸 5。单击 特征 功能选项卡中的 🔘 按钮，在系统的提示下选取基准面 1 作为草图平面，绘制如图 9.220 所示的截面草图；在"凸台 - 拉伸"对话框 从(F) 区域的下拉列表中选择 等距，输入等距值 7，方向沿 Y 轴正方向，在 方向1(1) 区域的下拉列表中选择 成形到下一面，方向沿 Y 轴负方向；单击 ✔ 按钮，完成凸台 - 拉伸 5 的创建。

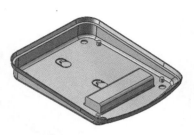

图 9.219　凸台 - 拉伸 5

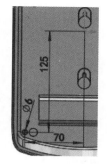

图 9.220　截面草图

步骤 15：创建如图 9.221 所示的凸台 - 拉伸 6。单击 特征 功能选项卡中的 ▣ 按钮，在系统的提示下选取基准面 1 作为草图平面，绘制如图 9.222 所示的截面草图；在"凸台 - 拉伸"对话框 从(F) 区域的下拉列表中选择 等距 ，输入等距值 7，方向沿 Y 轴正方向，在 方向1(1) 区域的下拉列表中选择 成形到下一面 ，方向沿 Y 轴负方向；单击 ✔ 按钮，完成凸台 - 拉伸 6 的创建。

步骤 16：创建如图 9.223 所示的孔 1。单击 特征 功能选项卡 ▦ 下的 ⋅ 按钮，选择 ▦ 异型孔向导 命令，在"孔规格"对话框中单击 ▦ 位置 选项卡，选取步骤 15 创建的特征的上模型表面作为打孔平面，分别捕捉步骤 12~ 步骤 15 创建的圆柱的圆心作为打孔位置，在"孔位置"对话框中单击 ▣ 类型 选项卡，在 孔类型(T) 区域中选中"孔" ▣ ，在 标准 下拉列表中选择 GB，在 类型 下拉列表中选择 暗销孔 类型，在"孔规格"对话框中 孔规格 区域的 大小 下拉列表中选择"Φ3"，在 终止条件(C) 区域的下拉列表中选择"完全贯穿"，单击 ✔ 按钮完成孔的创建。

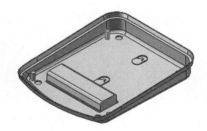

图 9.221　凸台 - 拉伸 6

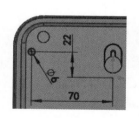

图 9.222　截面草图

图 9.223　孔 1

步骤 17：创建如图 9.224 所示的切除 - 拉伸 3。单击 特征 功能选项卡中的 ▣ 按钮，在系统的提示下选取如图 9.224 所示的模型表面作为草图平面，绘制如图 9.225 所示的截面草图；在"切除 - 拉伸"对话框 方向1(1) 区域的下拉列表中选择 给定深度 ，输入深度值 1，方向朝向实体；单击 ✔ 按钮，完成切除 - 拉伸的创建。

步骤 18：创建如图 9.226 所示的镜像 1。选择 特征 功能选项卡中的 ▦ 镜像 命令，选取"右视基准面"作为镜像中心平面，激活 要镜像的特征(F) 区域的文本框，选取步骤 17 创建的切除 - 拉伸 3 作为要镜像的特征，单击"镜像"对话框中的 ✔ 按钮，完成镜像特征的创建。

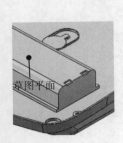

图 9.224　切除 - 拉伸 3

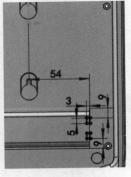

图 9.225　截面草图

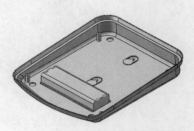

图 9.226　镜像 1

步骤 19：创建如图 9.227 所示的切除 - 拉伸 4。单击 特征 功能选项卡中的 ⬚ 按钮，在系统的提示下选取如图 9.227 所示的模型表面作为草图平面，绘制如图 9.228 所示的截面草图；在"切除 - 拉伸"对话框 方向 1(1) 区域的下拉列表中选择 给定深度，输入深度值 0.5，方向朝向实体；单击 ✓ 按钮，完成切除 - 拉伸的创建。

图 9.227　切除 - 拉伸 4

图 9.228　截面草图

步骤 20：创建如图 9.229 所示的切除 - 拉伸 5。单击 特征 功能选项卡中的 ⬚ 按钮，在系统的提示下选取如图 9.229 所示的模型表面作为草图平面，绘制如图 9.230 所示的截面草图；在"切除 - 拉伸"对话框 方向 1(1) 区域的下拉列表中选择 完全贯穿，方向沿 Y 轴正方向；单击 ✓ 按钮，完成切除 - 拉伸的创建。

图 9.229　切除 - 拉伸 5

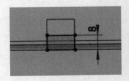

图 9.230　截面草图

步骤21：创建如图 9.231 所示的切除 - 拉伸 6。单击 特征 功能选项卡中的 ⬚ 按钮，在系统的提示下选取如图 9.231 所示的模型表面作为草图平面，绘制如图 9.232 所示的截面草图；在"切除 - 拉伸"对话框 方向1(1) 区域的下拉列表中选择 给定深度，输入深度值 10，方向沿 Z 轴负方向；单击 ✓ 按钮，完成切除 - 拉伸的创建。

步骤22：创建如图 9.233 所示的镜像 2。选择 特征 功能选项卡中的 镜像 命令，选取"右视基准面"作为镜像中心平面，激活 要镜像的特征(f) 区域的文本框，选取步骤 21 创建的切除 - 拉伸 6 作为要镜像的特征，单击"镜像"对话框中的 ✓ 按钮，完成镜像特征的创建。

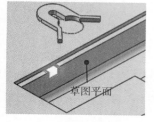

图 9.231　切除 - 拉伸 6

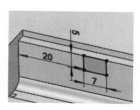

图 9.232　截面草图

图 9.233　镜像 2

步骤23：创建如图 9.234 所示的拉伸薄壁 2。单击 特征 功能选项卡中的 ⬚ 按钮，在系统的提示下选取如图 9.234 所示的模型表面作为草图平面，绘制如图 9.235 所示的截面草图；在"凸台 - 拉伸"对话框 从(f) 区域的下拉列表中选择 等距，输入等距值 14，方向沿 Y 轴正方向，在 方向1(1) 区域的下拉列表中选择 成形到下一面，方向朝向实体，选中 薄壁特征(T) 区域，在 ☑ 薄壁特征(T) 区域的下拉列表中选择 两侧对称，在厚度文本框中输入厚度值 0.5；单击 ✓ 按钮，完成拉伸薄壁 2 的创建。

图 9.234　拉伸薄壁 2

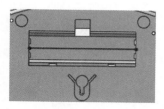

图 9.235　截面草图

步骤24：创建如图 9.236 所示的完全倒圆角。单击 特征 功能选项卡 ⬚ 下的 ⌄ 按钮，选择 圆角 命令，在"圆角"对话框中选择"完全圆角" ⬚ 单选项，激活"面组 1"区域，选取如图 9.237 所示的面组 1；激活"中央面组"区域，选取如图 9.237 所示的中央面组；激活"面组 2"区域，选取如图 9.237 所示的面组 2。

步骤25：创建如图 9.238 所示的拉伸薄壁 3。单击 特征 功能选项卡中的 ⬚ 按钮，在系统的提示下选取如图 9.238 所示的模型表面作为草图平面，绘制如图 9.239 所示的截面草图；在"凸台 - 拉伸"对话框 从(f) 区域的下拉列表中选择 等距，输入等距值 3，方向沿 Y 轴正方向，在 方向1(1) 区域的下拉列表中选择 成形到下一面，方向朝向实体，选中 ☑ 薄壁特征(T) 区域，

在 ☑ 薄壁特征(T) 区域的下拉列表中选择 两侧对称 ，在厚度文本框中输入厚度值4；单击 ✓ 按钮，完成拉伸薄壁3的创建。

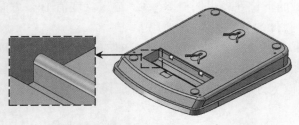

图 9.236　完全倒圆角

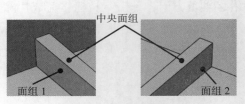

图 9.237　圆角参考

图 9.238　拉伸薄壁3

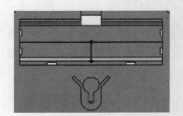

图 9.239　截面草图

　　步骤26：创建如图9.240所示的切除-拉伸7。单击 特征 功能选项卡中的 🔲 按钮，在系统的提示下选取如图9.240所示的模型表面作为草图平面，绘制如图9.241所示的截面草图；在"切除-拉伸"对话框 方向1(1) 区域的下拉列表中选择 成形到面 ，选取如图9.240所示的面作为参考；单击 ✓ 按钮，完成切除-拉伸的创建。

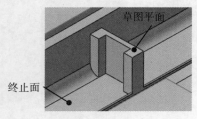

图 9.240　切除-拉伸7

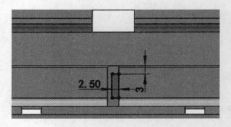

图 9.241　截面草图

　　步骤27：创建如图9.242所示的切除-拉伸8。单击 特征 功能选项卡中的 🔲 按钮，在系统的提示下选取如图9.242所示的模型表面作为草图平面，绘制如图9.243所示的截面草图；在"切除-拉伸"对话框 方向1(1) 区域的下拉列表中选择 给定深度 ，输入深度值1，切除方向沿 X 轴正方向；单击 ✓ 按钮，完成切除-拉伸的创建。

　　步骤28：创建如图9.244所示的切除-拉伸9。单击 特征 功能选项卡中的 🔲 按钮，在系统的提示下选取如图9.244所示的模型表面作为草图平面，绘制如图9.245所示的截面草图；在"切除-拉伸"对话框 方向1(1) 区域的下拉列表中选择 给定深度 ，输入深度值2.5；单

击 ✓ 按钮，完成切除 - 拉伸的创建。

步骤29：创建如图9.246所示的拉伸薄壁4。单击 特征 功能选项卡中的 🔲 按钮，在系统的提示下选取如图9.246所示的模型表面作为草图平面，绘制如图9.247所示的截面草图；在"凸台 - 拉伸"对话框 从(F) 区域的下拉列表中选择 等距，输入等距值7，方向沿 Y 轴正方向，在 方向1(1) 区域的下拉列表中选择 成形到下一面，方向朝向实体，选中 薄壁特征(T) 区域，在 ☑ 薄壁特征(T) 区域的下拉列表中选择 两侧对称，在厚度文本框中输入厚度值0.4；单击 ✓ 按钮，完成拉伸薄壁4的创建。

图9.242　切除 - 拉伸8

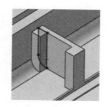

图9.243　截面草图

图9.244　切除 - 拉伸9

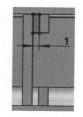

图9.245　截面草图

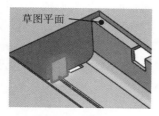

图9.246　拉伸薄壁4

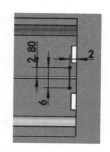

图9.247　截面草图

步骤30：创建如图9.248所示的拉伸薄壁5。单击 特征 功能选项卡中的 🔲 按钮，在系统的提示下选取如图9.248所示的模型表面作为草图平面，绘制如图9.249所示的截面草图；在"凸台 - 拉伸"对话框 从(F) 区域的下拉列表中选择 等距，输入等距值2，方向沿 Y 轴正方向，在 方向1(1) 区域的下拉列表中选择 成形到下一面，方向朝向实体，选中 ☑ 薄壁特征(T) 区域，在 ☑ 薄壁特征(T) 区域的下拉列表中选择 两侧对称，在厚度文本框中输入厚度值0.5；单击 ✓ 按钮，完成拉伸薄壁5的创建。

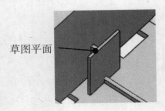

图 9.248　拉伸薄壁 5

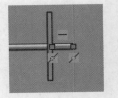

图 9.249　截面草图

步骤 31：创建如图 9.250 所示的拉伸薄壁 6。单击 特征 功能选项卡中的 按钮，在系统的提示下选取如图 9.250 所示的模型表面作为草图平面，绘制如图 9.251 所示的截面草图；在"凸台-拉伸"对话框 从(F) 区域的下拉列表中选择 等距，输入等距值 4，方向沿 Y 轴正方向，在 方向1(1) 区域的下拉列表中选择 成形到下一面，方向朝向实体，选中 薄壁特征(T) 区域，在 薄壁特征(T) 区域的下拉列表中选择 单向，在厚度文本框中输入厚度值 0.5，方向沿 X 轴正方向；单击 按钮，完成拉伸薄壁 6 的创建。

图 9.250　拉伸薄壁 6

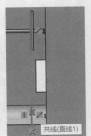

图 9.251　截面草图

步骤 32：创建如图 9.252 所示的拉伸薄壁 7。单击 特征 功能选项卡中的 按钮，在系统的提示下选取如图 9.252 所示的模型表面作为草图平面，绘制如图 9.253 所示的截面草图；在"凸台-拉伸"对话框 从(F) 区域的下拉列表中选择 等距，输入等距值 4，方向沿 Y 轴正方向，在 方向1(1) 区域的下拉列表中选择 成形到下一面，方向朝向实体，选中 薄壁特征(T) 区域，在 薄壁特征(T) 区域的下拉列表中选择 单向，在厚度文本框中输入厚度值 0.5，方向沿 X 轴正方向；单击 按钮，完成拉伸薄壁 7 的创建。

图 9.252　拉伸薄壁 7

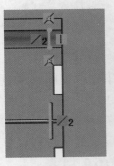

图 9.253　截面草图

步骤33：创建如图9.254所示的镜像3。选择 特征 功能选项卡中的 镜像 命令，选取"右视基准面"作为镜像中心平面，激活 要镜像的特征(F) 区域的文本框，选取步骤29~步骤32创建的拉伸薄壁4、拉伸薄壁5、拉伸薄壁6与拉伸薄壁7作为要镜像的特征，单击"镜像"对话框中的 ✓ 按钮，完成镜像特征的创建。

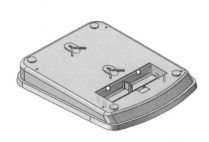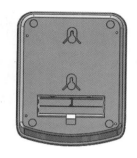

图9.254　镜像3

步骤34：创建如图9.255所示的切除-拉伸10。单击 特征 功能选项卡中的 按钮，在系统的提示下选取如图9.255所示的模型表面作为草图平面，绘制如图9.256所示的截面草图；在"切除-拉伸"对话框 方向1(1) 区域的下拉列表中选择 完全贯穿，方向沿Y轴正方向；单击 ✓ 按钮，完成切除-拉伸的创建。

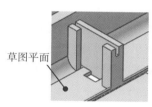

草图平面

图9.255　切除-拉伸10

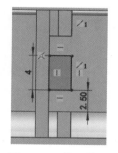

图9.256　截面草图

步骤35：创建如图9.257所示的凸台-拉伸7。单击 特征 功能选项卡中的 按钮，在系统的提示下选取如图9.257所示的模型表面作为草图平面，绘制如图9.258所示的截面草图；在"凸台-拉伸"对话框 方向1(1) 区域的下拉列表中选择 成形到一面，方向沿Y轴正方向；单击 ✓ 按钮，完成凸台-拉伸7的创建。

步骤36：创建如图9.259所示的拉伸薄壁8。单击 特征 功能选项卡中的 按钮，在系统的提示下选取如图9.259所示的模型表面作为草图平面，绘制如图9.260所示的截面草图；在"凸台-拉伸"对话框 从 区域的下拉列表中选择 等距，输入等距值9，方向沿Y轴正方向，在 方向1(1) 区域的下拉列表中选择 成形到实体，在图形区选取实体作为参考，方向沿Y轴负方向，选中 薄壁特征(T) 区域，在 薄壁特征(T) 区域的下拉列表中选择 单向，在厚度文本框中输入厚度值0.5，方向向外；单击 ✓ 按钮，完成拉伸薄壁8的创建。

图 9.257　凸台 - 拉伸 7

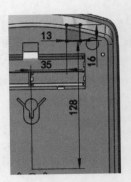

图 9.258　截面草图

图 9.259　拉伸薄壁 8

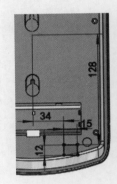

图 9.260　截面草图

　　步骤 37：创建如图 9.261 所示的切除 - 拉伸 11。单击 特征 功能选项卡中的 按钮，在系统的提示下选取如图 9.261 所示的模型表面作为草图平面，绘制如图 9.262 所示的截面草图；在"切除 - 拉伸"对话框 方向1(1) 区域的下拉列表中选择 成形到下一面，方向沿 Z 轴负方向；单击 ✓ 按钮，完成切除 - 拉伸的创建。

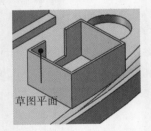

图 9.261　切除 - 拉伸 11

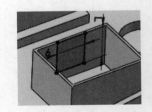

图 9.262　截面草图

　　步骤 38：创建如图 9.263 所示的凸台 - 拉伸 8。单击 特征 功能选项卡中的 按钮，在系统的提示下选取如图 9.263 所示的模型表面作为草图平面，绘制如图 9.264 所示的截面草图；在"凸台 - 拉伸"对话框 方向1(1) 区域的下拉列表中选择 成形到面，选取如图 9.263 所示的终止面；单击 ✓ 按钮，完成凸台 - 拉伸 8 的创建。

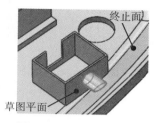

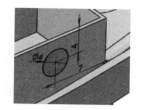

图 9.263　凸台 - 拉伸 8

图 9.264　截面草图

步骤 39：创建如图 9.265 所示的拉伸薄壁 9。单击 特征 功能选项卡中的 🗔 按钮，在系统的提示下选取如图 9.265 所示的模型表面作为草图平面，绘制如图 9.266 所示的截面草图；在"凸台 - 拉伸"对话框 从(f) 区域的下拉列表中选择 等距，输入等距值 1.5，方向沿 Y 轴负方向，在 方向 1(1) 区域的下拉列表中选择 成形到面，选取如图 9.265 所示的面作为参考，方向沿 Y 轴负方向，选中 薄壁特征(T) 区域，在 薄壁特征(T) 区域的下拉列表中选择 两侧对称，在厚度文本框中输入厚度值 0.5；单击 ✓ 按钮，完成拉伸薄壁 9 的创建。

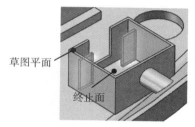

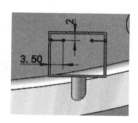

图 9.265　拉伸薄壁 9

图 9.266　截面草图

步骤 40：创建如图 9.267 所示的拉伸薄壁 10。单击 特征 功能选项卡中的 🗔 按钮，在系统的提示下选取如图 9.267 所示的模型表面作为草图平面，绘制如图 9.268 所示的截面草图；在"凸台 - 拉伸"对话框 方向 1(1) 区域的下拉列表中选择 给定深度，输入深度值 1，方向向外，选中 薄壁特征(T) 区域，在 薄壁特征(T) 区域的下拉列表中选择 单向，在厚度文本框中输入厚度值 0.4，方向向外；单击 ✓ 按钮，完成拉伸薄壁 10 的创建。

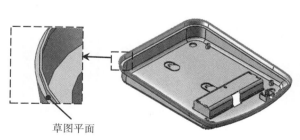

图 9.267　拉伸薄壁 10

图 9.268　截面草图

步骤 41：创建如图 9.269 所示的切除 - 拉伸 12。单击 特征 功能选项卡中的 ▣ 按钮，在系统的提示下选取如图 9.269 所示的模型表面作为草图平面，绘制如图 9.270 所示的截面草图；在"切除 - 拉伸"对话框 方向1(1) 区域的下拉列表中选择 成形到面，选取如图 9.269 所示的终止面；单击 ✓ 按钮，完成切除 - 拉伸的创建。

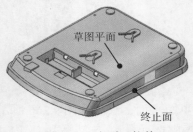

图 9.269　切除 - 拉伸 12

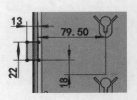

图 9.270　截面草图

步骤 42：创建如图 9.271 所示的切除 - 拉伸 13。单击 特征 功能选项卡中的 ▣ 按钮，在系统的提示下选取如图 9.271 所示的模型表面作为草图平面，绘制如图 9.272 所示的截面草图；在"切除 - 拉伸"对话框 方向1(1) 区域的下拉列表中选择 成形到下一面，方向朝向实体；单击 ✓ 按钮，完成切除 - 拉伸的创建。

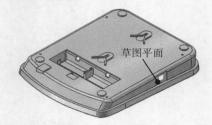

图 9.271　切除 - 拉伸 13

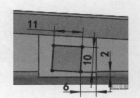

图 9.272　截面草图

步骤 43：创建如图 9.273 所示的切除 - 拉伸 14。单击 特征 功能选项卡中的 ▣ 按钮，在系统的提示下选取如图 9.273 所示的模型表面作为草图平面，绘制如图 9.274 所示的截面草图；在"切除 - 拉伸"对话框 方向1(1) 区域的下拉列表中选择 成形到面，选取如图 9.273 所示的终止面；选中 ▣ 后输入拔模角度 4，选中 ☑向外拔模(O) 复选框；单击 ✓ 按钮，完成切除 - 拉伸的创建。

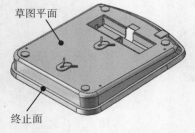

图 9.273　切除 - 拉伸 14

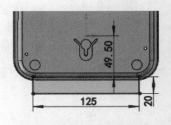

图 9.274　截面草图

步骤 44：创建如图 9.275 所示的切除 - 拉伸 15。单击 特征 功能选项卡中的 回 按钮，在系统的提示下选取如图 9.275 所示的模型表面作为草图平面，绘制如图 9.276 所示的截面草图；在"切除 - 拉伸"对话框 方向1(1) 区域的下拉列表中选择 成形到下一面 ，方向朝向实体；单击 ✓ 按钮，完成切除 - 拉伸的创建。

图 9.275　切除 - 拉伸 15

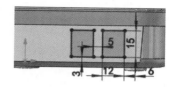

图 9.276　截面草图

步骤 45：创建如图 9.277 所示的凸台 - 拉伸 9。单击 特征 功能选项卡中的 🗐 按钮，在系统的提示下选取如图 9.277 所示的模型表面作为草图平面，绘制如图 9.278 所示的截面草图；在"凸台 - 拉伸"对话框 方向1(1) 区域的下拉列表中选择 给定深度 ，输入深度值 3，方向向外；单击 ✓ 按钮，完成凸台 - 拉伸 9 的创建。

图 9.277　凸台 - 拉伸 9

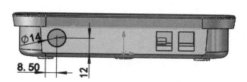

图 9.278　截面草图

步骤 46：创建如图 9.279 所示的倒角 1。单击 特征 功能选项卡 🗐 下的 ⌄ 按钮，选择 🗐 倒角 命令，在"倒角"对话框中选择"距离距离" 🗐 单选项，在系统的提示下选取如图 9.280 所示的边线作为倒角对象，在"倒角"对话框的 倒角参数 区域的下拉列表中选择 非对称 选项，在 🗐 文本框中输入倒角距离值 2，在 🗐 文本框中输入倒角距离值 1，在"倒角"对话框中单击 ✓ 按钮，完成倒角的定义。

图 9.279　倒角 1

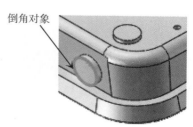

图 9.280　倒角对象

步骤47：创建如图9.281所示的切除-拉伸薄壁。单击 特征 功能选项卡中的 回 按钮，在系统的提示下选取如图9.281所示的模型表面作为草图平面，绘制如图9.282所示的截面草图；在"凸台-拉伸"对话框 方向1(1) 区域的下拉列表中选择 给定深度，输入深度值3，方向朝向实体，选中 ☑ 薄壁特征(T) 区域，在 薄壁特征(T) 区域的下拉列表中选择 单向，在厚度文本框中输入厚度值1，方向向内；单击 ✓ 按钮，完成切除-拉伸薄壁的创建。

图9.281　切除-拉伸薄壁

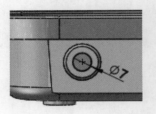

图9.282　倒角对象

步骤48：创建如图9.283所示的切除-拉伸16。单击 特征 功能选项卡中的 回 按钮，在系统的提示下选取如图9.283所示的模型表面作为草图平面，绘制如图9.284所示的截面草图；在"切除-拉伸"对话框 方向1(1) 区域的下拉列表中选择 成形到下一面，方向朝向实体；单击 ✓ 按钮，完成切除-拉伸的创建。

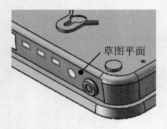

图9.283　切除-拉伸16

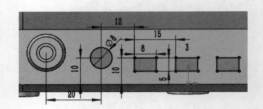

图9.284　截面草图

步骤49：创建如图9.285所示的凸台-拉伸10。单击 特征 功能选项卡中的 回 按钮，在系统的提示下选取如图9.285所示的模型表面作为草图平面，绘制如图9.286所示的截面草图；在"凸台-拉伸"对话框 方向1(1) 区域的下拉列表中选择 给定深度，输入深度值0.2，方向沿 Z 轴正方向；单击 ✓ 按钮，完成凸台-拉伸10的创建。

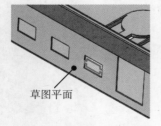

图9.285　凸台-拉伸10

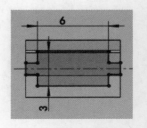

图9.286　截面草图

步骤50：创建如图 9.287 所示的线性阵列 2。单击 [特征] 功能选项卡 [ ] 下的 [ ] 按钮，选择 [ ] [线性阵列] 命令，在 [ ] [特征和面(F)] 区域单击激活 [ ] 后的文本框，选取步骤 49 创建的凸台 - 拉伸 10 作为阵列的源对象；激活 [方向 1(1)] 区域中 [ ] 后的文本框，选取如图 9.287 所示的边线作为参考，方向沿 X 轴正方向，在 [ ] 文本框中输入间距值 15，在 [ ] 文本框中输入数量 3；单击 [✓] 按钮完成线性阵列的创建。

步骤51：创建如图 9.288 所示的凸台 - 拉伸 11。单击 [特征] 功能选项卡中的 [ ] 按钮，在系统的提示下选取如图 9.288 所示的模型表面作为草图平面，绘制如图 9.289 所示的截面草图；在"凸台 - 拉伸"对话框 [方向 1(1)] 区域的下拉列表中选择 [给定深度]，输入深度值 0.2，方向沿 Z 轴正方向；单击 [✓] 按钮，完成凸台 - 拉伸 11 的创建。

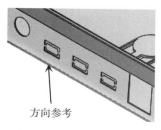

方向参考

图 9.287　线性阵列 2

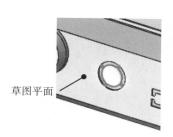

草图平面

图 9.288　凸台 - 拉伸 11

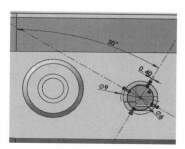

图 9.289　截面草图

步骤52：创建如图 9.290 所示的凸台 - 拉伸 12。单击 [特征] 功能选项卡中的 [ ] 按钮，在系统的提示下选取如图 9.290 所示的模型表面作为草图平面，绘制如图 9.291 所示的截面草图；在"凸台 - 拉伸"对话框 [方向 1(1)] 区域的下拉列表中选择 [成形到下一面]；单击 [✓] 按钮，完成凸台 - 拉伸 12 的创建。

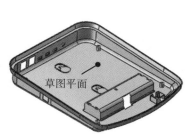

草图平面

图 9.290　凸台 - 拉伸 12

图 9.291　截面草图

步骤53：创建如图 9.292 所示的基准面 2。单击 [特征] 功能选项卡 [ ] 下的 [ ] 按钮，选择 [ ] [基准面] 命令，选取"右视基准面"作为参考平面，在第一参考区域选中 [ ]（平行）选项，选取如图 9.293 所示的基准轴作为第二参考，在第二参考区域选中 [ ]（重合）选项，单击 [✓] 按钮，完成基准面的定义。

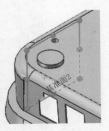

图 9.292　基准面 2

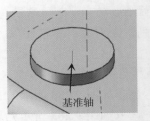

图 9.293　基准轴参考

步骤 54：创建如图 9.294 所示的旋转切除 1。单击 特征 功能选项卡中的旋转切除 ⓝ 按钮，在系统的提示下，选取"基准面 2"作为草图平面，绘制如图 9.295 所示的截面草图，在"旋转"对话框的 旋转轴(A) 区域中选取如图 9.295 所示的竖直直线作为旋转轴，采用系统默认的旋转方向，在"旋转"对话框的 方向 1(1) 区域的下拉列表中选择 给定深度 ，在 🖸 文本框中输入旋转角度 360，单击"旋转"对话框中的 ✓ 按钮，完成特征的创建。

图 9.294　旋转切除 1

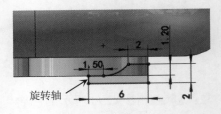

图 9.295　截面草图

步骤 55：创建如图 9.296 所示的镜像 4。选择 特征 功能选项卡中的 ⋈ 镜像 命令，选取"右视基准面"作为镜像中心平面，激活 要镜像的特征(F) 区域的文本框，选取步骤 54 创建的旋转切除 1 作为要镜像的特征，单击"镜像"对话框中的 ✓ 按钮，完成镜像特征的创建。

步骤 56：创建如图 9.297 所示的圆角 2。单击 特征 功能选项卡 ◷ 下的 · 按钮，选择 ◉ 圆角 命令，在"圆角"对话框中选择"固定大小圆角" ⌲ 类型，在系统的提示下选取如图 9.298 所示的边线作为圆角对象，在"圆角"对话框的 圆角参数 区域中的 ⊼ 文本框中输入圆角半径值 2，单击 ✓ 按钮，完成圆角的定义。

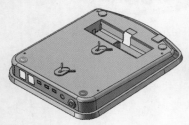

图 9.296　镜像 4

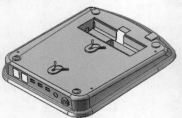

图 9.297　圆角 2

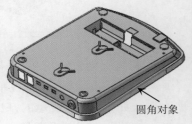

图 9.298　圆角对象

5. 创建电话座机听筒键零件

电话座机听筒键是在上盖零件的基础上创建的，通过拉伸、基准、镜像与加强筋等特征创建，完成后如图9.299所示。

（a）轴侧方位1　　　　　　　　　（b）轴侧方位2

图 9.299　听筒键零件

步骤1：新建模型文件，选择"快速访问工具栏"中的 □· 命令，在系统弹出的"新建 SOLIDWORKS 文件"对话框中选择"零件" ，单击"确定"按钮进入零件建模环境。

步骤2：关联复制引用上盖零件。选择下拉菜单 插入(I) → 零件(A)... 命令，在系统弹出的"打开"对话框中选择"上盖"模型并打开；在"插入零件"对话框 转移(T) 区域选中 ☑实体(O) 复选项，其他均取消选取；单击 ✓ 按钮完成上盖零件的引入。

步骤3：创建如图9.300所示的等距曲面。选择 曲面 功能选项卡下的 等距曲面 命令，选取如图9.301所示的模型表面（共计5个面）作为要等距的面，在"等距曲面"对话框"等距距离"文本框中输入0，单击 ✓ 完成曲面的创建。

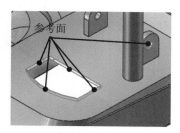

图 9.300　等距曲面　　　　　　　　　图 9.301　等距参考面

步骤4：创建如图9.302所示的凸台-拉伸1。单击 特征 功能选项卡中的 按钮，在系统的提示下选取如图9.303所示的模型表面作为草图平面，绘制如图9.304所示的截面草图；在"凸台-拉伸"对话框 方向1(1) 区域的下拉列表中选择 给定深度，输入深度值8，方向沿 Y 轴正方向；取消选中 □合并结果(M) 单选项，单击 ✓ 按钮，完成凸台-拉伸1的创建。

步骤5：删除上盖实体。选择下拉菜单 插入(I) → 特征(F) → 删除/保留实体(Y)... 命令，在"删除/保留实体"对话框中将类型设置为 ⊙删除实体 ，选择上盖实体作为要删除的对象，单击 ✓ 按钮，完成删除体的创建。

图 9.302　凸台 - 拉伸 1

草图平面

图 9.303　草图平面

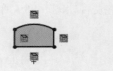

图 9.304　截面草图

　　步骤 6：创建如图 9.305 所示的圆角 1。单击 特征 功能选项卡 🗊 下的 · 按钮，选择 圆角 命令，在"圆角"对话框中选择"固定大小圆角" 🗊 类型，在系统的提示下选取步骤 4 创建特征的 4 根竖直边线作为圆角对象，在"圆角"对话框的 圆角参数 区域中的 ⌒ 文本框中输入圆角半径值 1，单击 ✔ 按钮，完成圆角的定义。

图 9.305　圆角 1

　　步骤 7：创建如图 9.306 所示的圆角 2。单击 特征 功能选项卡 🗊 下的 · 按钮，选择 圆角 命令，在"圆角"对话框中选择"固定大小圆角" 🗊 类型，在系统的提示下选取如图 9.307 所示的面作为圆角对象（参考如图 9.306 所示的方位选取倒圆的面），在"圆角"对话框的 圆角参数 区域中的 ⌒ 文本框中输入圆角半径值 2，单击 ✔ 按钮，完成圆角的定义。

图 9.306　圆角 2

缝合面

图 9.307　倒圆参考

　　步骤 8：创建如图 9.308 所示的抽壳。单击 特征 功能选项卡中的 抽壳 按钮，系统会弹出"抽壳"对话框，选取如图 9.309 所示的移除面，在"抽壳"对话框的 参数(P) 区域的"厚度" 🖙 文本框中输入 1，在"抽壳"对话框中单击 ✔ 按钮，完成抽壳的创建，如图 9.308 所示。

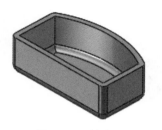

图 9.308　抽壳

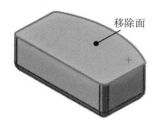

移除面

图 9.309　移除面

步骤 9：创建如图 9.310 所示的凸台 - 拉伸 2。单击 特征 功能选项卡中的 ▣ 按钮，在系统的提示下选取如图 9.311 所示的模型表面作为草图平面，绘制如图 9.312 所示的截面草图；在"凸台 - 拉伸"对话框 方向1(1) 区域的下拉列表中选择 给定深度，输入深度值 1，方向沿 Y 轴负方向；单击 ✓ 按钮，完成凸台 - 拉伸 2 的创建。

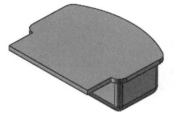

图 9.310　凸台 - 拉伸 2

草图平面

图 9.311　草图平面

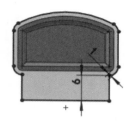

图 9.312　截面草图

步骤 10：创建如图 9.313 所示的切除 - 拉伸 1。单击 特征 功能选项卡中的 ▣ 按钮，在系统的提示下选取如图 9.313 所示的模型表面作为草图平面，绘制如图 9.314 所示的截面草图；在"切除 - 拉伸"对话框 方向1(1) 区域的下拉列表中选择 成形到下一面，方向朝向实体；单击 ✓ 按钮，完成切除 - 拉伸的创建。

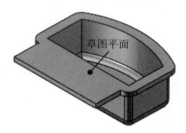

草图平面

图 9.313　切除 - 拉伸 1

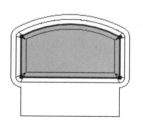

图 9.314　截面草图

步骤 11：创建如图 9.315 所示的凸台 - 拉伸 3。单击 特征 功能选项卡中的 ▣ 按钮，在系统的提示下选取如图 9.315 所示的模型表面作为草图平面，绘制如图 9.316 所示的截面草图；在"凸台 - 拉伸"对话框 方向1(1) 区域的下拉列表中选择 给定深度，输入深度值 1，方向沿 X 轴正方向；单击 ✓ 按钮，完成凸台 - 拉伸 3 的创建。

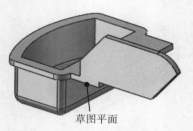

图 9.315　凸台 - 拉伸 3

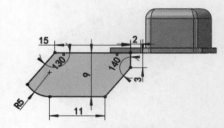

图 9.316　截面草图

步骤 12：创建如图 9.317 所示的凸台 - 拉伸 4。单击 特征 功能选项卡中的 🔲 按钮，在系统的提示下选取如图 9.317 所示的模型表面作为草图平面，绘制如图 9.318 所示的截面草图；在"凸台 - 拉伸"对话框 方向 1(1) 区域的下拉列表中选择 给定深度，输入深度值 2.5，方向沿 X 轴负方向；单击 ✓ 按钮，完成凸台 - 拉伸 4 的创建。

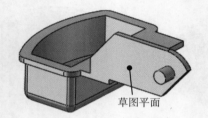

图 9.317　凸台 - 拉伸 4

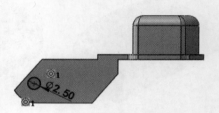

图 9.318　截面草图

步骤 13：创建如图 9.319 所示的基准面 1。单击 特征 功能选项卡 🔲 下的 · 按钮，选择 📐基准面 命令，选取如图 9.320 所示的面 1 与面 2 作为参考平面，单击 ✓ 按钮，完成基准面的定义。

图 9.319　基准面 1

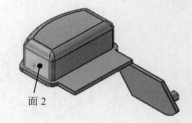

图 9.320　基准参考

步骤 14：创建如图 9.321 所示的镜像 1。选择 特征 功能选项卡中的 📐镜像 命令，选取"基准面 1"作为镜像中心平面，激活 要镜像的特征(F) 区域的文本框，选取步骤 11 创建的凸台 - 拉伸 3 与步骤 12 创建的凸台 - 拉伸 4 作为要镜像的特征，单击"镜像"对话框中的 ✓ 按钮，完成镜像特征的创建。

步骤 15：创建如图 9.322 所示的拉伸薄壁 1。单击 特征 功能选项卡中的 🔲 按钮，在系统的提示下选取如图 9.322 所示的模型表面作为草图平面，绘制如图 9.323 所示的截面草图；在"凸台 - 拉伸"对话框 方向1(1) 区域的下拉列表中选择 给定深度，输入深度值30，方向沿 Y 轴负方向，选中 ☑薄壁特征(T) 区域，在 ☑薄壁特征(T) 区域的下拉列表中选择 单向，在厚度文本框中输入厚度值1.5，方向向内；单击 ✓ 按钮，完成拉伸薄壁1的创建。

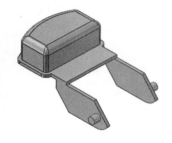

图 9.321　镜像 1

图 9.322　拉伸薄壁 1

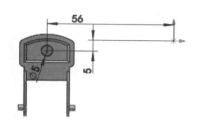

图 9.323　截面草图

步骤 16：创建如图 9.324 所示的凸台 - 拉伸 5。单击 特征 功能选项卡中的 🔲 按钮，在系统的提示下选取如图 9.324 所示的模型表面作为草图平面，绘制如图 9.325 所示的截面草图；在"凸台 - 拉伸"对话框 方向1(1) 区域的下拉列表中选择 给定深度，输入深度值10，方向沿 Y 轴负方向；单击 ✓ 按钮，完成凸台 - 拉伸 5 的创建。

图 9.324　凸台 - 拉伸 5

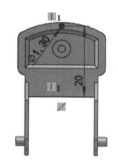

图 9.325　截面草图

步骤 17：创建如图 9.326 所示的基准面 2。单击 特征 功能选项卡 🔲 下的 · 按钮，选择 📐 基准面 命令，选取"前视基准面"作为参考平面，在第一参考区域选中 ◣ 选项，选取如图 9.327 所示的基准轴作为第二参考，在第二参考区域选中 ◣ 选项，单击 ✓ 按钮，完成基准面的定义。

图 9.326　基准面 2

图 9.327　基准轴参考

步骤 18：创建如图 9.328 所示的加强筋 1。单击 特征 功能选项卡中的 筋 按钮，在系统的提示下选取"基准面 2"作为草图平面，绘制如图 9.329 所示的截面草图，在"筋"对话框 参数(P) 区域中选中"两侧" ，在 文本框中输入厚度值 0.4，在 拉伸方向: 下选中 单选项，选中 ，将拔模角度设置为 1，选中 向外拔模(O) 复选项，单击 ✓ 按钮完成加强筋的创建。

图 9.328　加强筋 1

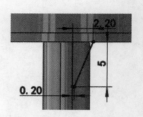

图 9.329　截面草图

步骤 19：创建如图 9.330 所示的镜像 2。选择 特征 功能选项卡中的 镜像 命令，选取"基准面 1"作为镜像中心平面，激活 要镜像的特征(F) 区域的文本框，选取步骤 18 创建的加强筋特征作为要镜像的特征，单击"镜像"对话框中的 ✓ 按钮，完成镜像特征的创建。

步骤 20：创建如图 9.331 所示的圆角 3。单击 特征 功能选项卡 下的 按钮，选择 圆角 命令，在"圆角"对话框中选择"固定大小圆角" 类型，在系统的提示下选取如图 9.332 所示的两条边线作为圆角对象，在"圆角"对话框的 圆角参数 区域中的 文本框中输入圆角半径值 2，单击 ✓ 按钮，完成圆角的定义。

图 9.330　镜像 2

图 9.331　圆角 3

圆角对象

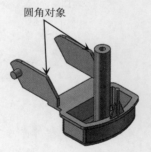

图 9.332　圆角对象

步骤 21：创建如图 9.333 所示的圆角 4。单击 特征 功能选项卡 下的 按钮，选择 圆角 命令，在"圆角"对话框中选择"固定大小圆角" 类型，在系统的提示下选取如图 9.334 所示的边线作为圆角对象，在"圆角"对话框的 圆角参数 区域中的 文本框中输入圆角半径值 1，单击 ✓ 按钮，完成圆角的定义。

步骤 22：创建如图 9.335 所示的完全倒圆角 1。单击 特征 功能选项卡 下的 按钮，选择 圆角 命令，在"圆角"对话框中选择"完全圆角" 单选项，激活"面组 1"区域，选取如图 9.336 所示的面组 1；激活"中央面组"区域，选取如图 9.336 所示的中央面组；激活"面组 2"区域，选取如图 9.336 所示的面组 2。

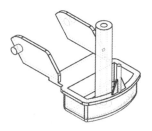

图 9.333　圆角 4　　　　　　　　　　　　图 9.334　圆角对象

步骤 23：创建如图 9.337 所示的完全倒圆角 2。具体操作可参考步骤 22。

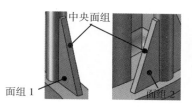

图 9.335　完全倒圆角 1　　　　　图 9.336　圆角参考　　　　图 9.337　完全倒圆角 2

步骤 24：创建如图 9.338 所示的圆角 5。单击 特征 功能选项卡 下的 按钮，选择 圆角 命令，在"圆角"对话框中选择"固定大小圆角" 类型，在系统的提示下选取如图 9.339 所示的边线作为圆角对象，在"圆角"对话框的 圆角参数 区域中的 文本框中输入圆角半径值 0.5，单击 按钮，完成圆角的定义。

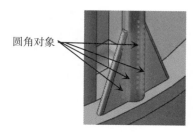

图 9.338　圆角 5　　　　　　　　　　图 9.339　圆角对象

步骤 25：创建如图 9.340 所示的圆角 6。单击 特征 功能选项卡 下的 按钮，选择 圆角 命令，在"圆角"对话框中选择"固定大小圆角" 类型，在系统的提示下选取如图 9.341 所示的两条边线作为圆角对象，在"圆角"对话框的 圆角参数 区域中的 文本框中输入圆角半径值 0.1，单击 按钮，完成圆角的定义。

步骤 26：创建如图 9.342 所示的圆角 7。单击 特征 功能选项卡 下的 按钮，选择 圆角 命令，在"圆角"对话框中选择"固定大小圆角" 类型，在系统的提示下选取如图 9.343 所示的边线作为圆角对象，在"圆角"对话框的 圆角参数 区域中的 文本框中输入圆角半径值 0.2，单击 按钮，完成圆角的定义。

图 9.340　圆角 6

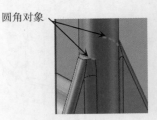

图 9.341　圆角对象

图 9.342　圆角 7

图 9.343　圆角对象

11min

6. 创建电话座机电池盖零件

电话座机电池盖是在二级控件的基础上创建的，通过拉伸、使用曲面切除与镜像等特征创建，完成后如图 9.344 所示。

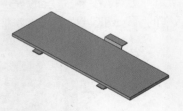
（a）轴侧方位 1

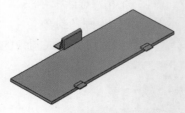
（b）轴侧方位 2

图 9.344　电池盖

步骤 1：新建模型文件，选择"快速访问工具栏"中的 □ 命令，在系统弹出的"新建 SOLIDWORKS 文件"对话框中选择"零件"，单击"确定"按钮进入零件建模环境。

步骤 2：关联复制引用二级零件。选择下拉菜单 插入(I) → 🔗 零件(A)... 命令，在系统弹出的"打开"对话框中选择"二级控件"模型并打开；在"插入零件"对话框 转移(T) 区域选中 ☑实体(D) 与 ☑曲面实体(S) 复选项，其他均取消选取；单击 ✓ 按钮完成二级控件零件的引入。

步骤 3：创建如图 9.345 所示的使用曲面切除 1。选择 曲面 功能选项卡下的 ⬚ 使用曲面切除 命令，选取如图 9.346 所示的曲面作为参考，单击 ↗ 使方向向外，单击"使用曲面切除"对话框中的 ✓ 按钮，完成使用曲面切除特征的创建。

步骤 4：创建如图 9.347 所示的切除 - 拉伸 1。单击 特征 功能选项卡中的 ▦ 按钮，在系统的提示下选取如图 9.348 所示的模型表面作为草图平面，绘制如图 9.349 所示的截面草图；在"切除 - 拉伸"对话框 方向1(T) 区域的下拉列表中选择 完全贯穿 ；单击 ✓ 按钮，完成切除 - 拉伸的创建。

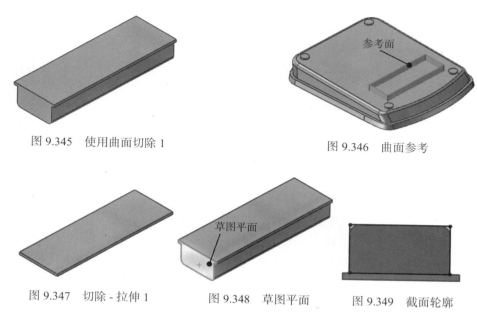

图 9.345 使用曲面切除 1 图 9.346 曲面参考

图 9.347 切除 - 拉伸 1 图 9.348 草图平面 图 9.349 截面轮廓

步骤 5：创建如图 9.350 所示的凸台 - 拉伸 1。单击 特征 功能选项卡中的 ⚙ 按钮，在系统的提示下选取右视基准面作为草图平面，绘制如图 9.351 所示的截面草图；在"凸台 - 拉伸"对话框 从(F) 区域的下拉列表中选择 等距 ，输入等距值 25.5，方向沿 X 轴正方向，在 方向1(T) 区域的下拉列表中选择 给定深度 ，输入深度值 6；单击 ✓ 按钮，完成凸台 - 拉伸 1 的创建。

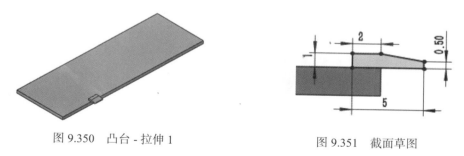

图 9.350 凸台 - 拉伸 1 图 9.351 截面草图

步骤 6：创建如图 9.352 所示的镜像 1。选择 特征 功能选项卡中的 𝄃𝄃 镜像 命令，选取"右视基准面"作为镜像中心平面，激活 要镜像的特征(F) 区域的文本框，选取步骤 5 创建的凸台 - 拉伸作为要镜像的特征，单击"镜像"对话框中的 ✓ 按钮，完成镜像特征的创建。

步骤 7：创建如图 9.353 所示的凸台 - 拉伸 2。单击 特征 功能选项卡中的 ⚙ 按钮，在系统的提示下选取"右视基准面"作为草图平面，绘制如图 9.354 所示的截面草图；在"凸

台 - 拉伸"对话框 方向1(1) 区域的下拉列表中选择 两侧对称，输入深度值 15；单击 ✓ 按钮，完成凸台 - 拉伸 2 的创建。

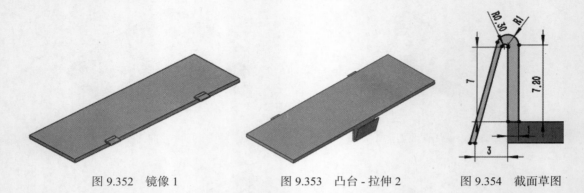

图 9.352　镜像 1　　　　　图 9.353　凸台 - 拉伸 2　　　　　图 9.354　截面草图

步骤 8：创建如图 9.355 所示的凸台 - 拉伸 3。单击 特征 功能选项卡中的 ⬠ 按钮，在系统的提示下选取如图 9.356 所示的模型表面作为草图平面，绘制如图 9.357 所示的截面草图；在"凸台 - 拉伸"对话框 方向1(1) 区域的下拉列表中选择 给定深度，输入深度值 0.5，方向沿 Y 轴正方向；单击 ✓ 按钮，完成凸台 - 拉伸 3 的创建。

　　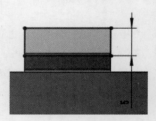

图 9.355　凸台 - 拉伸 3　　　　　图 9.356　草图平面　　　　　图 9.357　截面草图

7. 创建电话座机上的按键零件

电话座机上的按键是在上盖零件的基础上创建的，通过拉伸、等距曲面与使用曲面切除等特征创建，完成后如图 9.358 所示。

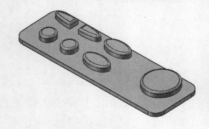　　　　　

（a）轴侧方位 1　　　　　　　　　　（b）轴侧方位 2

图 9.358　上按键零件

步骤 1：新建模型文件，选择"快速访问工具栏"中的 命令，在系统弹出的"新建 SOLIDWORKS 文件"对话框中选择"零件"，单击"确定"按钮进入零件建模环境。

步骤 2：关联复制引用上盖零件。选择下拉菜单 插入(I) → 零件(A)... 命令，在系统弹出的"打开"对话框中选择"上盖"模型并打开；在"插入零件"对话框 转移(T) 区域选中 ☑实体(D) 复选项，其他均取消选取；单击 ✓ 按钮完成上盖零件的引入。

步骤 3：创建如图 9.359 所示的等距曲面 1。选择 曲面 功能选项卡下的 等距曲面 命令，选取如图 9.360 所示的模型表面作为要等距的面，在"等距曲面"对话框"等距距离"文本框中输入 0，单击 ✓ 完成曲面的创建。

图 9.359　等距曲面 1

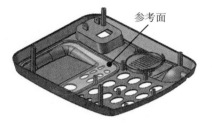

参考面

图 9.360　等距参考面

步骤 4：创建如图 9.361 所示的凸台 - 拉伸 1。单击 特征 功能选项卡中的 按钮，在系统的提示下选取"上视基准面"作为草图平面，绘制如图 9.362 所示的截面草图；在"凸台 - 拉伸"对话框 方向 1(1) 区域的下拉列表中选择 成形到面，选取步骤 3 创建的等距曲面作为参考；取消选中 □合并结果(M) 单选项，单击 ✓ 按钮，完成凸台 - 拉伸 1 的创建。

图 9.361　凸台 - 拉伸 1

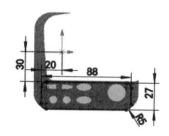

图 9.362　截面草图

步骤 5：删除上盖实体。选择下拉菜单 插入(I) → 特征(F) → 删除/保留实体(Y)... 命令，在"删除 / 保留实体"对话框中将类型设置为 ◉删除实体 ，选择上盖实体作为要删除的对象，单击 ✓ 按钮，完成删除体的创建。

步骤 6：创建如图 9.363 所示的等距曲面 2。选择 曲面 功能选项卡下的 等距曲面 命令，选取步骤 3 创建的等距曲面作为要等距的面，在"等距曲面"对话框"等距距离"文本框中输入 2，方向参考如图 9.363 所示，单击 ✓ 完成曲面创建。

步骤 7：创建如图 9.364 所示的填充曲面 1。选择 曲面 功能选项卡下的 （填充曲面）

命令，在填充曲面对话框曲率类型下拉列表中选择 相切 选项，选中 ☑应用到所有边线(P) 复选项，选取如图 9.365 所示的边线（共计 4 条）作为参考。

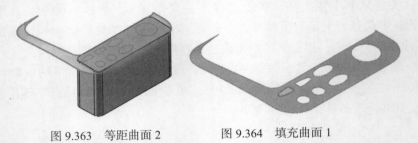

图 9.363　等距曲面 2　　　　　　　图 9.364　填充曲面 1

步骤 8：参考步骤 7 的操作完成其他位置的填充曲面的创建（共计 6 处），完成后如图 9.366 所示。

填充边界

图 9.365　填充边界　　　　　　　图 9.366　截面草图

步骤 9：创建缝合曲面 1。单击 曲面 功能选项卡中的 按钮，选取等距曲面 2 与填充曲面 1~7 作为参考，单击 ✓ 按钮完成缝合曲面的创建。

步骤 10：创建如图 9.367 所示的延伸曲面。选择 曲面 功能选项卡下的 延伸曲面 命令，在系统的提示下选取如图 9.368 所示的边线作为延伸参考，在 终止条件(C): 区域选中 ◉距离(D) 单选项，在距离文本框中输入 3，在 延伸类型(X) 区域选中 ◉同一曲面(A) 单选项，单击 ✓ 完成曲面的延伸。

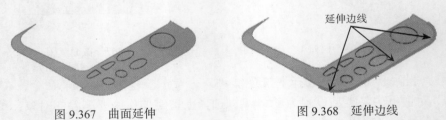

延伸边线

图 9.367　曲面延伸　　　　　　　图 9.368　延伸边线

步骤 11：创建如图 9.369 所示的使用曲面切除 1。选择 曲面 功能选项卡下的 使用曲面切除 命令，选取如图 9.370 所示的曲面作为参考，单击 使方向向下，单击"使用曲面切除"对话框中的 ✓ 按钮，完成使用曲面切除特征的创建。

步骤 12：创建如图 9.371 所示的等距曲面 3。选择 曲面 功能选项卡下的 等距曲面 命令，选取如图 9.372 所示的模型表面作为要等距参考面，在"等距曲面"对话框"等距距离"

文本框中输入 3，方向参考如图 9.371 所示，单击 ✓ 完成曲面的创建。

　　步骤 13：创建如图 9.373 所示的凸台 - 拉伸 2。单击 [特征] 功能选项卡中的 [🔲] 按钮，在系统的提示下选取上视基准面作为草图平面，绘制如图 9.374 所示的截面草图；在"凸台 - 拉伸"对话框 [方向1(1)] 区域的下拉列表中选择 [给定深度]，输入深度值 90；单击 ✓ 按钮，完成凸台 - 拉伸 2 的创建。

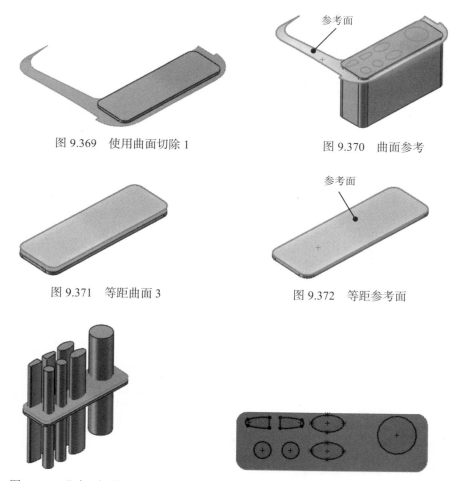

图 9.369　使用曲面切除 1　　　　　　图 9.370　曲面参考

图 9.371　等距曲面 3　　　　　　图 9.372　等距参考面

图 9.373　凸台 - 拉伸 2　　　　　　图 9.374　截面草图

　　步骤 14：创建如图 9.375 所示的使用曲面切除 2。选择 [曲面] 功能选项卡下的 [🖫 使用曲面切除] 命令，选取如图 9.376 所示的曲面作为参考，单击 [↗] 使方向向下，单击"使用曲面切除"对话框中的 ✓ 按钮，完成使用曲面切除特征的创建。

　　步骤 15：创建如图 9.377 所示的使用曲面切除 3。选择 [曲面] 功能选项卡下的 [🖫 使用曲面切除] 命令，选取如图 9.378 所示的曲面作为参考，单击 [↗] 使方向向上，单击"使用曲面切除"对话框中的 ✓ 按钮，完成使用曲面切除特征的创建。

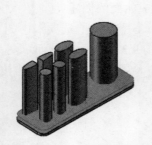

图 9.375　使用曲面切除 2

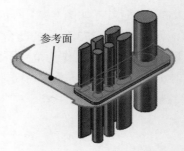

图 9.376　曲面切除参考

图 9.377　使用曲面切除 3

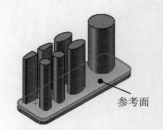

图 9.378　曲面切除参考

步骤 16：创建如图 9.379 所示的圆角 1。单击 特征 功能选项卡 下的 · 按钮，选择 圆角 命令，在"圆角"对话框中选择"固定大小圆角" 类型，在系统的提示下选取如图 9.380 所示的 7 个面作为圆角对象，在"圆角"对话框的 圆角参数 区域中的 文本框中输入圆角半径值 1，单击 ✓ 按钮，完成圆角的定义。

图 9.379　圆角 1

图 9.380　圆角对象

8. 创建电话座机下按键零件

电话座机下按键是在上盖零件的基础上创建的，通过拉伸、等距曲面与使用曲面切除等特征创建，完成后如图 9.381 所示。

步骤 1：新建模型文件，选择"快速访问工具栏"中的 · 命令，在系统弹出的"新建 SOLIDWORKS 文件"对话框中选择"零件"，单击"确定"按钮进入零件建模环境。

步骤 2：关联复制引用上盖零件。选择下拉菜单 插入(I) → 零件(A)... 命令，在系统弹出的"打开"对话框中选择"上盖"模型并打开；在"插入零件"对话框 转移(T) 区域选中 ☑实体(D) 复选项，其他均取消选取；单击 ✓ 按钮完成上盖零件的引入。

（a）轴侧方位 1

（b）轴侧方位 2

图 9.381 下按键零件

步骤 3：创建如图 9.382 所示的等距曲面 1。选择 曲面 功能选项卡下的 🖉 等距曲面 命令，选取如图 9.383 所示的模型表面作为要等距的面，在"等距曲面"对话框"等距距离"文本框中输入 0，单击 ✓ 完成曲面的创建。

图 9.382 等距曲面 1

参考面

图 9.383 等距参考面

步骤 4：创建如图 9.384 所示的凸台 - 拉伸 1。单击 特征 功能选项卡中的 🗊 按钮，在系统的提示下选取"上视基准面"作为草图平面，绘制如图 9.385 所示的截面草图；在"凸台 - 拉伸"对话框 方向 1(1) 区域的下拉列表中选择 成形到面 ，选取步骤 3 创建的等距曲面作为参考；取消选中 □ 合并结果(M) 单选项，单击 ✓ 按钮，完成凸台 - 拉伸 1 的创建。

图 9.384 凸台 - 拉伸 1

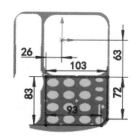

图 9.385 截面草图

步骤 5：删除上盖实体。选择下拉菜单 插入(I) → 特征(F) → 🗊 删除/保留实体(Y)... 命令，在"删除 /保留实体"对话框中将类型设置为 ◉ 删除实体 ，选择上盖实体作为要删除的对象，单击 ✓ 按钮，完成删除体的创建。

步骤 6：创建如图 9.386 所示的等距曲面 2。选择 曲面 功能选项卡下的 🖉 等距曲面 命令，选取如图 9.387 所示的模型表面作为要等距的参考面，在"等距曲面"对话框"等距距离"文本框中输入 2，方向参考如图 9.386 所示，单击 ✓ 完成曲面的创建。

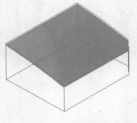

图 9.386　等距曲面 2

图 9.387　等距参考面

步骤 7：创建如图 9.388 所示的延伸曲面。选择 曲面 功能选项卡下的 延伸曲面 命令，在系统的提示下选取步骤 6 创建的等距曲面作为延伸参考，在 终止条件(C): 区域选中 ⦿ 距离(D) 单选项，在"距离"文本框中输入 5，在 延伸类型(X) 区域选中 ⦿ 同一曲面(A) 单选项，单击 ✓ 完成曲面的延伸。

步骤 8：创建如图 9.389 所示的使用曲面切除 1。选择 曲面 功能选项卡下的 使用曲面切除 命令，选取如图 9.390 所示的曲面作为参考，单击 ↗ 使方向向下，单击"使用曲面切除"对话框中的 ✓ 按钮，完成使用曲面切除特征的创建。

图 9.388　延伸曲面

图 9.389　使用曲面切除 1

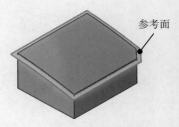

图 9.390　参考曲面

步骤 9：创建如图 9.391 所示的等距曲面 3。选择 曲面 功能选项卡下的 等距曲面 命令，选取如图 9.392 所示的模型表面作为要等距的参考面，在"等距曲面"对话框"等距距离"文本框中输入 3，方向参考如图 9.391 所示，单击 ✓ 完成曲面的创建。

图 9.391　等距曲面 3

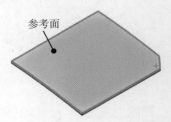

图 9.392　等距参考面

步骤 10：创建如图 9.393 所示的凸台 - 拉伸 2。单击 特征 功能选项卡中的 ⬛ 按钮，在系统的提示下选取"上视基准面"作为草图平面，绘制如图 9.394 所示的截面草图；在

"凸台 - 拉伸"对话框 方向1(1) 区域的下拉列表中选择 给定深度，输入深度值 90；单击 ✓ 按钮，完成凸台 - 拉伸 2 的创建。

图 9.393　凸台 - 拉伸 2

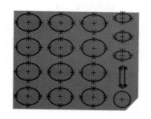

图 9.394　截面草图

步骤 11：创建如图 9.395 所示的使用曲面切除 2。选择 曲面 功能选项卡下的 🔄 使用曲面切除 命令，选取如图 9.396 所示的曲面作为参考，单击 ↗ 使方向向下，单击"使用曲面切除"对话框中的 ✓ 按钮，完成使用曲面切除特征的创建。

图 9.395　使用曲面切除 2

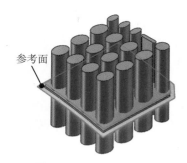

图 9.396　曲面切除参考

步骤 12：创建如图 9.397 所示的使用曲面切除 3。选择 曲面 功能选项卡下的 🔄 使用曲面切除 命令，选取如图 9.398 所示的曲面作为参考，单击 ↗ 使方向向上，单击"使用曲面切除"对话框中的 ✓ 按钮，完成使用曲面切除特征的创建。

图 9.397　使用曲面切除 3

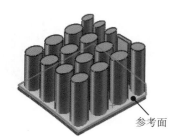

图 9.398　曲面切除参考

步骤 13：创建如图 9.399 所示的圆角 1。单击 特征 功能选项卡 🗐 下的 ⋅ 按钮，选择 🗐 圆角 命令，在"圆角"对话框中选择"固定大小圆角" 🗐 类型，在系统的提示下选取如

图 9.400 所示的 17 个面作为圆角对象，在"圆角"对话框的 圆角参数 区域中的 ⋏ 文本框中输入圆角半径值 1，单击 ✓ 按钮，完成圆角的定义。

图 9.399　圆角 1　　　　　　　　　　　图 9.400　圆角对象

9. 创建电话座机装配

步骤 1：新建装配文件。选择"快速访问工具栏"中的 ⬚⋅ 命令，在"新建 SOLIDWORKS 文件"对话框中选择"装配体"模板，单击"确定"按钮进入装配环境。

步骤 2：装配上盖零件。在打开的对话框中选择 D:\SOLIDWORKS 曲面设计 \work\ ch09\ch09.01\ 中的上盖，然后单击"打开"按钮。

步骤 3：定位零部件。直接单击开始装配体对话框中的 ✓ 按钮，即可把零部件固定到装配原点处（零件的 3 个默认基准面与装配体的 3 个默认基准面分别重合），如图 9.401 所示。

步骤 4：装配下盖零件。单击 装配体 功能选项卡 下的 · 按钮，选择 ➤ 插入零部件 命令，在打开的对话框中选择 D:\SOLIDWORKS 曲面设计 \work\ch09\ch09.01\ 中的下盖，然后单击"打开"按钮。

步骤 5：定位零部件。直接单击插入零部件对话框中的 ✓ 按钮，即可把零部件固定到装配原点处（零件的 3 个默认基准面与装配体的 3 个默认基准面分别重合），如图 9.402 所示。

图 9.401　上盖　　　　　　　　　　　图 9.402　下盖

步骤 6：装配电池盖零件。单击 装配体 功能选项卡 下的 · 按钮，选择 ➤ 插入零部件 命令，在打开的对话框中选择 D:\SOLIDWORKS 曲面设计 \work\ch09\ch09.01\ 中的电池盖，然后单击"打开"按钮。

步骤7：定位零部件。直接单击插入零部件对话框中的 ✔ 按钮，即可把零部件固定到装配原点处（零件的3个默认基准面与装配体的3个默认基准面分别重合），如图9.403所示。

步骤8：装配听筒键零件。单击 装配体 功能选项卡 下的 · 按钮，选择 插入零部件 命令，在打开的对话框中选择 D:\SOLIDWORKS 曲面设计 \work\ch09\ch09.01\ 中的听筒键，然后单击"打开"按钮。

步骤9：定位零部件。直接单击插入零部件对话框中的 ✔ 按钮，即可把零部件固定到装配原点处（零件的3个默认基准面与装配体的3个默认基准面分别重合），如图9.404所示。

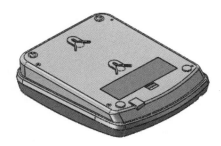

图 9.403　电池盖

图 9.404　听筒键

步骤10：装配上按键零件。单击 装配体 功能选项卡 下的 · 按钮，选择 插入零部件 命令，在打开的对话框中选择 D:\SOLIDWORKS 曲面设计 \work\ch09\ch09.01\ 中的上按键，然后单击"打开"按钮。

步骤11：定位零部件。直接单击插入零部件对话框中的 ✔ 按钮，即可把零部件固定到装配原点处（零件的3个默认基准面与装配体的3个默认基准面分别重合），如图9.405所示。

步骤12：装配下按键零件。单击 装配体 功能选项卡 下的 · 按钮，选择 插入零部件 命令，在打开的对话框中选择 D:\SOLIDWORKS 曲面设计 \work\ch09\ch09.01\ 中的下按键，然后单击"打开"按钮。

步骤13：定位零部件。直接单击插入零部件对话框中的 ✔ 按钮，即可把零部件固定到装配原点处（零件的3个默认基准面与装配体的3个默认基准面分别重合），如图9.406所示。

图 9.405　上按键

图 9.406　下按键

9.2 曲面设计综合案例：电话听筒

案例概述：

本案例将介绍电话听筒的创建过程，由于电话听筒的整体形状相对复杂，配合要求相对较高，所以此案例依然采用自顶向下的方法进行设计，产品在创建的过程中主要使用了拉伸曲面、等距曲面、放样曲面、剪裁曲面、拉伸、旋转、圆角、镜像、阵列、使用曲面切除等功能。该产品如图 9.407 所示。

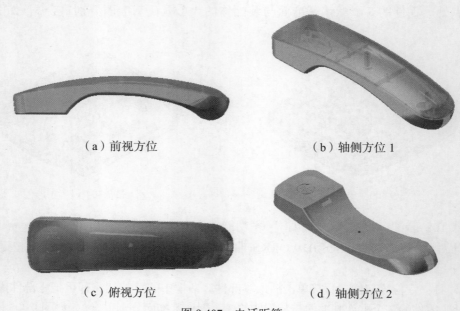

（a）前视方位　　　　　　　　　　　　　（b）轴侧方位 1

（c）俯视方位　　　　　　　　　　　　　（d）轴侧方位 2

图 9.407　电话听筒

75min

1. 创建电话听筒一级控件

一级控件主要用于控制电话听筒的整体形状，另外需要对电话听筒的上下部分进行分割，完成后如图 9.408 所示。

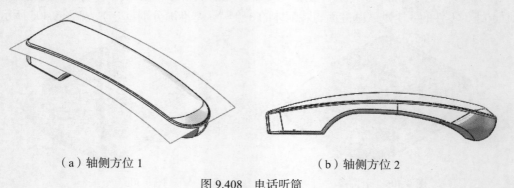

（a）轴侧方位 1　　　　　　　　　　　　（b）轴侧方位 2

图 9.408　电话听筒

步骤1：新建模型文件，选择"快速访问工具栏"中的 命令，在系统弹出的"新建 SOLIDWORKS 文件"对话框中选择"零件"，单击"确定"按钮进入零件建模环境。

步骤2：创建如图9.409所示的拉伸曲面1。单击 曲面 功能选项卡中的 按钮，在系统的提示下选取"前视基准面"作为草图平面，绘制如图9.410所示的截面草图；在"拉伸曲面"对话框 方向1(1) 区域的下拉列表中选择 两侧对称，输入深度值56；单击 ✔ 按钮，完成拉伸曲面1的创建。

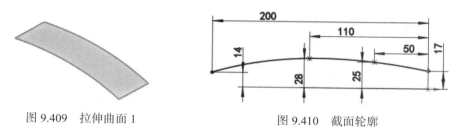

图 9.409　拉伸曲面 1　　　　　　　图 9.410　截面轮廓

步骤3：创建曲面修剪草图1。单击 草图 功能选项卡中的 草图绘制 按钮，在系统的提示下，选取"上视基准面"作为草图平面，绘制如图9.411所示的草图。

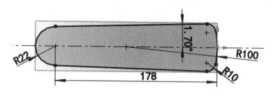

图 9.411　曲面修剪草图 1

步骤4：创建如图9.412所示的剪裁曲面1。选择 曲面 功能选项卡下的 剪裁曲面 命令，在 剪裁类型(T) 区域选中 ◉标准(D) 单选项，选取步骤3创建的草图作为修剪工具，在"剪裁曲面"对话框 选择(S) 区域选中 ◉保留选择(K) 类型，选取如图9.413所示的面作为要保留的面，单击 ✔ 完成曲面的修剪。

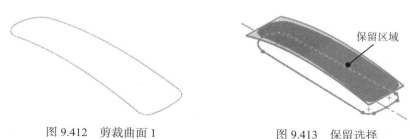

图 9.412　剪裁曲面 1　　　　　　　图 9.413　保留选择

步骤5：创建如图9.414所示的等距曲面1。选择 曲面 功能选项卡下的 等距曲面 命令，选取步骤4创建的剪裁曲面作为要等距参考面，在"等距曲面"对话框"等距距离"文本框中输入2，方向向外，单击 ✔ 完成曲面的创建。

图 9.414　等距曲面 1

步骤 6：创建曲面修剪草图 2。单击 草图 功能选项卡中的 草图绘制 按钮，在系统的提示下，选取"上视基准面"作为草图平面，绘制如图 9.415 所示的草图。

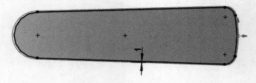

图 9.415　曲面修剪草图 2

步骤 7：创建如图 9.416 所示的剪裁曲面 2。选择 曲面 功能选项卡下的 剪裁曲面 命令，在 剪裁类型(T) 区域选中 ⊙标准(D) 单选项，选取步骤 6 创建的草图作为修剪工具，在"剪裁曲面"对话框 选择(S) 区域选中 ⊙保留选择(K) 类型，选取如图 9.417 所示的面作为要保留的面，单击 ✓ 完成曲面的修剪。

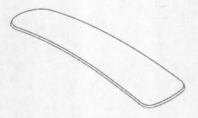

图 9.416　剪裁曲面 2

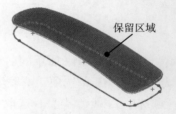

保留区域

图 9.417　保留选择

步骤 8：创建如图 9.418 所示的放样曲面 1。选择 曲面 功能选项卡下的 ▦ 命令，在系统的提示下，依次选取步骤 4 创建的剪裁曲面的边界与步骤 7 创建的剪裁曲面的边界（注意选择位置的一致性，如图 9.419 所示），单击 ✓ 按钮，完成放样曲面的创建。

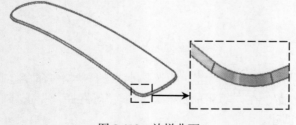

图 9.418　放样曲面 1

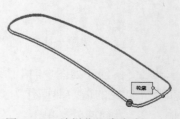

图 9.419　放样位置参考点

步骤9：创建基准面1。单击 特征 功能选项卡 下的 · 按钮，选择 基准面 命令，选取"右视基准面"作为参考平面，在"基准面"对话框 文本框中输入间距值100，方向沿X轴负方向。单击 ✓ 按钮，完成基准面的定义，如图9.420所示。

图 9.420　基准面 1

步骤10：创建曲面填充控制草图1。单击 草图 功能选项卡中的 草图绘制 按钮，在系统的提示下，选取"前视基准面"作为草图平面，绘制如图9.421所示的草图。

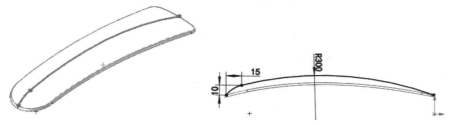

图 9.421　曲面填充控制草图 1

步骤11：创建曲面填充控制草图2。单击 草图 功能选项卡中的 草图绘制 按钮，在系统的提示下，选取"基准面1"作为草图平面，绘制如图9.422所示的草图。

图 9.422　曲面填充控制草图 2

步骤12：创建如图9.423所示的填充曲面1。选择 曲面 功能选项卡下的 ◈ 命令，在填充曲面对话框曲率类型下拉列表中选择 相触 选项，选中 ☑应用到所有边线(P) 复选项，选取如图9.424所示的边线作为参考，激活 约束曲线(C) 区域的文本框，选取步骤9与步骤10创建的控制草图作为约束参考，单击 ✓ 按钮，完成填充曲面的创建。

步骤13：创建曲面修剪草图3。单击 草图 功能选项卡中的 草图绘制 按钮，在系统的提示下，选取"上视基准面"作为草图平面，绘制如图9.425所示的草图。

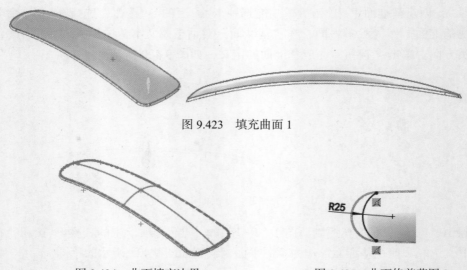

图 9.423　填充曲面 1

图 9.424　曲面填充边界

图 9.425　曲面修剪草图 3

步骤 14：创建如图 9.426 所示的剪裁曲面 3。选择 曲面 功能选项卡下的 ✍ 剪裁曲面 命令，在 剪裁类型(T) 区域选中 ⊙标准(D) 单选项，选取步骤 13 创建的草图作为修剪工具，在"剪裁曲面"对话框 选择(S) 区域选中 ⊙保留选择(K) 类型，选取如图 9.427 所示的面作为要保留的面，单击 ✓ 完成曲面的修剪。

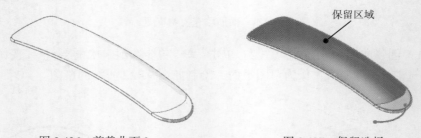

保留区域

图 9.426　剪裁曲面 3

图 9.427　保留选择

步骤 15：创建曲面填充控制草图 3。单击 草图 功能选项卡中的 ⌐ 草图绘制 按钮，在系统的提示下，选取"前视基准面"作为草图平面，绘制如图 9.428 所示的草图。

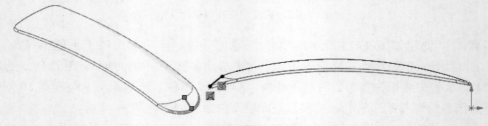

图 9.428　曲面填充控制草图 3

步骤 16：创建如图 9.429 所示的填充曲面 2。选择 曲面 功能选项卡下的 ◈ 命令，在填充曲面对话框曲率类型下拉列表中选择 相触 选项，选中 ☑应用到所有边线(P) 复选项，选取如图 9.430 所示的边线作为参考，激活 约束曲线(C) 区域的文本框，选取步骤 15 创建的填充控制草图作为约束参考，单击 ✔ 按钮，完成填充曲面的创建。

图 9.429　填充曲面 2

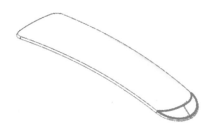

图 9.430　曲面填充边界

步骤 17：创建扫描曲面截面。单击 草图 功能选项卡中的 ╚ 草图绘制 按钮，在系统的提示下，选取"前视基准面"作为草图平面，绘制如图 9.431 所示的草图。

图 9.431　扫描曲面截面

步骤 18：创建如图 9.432 所示的扫描曲面。单击 曲面 功能选项卡中的 ♪ 按钮，在"扫描曲面"对话框 轮廓和路径(P) 区域选中 ◉草图轮廓 单选项，在系统的提示下选取步骤 17 创建的草图作为扫描截面，选取如图 9.433 所示的边界作为扫描路径，单击 ✔ 按钮完成扫描曲面的创建。

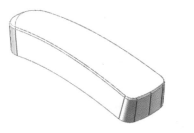

图 9.432　扫描曲面

图 9.433　扫描路径

步骤 19：创建如图 9.434 所示的拉伸曲面 2。单击 曲面 功能选项卡中的 ◈ 按钮，在系统的提示下选取"前视基准面"作为草图平面，绘制如图 9.435 所示的截面草图；在"拉伸曲面"对话框 方向 1(1) 区域的下拉列表中选择 两侧对称，输入深度值 150；单击 ✔ 按钮，完成拉伸曲面 2 的创建。

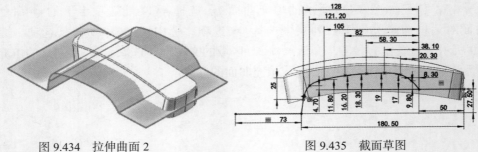

图 9.434　拉伸曲面 2　　　　　　　　　图 9.435　截面草图

步骤 20：创建如图 9.436 所示的剪裁曲面 4。选择 曲面 功能选项卡下的 ◈ 剪裁曲面 命令，在 剪裁类型(T) 区域选中 ◉相互(M) 单选项，选取步骤 18 创建的扫描曲面与步骤 19 创建的拉伸曲面作为修剪工具，在"剪裁曲面"对话框 选择(S) 区域选中 ◉保留选择(K) 类型，选取如图 9.437 所示的面作为要保留的面，单击 ✓ 完成曲面的修剪。

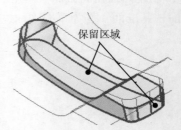

图 9.436　剪裁曲面 4　　　　　　　　　图 9.437　保留选择

步骤 21：创建如图 9.438 所示的拉伸曲面 3。单击 曲面 功能选项卡中的 ◈ 按钮，在系统的提示下选取"前视基准面"作为草图平面，绘制如图 9.439 所示的截面草图；在"拉伸曲面"对话框 方向 1(1) 区域的下拉列表中选择 两侧对称，输入深度值 100；单击 ✓ 按钮，完成拉伸曲面 3 的创建。

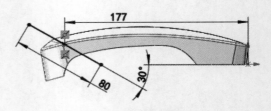

图 9.438　拉伸曲面 3　　　　　　　　　图 9.439　截面草图

步骤 22：创建如图 9.440 所示的剪裁曲面 5。选择 曲面 功能选项卡下的 ◈ 剪裁曲面 命令，在 剪裁类型(T) 区域选中 ◉标准(D) 单选项，选取步骤 21 创建的拉伸曲面作为修剪工具，在"剪裁曲面"对话框 选择(S) 区域选中 ◉保留选择(K) 类型，选取如图 9.441 所示的面作为要保留的面，单击 ✓ 完成曲面的修剪。

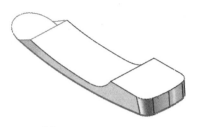

图 9.440 剪裁曲面 5

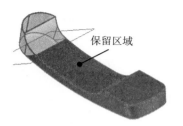

图 9.441 保留选择

步骤 23：创建放样曲面截面。单击 草图 功能选项卡中的 [草图绘制] 按钮，在系统的提示下，选取"前视基准面"作为草图平面，绘制如图 9.442 所示的草图。

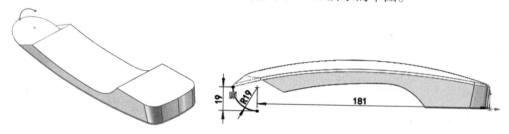

图 9.442 放样曲面截面

步骤 24：创建放样曲面引导线 1。单击 草图 功能选项卡中的 [3D 3D草图] 按钮，绘制如图 9.443 所示的样条曲线（两端相切）。

步骤 25：创建放样曲面引导线 2。单击 草图 功能选项卡中的 [3D 3D草图] 按钮，通过转换实体引用创建如图 9.444 所示的直线与圆弧。

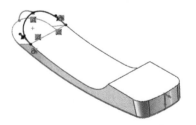

图 9.443 放样曲面引导线 1

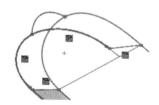

图 9.444 放样曲面引导线 2

步骤 26：创建如图 9.445 所示的放样曲面 2。选择 曲面 功能选项卡下的 命令，在系统的提示下，选取如图 9.446 所示的边线 1、截面 2 与边线 2，激活 引导线(G) 的文本框，选取步骤 24 创建的引导线 1 与步骤 25 创建的引导线 2，在 开始约束(S): 与 结束约束(E): 的下拉列表中均选择 与面相切，单击 ✓ 按钮，完成放样曲面的创建。

步骤 27：创建如图 9.447 所示的拉伸曲面 4。单击 曲面 功能选项卡中的 按钮，在系统的提示下选取"前视基准面"作为草图平面，绘制如图 9.448 所示的截面草图；在"拉伸曲面"对话框 方向1(1) 区域的下拉列表中选择 两侧对称，输入深度值100；单击 ✓ 按钮，完成拉伸曲面4的创建。

图 9.445　放样曲面 2

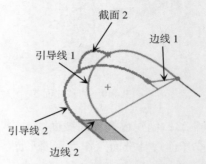

图 9.446　放样截面与引导线

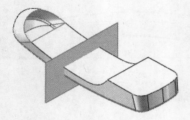

图 9.447　拉伸曲面 4

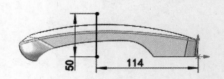

图 9.448　截面草图

步骤 28：创建如图 9.449 所示的拉伸曲面 5。单击 曲面 功能选项卡中的 按钮，在系统的提示下选取"前视基准面"作为草图平面，绘制如图 9.450 所示的截面草图；在"拉伸曲面"对话框 方向1(1) 区域的下拉列表中选择 两侧对称，输入深度值80；单击 ✓ 按钮，完成拉伸曲面 5 的创建。

图 9.449　拉伸曲面 5

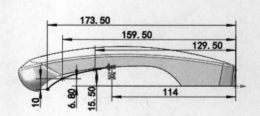

图 9.450　截面草图

步骤 29：创建曲面修剪草图 4。单击 草图 功能选项卡中的 草图绘制 按钮，在系统的提示下，选取"上视基准面"作为草图平面，绘制如图 9.451 所示的草图。

步骤 30：创建如图 9.452 所示的剪裁曲面 6。选择 曲面 功能选项卡下的 剪裁曲面 命令，在 剪裁类型(T) 区域选中 ◉标准(D) 单选项，选取步骤 29 创建的草图作为修剪工具，在"剪裁曲面"对话框 选择(S) 区域选中 ◉保留选择(K) 类型，选取如图 9.453 所示的面作为要保留的面，单击 ✓ 完成曲面的修剪。

步骤31：创建放样曲面截面。单击 草图 功能选项卡中的 ▣ 3D 草图 按钮，通过转换实体引用创建如图9.454所示的直线与圆弧。

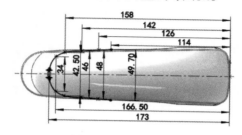

图9.451　曲面修剪草图4

图9.452　剪裁曲面6

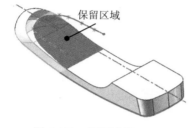

图9.453　保留选择

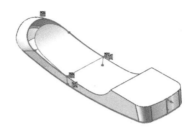

图9.454　放样曲面截面

步骤32：创建如图9.455所示的放样曲面3。选择 曲面 功能选项卡下的 ▮ 命令，在系统的提示下，选取步骤31创建的三维草图与如图9.456所示的边线1作为截面，单击 ✓ 按钮，完成放样曲面的创建。

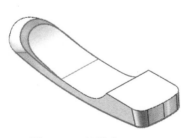

图9.455　放样曲面3

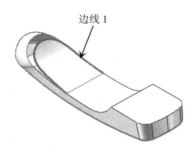

图9.456　放样截面

步骤33：创建缝合曲面1。单击 曲面 功能选项卡中的 ▨ 按钮，选取如图9.457所示的曲面1与曲面2作为参考，单击 ✓ 按钮完成缝合曲面的创建。

步骤34：创建如图9.458所示的剪裁曲面7。选择 曲面 功能选项卡下的 ◈ 剪裁曲面 命令，在 剪裁类型(T) 区域选中 ◉ 标准(D) 单选项，选取步骤27创建的拉伸曲面4作为修剪工具，在"剪裁曲面"对话框 选择(S) 区域选中 ◉ 保留选择(K) 类型，选取如图9.459所示的面作为要保留的面，单击 ✓ 完成曲面的修剪。

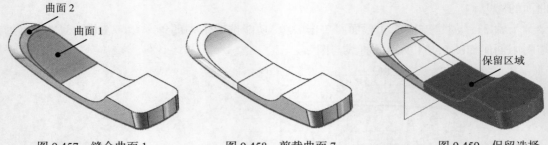

图 9.457　缝合曲面 1　　　　图 9.458　剪裁曲面 7　　　　图 9.459　保留选择

步骤 35：创建如图 9.460 所示的放样曲面 4。选择 曲面 功能选项卡下的 🥄 命令，在系统的提示下，选取如图 9.461 所示的边线 1 与边线 2，激活 引导线(G) 的文本框，选取如图 9.461 所示的引导线 1 与引导线 2，在 开始约束(S): 与 结束约束(E): 的下拉列表中均选择 与面相切 ，单击 ✓ 按钮，完成放样曲面的创建。

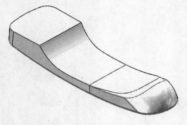

图 9.460　放样曲面 4

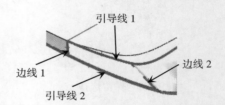

图 9.461　放样截面与引导线

步骤 36：创建如图 9.462 所示的镜像。选择 特征 功能选项卡中的 附 镜像 命令，选取"前视基准面"作为镜像中心平面，激活 要镜像的实体(B) 区域的文本框，选取步骤 35 创建的放样曲面作为要镜像的实体，单击"镜像"对话框中的 ✓ 按钮，完成镜像特征的创建。

步骤 37：创建缝合曲面 2。单击 曲面 功能选项卡中的 🔲 按钮，选取如图 9.463 所示的电话听筒外侧的 8 个曲面作为参考，选中 ☑ 创建实体(T) 复选项，单击 ✓ 按钮完成缝合曲面的创建。

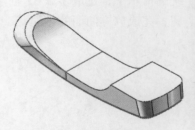

图 9.462　镜像

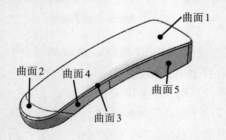

图 9.463　缝合曲面 2

步骤38：创建如图9.464所示的圆角1。单击 特征 功能选项卡 ⊙ 下的 · 按钮，选择 ⬡圆角 命令，在"圆角"对话框中选择"固定大小圆角" ⬡ 类型，在系统的提示下选取如图9.465所示的两条边线作为圆角对象，在"圆角"对话框的 圆角参数 区域中的 ⼂ 文本框中输入圆角半径值3，取消选中□切线延伸(G)复选项，单击 ✓ 按钮，完成圆角的定义。

图9.464　圆角1

图9.465　圆角对象

步骤39：创建如图9.466所示的旋转切除1。单击 特征 功能选项卡中的旋转切除 ⏧ 按钮，选取"前视基准面"作为草图平面，绘制如图9.467所示的截面草图，选取截面中的竖直直线作为旋转轴，采用系统默认的旋转方向，在"旋转切除"对话框的 方向1(1) 区域的下拉列表中选择 给定深度，在 Ⓗ 文本框中输入旋转角度360，单击 ✓ 按钮完成特征的创建。

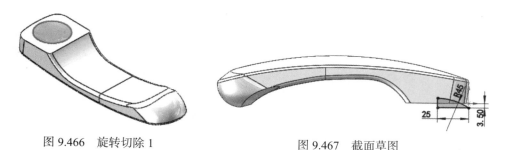

图9.466　旋转切除1　　　　　　　　　　图9.467　截面草图

步骤40：创建基准面2。单击 特征 功能选项卡 ◻ 下的 · 按钮，选择 ▤基准面 命令，选取"右视基准面"作为参考平面，在"基准面"对话框 ⬓ 文本框中输入间距值57，方向沿 X 轴负方向。单击 ✓ 按钮，完成基准面的定义，如图9.468所示。

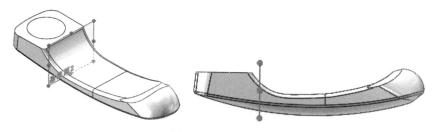

图9.468　基准面2

步骤41：创建如图9.469所示的切除-拉伸1。单击 特征 功能选项卡中的 ⬚ 按钮，在系统的提示下选取基准面2作为草图平面，绘制如图9.470所示的截面草图；在"切除-拉伸"对话框 方向1(1) 区域的下拉列表中选择 给定深度 ，输入深度值7，方向沿X轴正方向；单击 ✓ 按钮，完成切除-拉伸的创建。

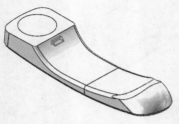

图 9.469　切除-拉伸1

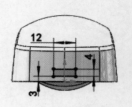

图 9.470　截面草图

步骤42：创建如图9.471所示的圆角2。单击 特征 功能选项卡 ⬡ 下的 ・ 按钮，选择 ⬡圆角 命令，在"圆角"对话框中选择"固定大小圆角" ⬡ 类型，在系统的提示下选取如图9.472所示的边线作为圆角对象，在"圆角"对话框的 圆角参数 区域中的 ⬈ 文本框中输入圆角半径值2，单击 ✓ 按钮，完成圆角的定义。

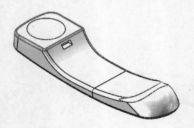

图 9.471　圆角2

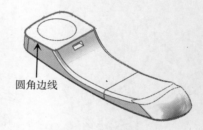

圆角边线

图 9.472　圆角对象

步骤43：创建如图9.473所示的圆角3。单击 特征 功能选项卡 ⬡ 下的 ・ 按钮，选择 ⬡圆角 命令，在"圆角"对话框中选择"固定大小圆角" ⬡ 类型，在系统的提示下选取如图9.474所示的边线（一圈8段边线）作为圆角对象，在"圆角"对话框的 圆角参数 区域中的 ⬈ 文本框中输入圆角半径值2，单击 ✓ 按钮，完成圆角的定义。

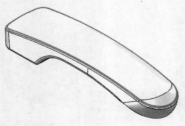

图 9.473　圆角3

图 9.474　圆角对象

步骤 44：创建如图 9.475 所示的圆角 4。单击 特征 功能选项卡 🗔 下的 · 按钮，选择 🗔圆角 命令，在"圆角"对话框中选择"固定大小圆角" 🗔类型，在系统的提示下选取如图 9.476 所示的边线作为圆角对象，在"圆角"对话框的 圆角参数 区域中的 🗔文本框中输入圆角半径值 5，单击 ✓ 按钮，完成圆角的定义。

图 9.475　圆角 4 　　　　　　　图 9.476　圆角对象

步骤 45：创建如图 9.477 所示的抽壳。单击 特征 功能选项卡中的 🗔抽壳 按钮，系统会弹出"抽壳"对话框，在"抽壳"对话框的 参数(P) 区域的"厚度" 🗔文本框中输入 1，在"抽壳"对话框中单击 ✓ 按钮，完成抽壳的创建。

图 9.477　抽壳

步骤 46：创建基准面 3。单击 特征 功能选项卡 🗔 下的 · 按钮，选择 🗔基准面 命令，选取"右视基准面"作为参考平面，在"基准面"对话框 🗔文本框中输入间距值 210，方向沿 X 轴负方向。单击 ✓ 按钮，完成基准面的定义，如图 9.478 所示。

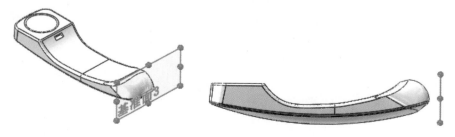

图 9.478　基准面 3

步骤 47：创建如图 9.479 所示的切除 - 拉伸 2。单击 特征 功能选项卡中的 🗔 按钮，在系统的提示下选取基准面 3 作为草图平面，绘制如图 9.480 所示的截面草图；在"切除 -

拉伸"对话框 方向1(1) 区域的下拉列表中选择 给定深度 ，输入深度值30，方向沿 X 轴正方向；单击 ✔ 按钮，完成切除 - 拉伸的创建。

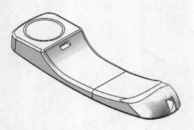

图 9.479　切除 - 拉伸 2

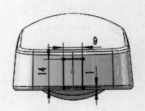

图 9.480　截面草图

步骤 48：创建如图 9.481 所示的切除 - 拉伸 3。单击 特征 功能选项卡中的 ⬜ 按钮，在系统的提示下选取"上视基准面"作为草图平面，绘制如图 9.482 所示的截面草图；在"切除 - 拉伸"对话框 方向1(1) 区域的下拉列表中选择 到离指定面指定的距离 ，选取如图 9.481 所示的面作为参考，输入等距距离值0.5，选中 ☑反向等距(M) 使方向朝向实体；单击 ✔ 按钮，完成切除 - 拉伸的创建。

图 9.481　切除 - 拉伸 3

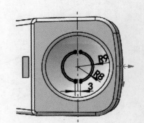

图 9.482　截面草图

步骤 49：创建如图 9.483 所示的切除 - 拉伸 4。单击 特征 功能选项卡中的 ⬜ 按钮，在系统的提示下选取"上视基准面"作为草图平面，绘制如图 9.484 所示的截面草图；在"切除 - 拉伸"对话框 方向1(1) 区域的下拉列表中选择 到离指定面指定的距离 ，选取如图 9.483 所示的面作为参考，输入等距距离值0.5，选中 ☑反向等距(M) 使方向朝向实体；单击 ✔ 按钮，完成切除 - 拉伸的创建。

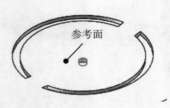

图 9.483　切除 - 拉伸 4

图 9.484　截面草图

步骤 50：创建如图 9.485 所示的线性阵列 1。单击 特征 功能选项卡 ▦ 下的 ⏷ 按钮，选择 线性阵列 命令，在 ☑特征和面(F) 单击激活 ⑥ 后的文本框，选取步骤 49 创建的切除 - 拉伸 4 作为阵列的源对象，激活 方向1(1) 区域中 后的文本框，选取如图 9.485 所示的边线，方向沿 Z 轴正方向，在 ⬡ 文本框中输入间距值 2.5，在 ⚒ 文本框中输入数量 3，单击 ✔ 按钮完成线性阵列的创建。

步骤 51：创建如图 9.486 所示的圆周阵列 1。单击 特征 功能选项卡 ▦ 下的 ⏷ 按钮，选择 圆周阵列 命令，在"圆周阵列"对话框中选中 ☑特征和面(F)，单击激活 ⑥ 后的文本框，选取步骤 50 创建的线性阵列作为阵列的源对象，在"圆周阵列"对话框中激活 方向1(1) 区域中 ⤵ 后的文本框，选取步骤 49 创建特征的圆柱面（系统会自动选取圆柱面的中心轴作为圆周阵列的中心轴），选中 ⦿等间距 复选项，在 ⬠ 文本框中输入间距值 360，在 ⁂ 文本框中输入数量 6，单击 ✔ 按钮，完成圆周阵列的创建。

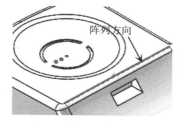

图 9.485　线性阵列 1

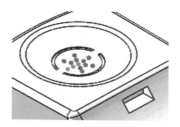

图 9.486　圆周阵列 1

步骤 52：创建如图 9.487 所示的切除 - 拉伸 5。单击 特征 功能选项卡中的 ▣ 按钮，在系统的提示下选取"上视基准面"作为草图平面，绘制如图 9.488 所示的截面草图；在"切除 - 拉伸"对话框 方向1(1) 区域的下拉列表中选择 给定深度，输入深度值 10，方向沿 Y 轴正方向；单击 ✔ 按钮，完成切除 - 拉伸的创建。

图 9.487　切除 - 拉伸 5

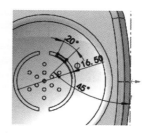

图 9.488　截面草图

步骤 53：创建如图 9.489 所示的镜像 2。选择 特征 功能选项卡中的 ▥ 镜像 命令，选取"前视基准面"作为镜像中心平面，激活 要镜像的特征(F) 区域的文本框，选取步骤 52 创建的切除 - 拉伸 5 作为要镜像的特征，单击"镜像"对话框中的 ✔ 按钮，完成镜像特征的创建。

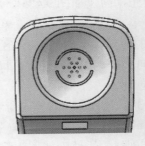

图 9.489　镜像 2

步骤 54：创建如图 9.490 所示的基准面 4。单击 特征 功能选项卡 ⬝⬝ 下的 · 按钮，选择 🔲 基准面 命令，选取如图 9.491 所示的面 1 与面 2 作为参考平面，单击 ✓ 按钮，完成基准面的定义。

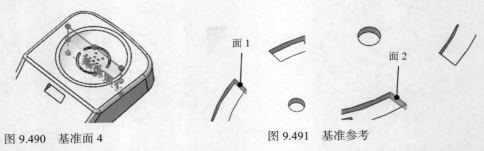

图 9.490　基准面 4　　　　　　　　　　图 9.491　基准参考

步骤 55：创建如图 9.492 所示的镜像 3。选择 特征 功能选项卡中的 🔳 镜像 命令，选取"基准面 4"作为镜像中心平面，激活 要镜像的特征(F) 区域的文本框，选取步骤 52 创建的切除 - 拉伸 5 与步骤 53 创建的镜像 2 作为要镜像的特征，单击"镜像"对话框中的 ✓ 按钮，完成镜像特征的创建。

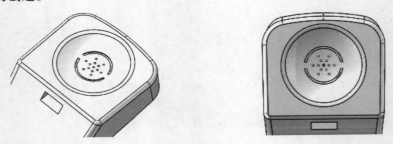

图 9.492　镜像 3

步骤 56：创建如图 9.493 所示的拉伸曲面 6。单击 曲面 功能选项卡中的 🖐 按钮，在系统的提示下选取"前视基准面"作为草图平面，绘制如图 9.494 所示的截面草图；在"拉伸曲面"对话框 方向 1(1) 区域的下拉列表中选择 两侧对称，输入深度值 80；单击 ✓ 按钮，完成拉伸曲面 6 的创建。

图 9.493　拉伸曲面 6

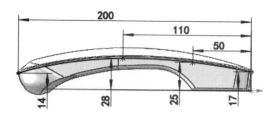

图 9.494　截面草图

2. 创建电话听筒上盖零件

电话听筒上盖是在一级控件的基础上创建的，通过拉伸、阵列、基准、孔与镜像等特征创建，完成后如图 9.495 所示。

▶ 27min

（a）轴侧方位 1

（b）轴侧方位 2

图 9.495　上盖零件

步骤 1：新建模型文件，选择"快速访问工具栏"中的 📄 命令，在系统弹出的"新建 SOLIDWORKS 文件"对话框中选择"零件"，单击"确定"按钮进入零件建模环境。

步骤 2：关联复制引用一级控件。选择下拉菜单 插入(I) → 🗂 零件(A)... 命令，在系统弹出的"打开"对话框中选择"一级控件"模型并打开；在"插入零件"对话框 转移(T) 区域选中 ☑实体(D) 与 ☑曲面实体(S) 复选项，其他均取消选取；单击 ✓ 按钮完成一级控件的引入。

步骤 3：创建如图 9.496 所示的使用曲面切除 1。选择 曲面 功能选项卡下的 🪙 使用曲面切除 命令，选取如图 9.497 所示的曲面作为参考，单击 🗷 使方向向下，单击"使用曲面切除"对话框中的 ✓ 按钮，完成使用曲面切除特征的创建。

图 9.496　使用曲面切除 1

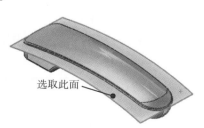

选取此面

图 9.497　曲面参考

步骤4：创建如图9.498所示的拉伸薄壁1。单击 特征 功能选项卡中的 ⬚ 按钮，在系统的提示下选取"上视基准面"作为草图平面，绘制如图9.499所示的截面草图；在"凸台-拉伸"对话框从(F)区域的下拉列表中选择 等距 ，输入等距值18，方向沿 Y 轴正方向，在 方向1(1) 区域的下拉列表中选择 成形到下一面 ，方向朝向实体，选中 ☑ 薄壁特征(T) 区域，在 ☑ 薄壁特征(T) 区域的下拉列表中选择 单向 ，方向向内，在厚度文本框中输入厚度值1；单击 ✔ 按钮，完成拉伸薄壁1的创建。

图 9.498　拉伸薄壁1

图 9.499　截面草图

步骤5：创建如图9.500所示的拉伸薄壁2。单击 特征 功能选项卡中的 ⬚ 按钮，在系统的提示下选取"上视基准面"作为草图平面，绘制如图9.501所示的截面草图；在"凸台-拉伸"对话框从(F)区域的下拉列表中选择 等距 ，输入等距值22，方向沿 Y 轴正方向，在 方向1(1) 区域的下拉列表中选择 成形到下一面 ，方向朝向实体，选中 ☑ 薄壁特征(T) 区域，在 ☑ 薄壁特征(T) 区域的下拉列表中选择 单向 ，方向向内，在厚度文本框中输入厚度值1；单击 ✔ 按钮，完成拉伸薄壁2的创建。

图 9.500　拉伸薄壁2

图 9.501　截面草图

步骤6：创建如图9.502所示的拉伸薄壁3。单击 特征 功能选项卡中的 ⬚ 按钮，在系统的提示下选取"上视基准面"作为草图平面，绘制如图9.503所示的截面草图；在"凸台-拉伸"对话框从(F)区域的下拉列表中选择 等距 ，输入等距值20，方向沿 Y 轴正方向，在 方向1(1) 区域的下拉列表中选择 成形到下一面 ，方向朝向实体，选中 ☑ 薄壁特征(T) 区域，在 ☑ 薄壁特征(T) 区域的下拉列表中选择 单向 ，方向向内，在厚度文本框中输入厚度值1；单击 ✔ 按钮，完成拉伸薄壁3的创建。

步骤7：创建如图9.504所示的拉伸薄壁4。单击 特征 功能选项卡中的 ⬚ 按钮，在系统的提示下选取"上视基准面"作为草图平面，绘制如图9.505所示的截面草图；在"凸台-拉伸"对话框 从(F) 区域的下拉列表中选择 等距，输入等距值24，方向沿 Y 轴正方向，在 方向1(1) 区域的下拉列表中选择 成形到下一面，方向朝向实体，选中 薄壁特征(T) 区域，在 ☑ 薄壁特征(T) 区域的下拉列表中选择 两侧对称，在厚度文本框中输入厚度值2；单击 ✔ 按钮，完成拉伸薄壁4的创建。

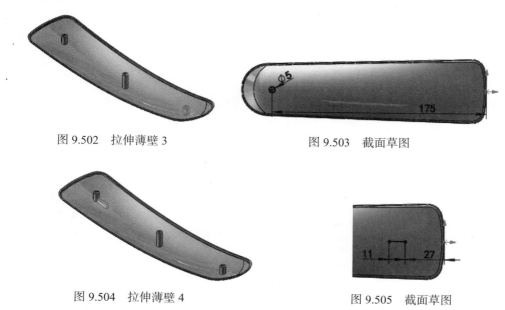

图 9.502　拉伸薄壁 3　　　　　　　　图 9.503　截面草图

图 9.504　拉伸薄壁 4　　　　　　　　图 9.505　截面草图

步骤8：创建如图9.506所示的拉伸薄壁5。单击 特征 功能选项卡中的 ☜ 按钮，在系统的提示下选取"前视基准面"作为草图平面，绘制如图9.507所示的截面草图；在"凸台-拉伸" 方向1(1) 区域的下拉列表中选择 两侧对称，在深度文本框中输入20，选中 薄壁特征(T) 区域，在 ☑ 薄壁特征(T) 区域的下拉列表中选择 单向，方向沿 Y 轴正方向，在厚度文本框中输入厚度值1；单击 ✔ 按钮，完成拉伸薄壁5的创建。

图 9.506　拉伸薄壁 5　　　　　　　　图 9.507　截面草图

步骤9：创建如图9.508所示的完全倒圆角1。单击 特征 功能选项卡 ☜ 下的 · 按钮，选择 ☜ 圆角 命令，在"圆角"对话框中选择"完全圆角" ☐ 单选项，激活"面组1"区域，选取如图9.509所示的面组1；激活"中央面组"区域，选取如图9.509所示的中央面组；激活"面组2"区域，选取如图9.509所示的面组2。

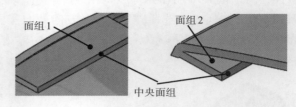

图 9.508　完全倒圆角 1　　　　　　　　图 9.509　圆角参考

步骤 10：创建基准面 1。单击 特征 功能选项卡 📐 下的 ⌄ 按钮，选择 📐 基准面 命令，选取"右视基准面"作为参考平面，在"基准面"对话框 📐 文本框中输入间距值 19，方向沿 X 轴负方向。单击 ✔ 按钮，完成基准面的定义，如图 9.510 所示。

图 9.510　基准面 1

步骤 11：创建如图 9.511 所示的凸台 - 拉伸 1。单击 特征 功能选项卡中的 🔲 按钮，在系统的提示下选取基准面 1 作为草图平面，绘制如图 9.512 所示的截面草图；在"凸台 - 拉伸"对话框 方向1(1) 区域的下拉列表中选择 两侧对称，输入深度值 1；单击 ✔ 按钮，完成凸台 - 拉伸 1 的创建。

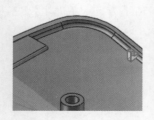

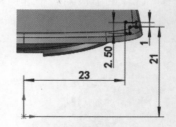

图 9.511　凸台 - 拉伸 1　　　　　　　　图 9.512　截面草图

步骤 12：创建如图 9.513 所示的曲线阵列。单击 特征 功能选项卡 ⫲⫲ 下的 ⌄ 按钮，选择 🔷 曲线驱动的阵列 命令，在 ☑ 特征和面(F) 单击激活 ⑯ 后的文本框，选取步骤 11 创建的凸台 - 拉伸 1 作为阵列的源对象，激活 方向1(1) 区域中 ↗ 后的文本框，选取如图 9.513 所示的曲线参考，单击 ↗ 按钮调整方向，在 ⚹ 文本框中输入实例数 4，取消选中 ☐ 等间距(E) 复选项，在间距文本框中输入 50，在 曲线方法 中选中 ◉ 转换曲线(R)，在 对齐方法 选中 ◉ 对齐到源(A)，单击 ✔ 按钮完成曲线驱动阵列的创建。

步骤 13：创建如图 9.514 所示的镜像 1。选择 特征 功能选项卡中的 ⋈ 镜像 命令，选取"前视基准面"作为镜像中心平面，激活 要镜像的特征(F) 区域的文本框，选取步骤 12 创建的曲线阵列作为要镜像的特征，单击"镜像"对话框中的 ✓ 按钮，完成镜像特征的创建。

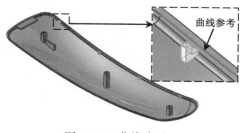

图 9.513　曲线阵列

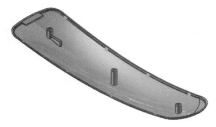

图 9.514　镜像 1

步骤 14：创建如图 9.515 所示的拉伸薄壁 6。单击 特征 功能选项卡中的 ⋒ 按钮，在系统的提示下选取"上视基准面"作为草图平面，绘制如图 9.516 所示的截面草图；在"凸台 - 拉伸"对话框 从(F) 区域的下拉列表中选择 等距，输入等距值 16，方向沿 Y 轴正方向，在 方向1(1) 区域的下拉列表中选择 成形到下一面，方向朝向实体，选中 薄壁特征(T) 区域，在 ☑ 薄壁特征(T) 区域的下拉列表中选择 单向，方向沿 X 轴负方向，在厚度文本框中输入厚度值 1；单击 ✓ 按钮，完成拉伸薄壁 6 的创建。

图 9.515　拉伸薄壁 6

图 9.516　截面草图

步骤 15：创建如图 9.517 所示的拉伸薄壁 7。单击 特征 功能选项卡中的 ⋒ 按钮，在系统的提示下选取"上视基准面"作为草图平面，绘制如图 9.518 所示的截面草图；在"凸台 - 拉伸"对话框 从(F) 区域的下拉列表中选择 等距，输入等距值 19.5，方向沿 Y 轴正方向，在 方向1(1) 区域的下拉列表中选择 成形到下一面，方向朝向实体，选中 ☑ 薄壁特征(T) 区域，在 ☑ 薄壁特征(T) 区域的下拉列表中选择 两侧对称，在厚度文本框中输入厚度值 1；单击 ✓ 按钮，完成拉伸薄壁 7 的创建。

步骤 16：创建如图 9.519 所示的凸台 - 拉伸 2。单击 特征 功能选项卡中的 ⋒ 按钮，在系统的提示下选取"上视基准面"作为草图平面，绘制如图 9.520 所示的截面草图；在"凸台 - 拉伸"对话框 从(F) 区域的下拉列表中选择 等距，输入等距值 16，方向沿 Y 轴正方向，在 方向1(1) 区域的下拉列表中选择 给定深度，在深度文本框中输入深度 1，单击 ✓ 按钮，完成凸台 - 拉伸 2 的创建。

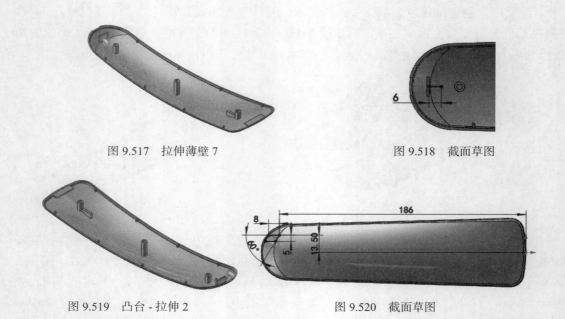

图 9.517　拉伸薄壁 7　　　　　　　　　　　图 9.518　截面草图

图 9.519　凸台 - 拉伸 2　　　　　　　　　　　图 9.520　截面草图

步骤 17：创建如图 9.521 所示的完全倒圆角 2。单击 特征 功能选项卡 🔘 下的 ▾ 按钮，选择 🔘 圆角 命令，在"圆角"对话框中选择"完全圆角" 🔲 单选项，激活"面组 1"区域，选取如图 9.522 所示的面组 1；激活"中央面组"区域，选取如图 9.522 所示的中央面组；激活"面组 2"区域，选取如图 9.522 所示的面组 2。

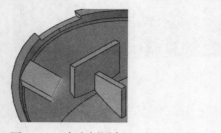

图 9.521　完全倒圆角 2

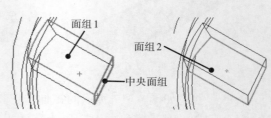

图 9.522　圆角参考

步骤 18：创建如图 9.523 所示的镜像 2。选择 特征 功能选项卡中的 🔀 镜像 命令，选取"前视基准面"作为镜像中心平面，激活 要镜像的特征(F) 区域的文本框，选取步骤 16 创建的凸台 - 拉伸与步骤 17 创建的完全倒圆角作为要镜像的特征，单击"镜像"对话框中的 ✓ 按钮，完成镜像特征的创建。

步骤 19：创建如图 9.524 所示的完全倒圆角 3。单击 特征 功能选项卡 🔘 下的 ▾ 按钮，选择 🔘 圆角 命令，在"圆角"对话框中选择"完全圆角" 🔲 单选项，激活"面组 1"区域，选取如图 9.525 所示的面组 1；激活"中央面组"区域，选取如图 9.525 所示的中央面组；激活"面组 2"区域，选取如图 9.525 所示的面组 2。

 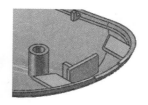

图 9.523　镜像 2

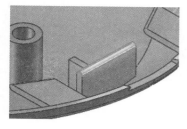 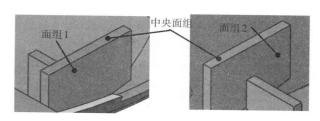

图 9.524　完全倒圆角 3　　　　　　　图 9.525　圆角参考

3. 创建电话听筒下盖零件

电话听筒下盖是在一级控件的基础上创建的，通过拉伸、使用曲面切除、孔、基准、抽壳与阵列等特征创建，完成后如图 9.526 所示。

 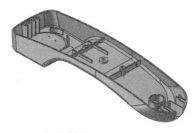

（a）轴侧方位 1　　　　　　　　　（b）轴侧方位 2

图 9.526　下盖零件

步骤 1：新建模型文件，选择"快速访问工具栏"中的 □ 命令，在系统弹出的"新建 SOLIDWORKS 文件"对话框中选择"零件"，单击"确定"按钮进入零件建模环境。

步骤 2：关联复制引用一级控件。选择下拉菜单 插入(I) → 🔩 零件(A)... 命令，在系统弹出的"打开"对话框中选择"一级控件"模型并打开；在"插入零件"对话框 转移(T) 区域选中 ☑实体(D) 与 ☑曲面实体(S) 复选项，其他均取消选取；单击 ✓ 按钮完成一级控件的引入。

步骤 3：创建如图 9.527 所示的使用曲面切除 1。选择 曲面 功能选项卡下的 🕸 使用曲面切除 命令，选取如图 9.528 所示的曲面作为参考，单击 ↗ 使方向向上，单击"使用曲面切除"对话框中的 ✓ 按钮，完成使用曲面切除特征的创建。

图 9.527 使用曲面切除 1

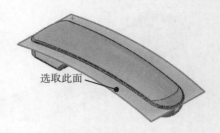

选取此面

图 9.528 曲面参考

步骤 4：创建如图 9.529 所示的凸台 - 拉伸 1。单击 特征 功能选项卡中的 🗐 按钮，在系统的提示下选取"上视基准面"作为草图平面，绘制如图 9.530 所示的截面草图；在"凸台 - 拉伸"对话框 从(F) 区域的下拉列表中选择 等距，输入等距值 22，方向沿 Y 轴正方向，在 方向1(1) 区域的下拉列表中选择 成形到面，选取如图 9.529 所示的面作为参考，单击 ✔ 按钮，完成凸台 - 拉伸 1 的创建。

参考面

图 9.529 凸台 - 拉伸 1

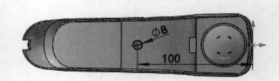

图 9.530 截面草图

步骤 5：创建如图 9.531 所示的孔 1。单击 特征 功能选项卡 🔘 下的 · 按钮，选择 异型孔向导 命令，在"孔规格"对话框中单击 🖾 位置 选项卡，选取步骤 4 创建的特征的上模型表面作为打孔平面，捕捉步骤 4 创建的圆柱的圆心作为打孔位置，在"孔位置"对话框中单击 🗖 类型 选项卡，在 孔类型(T) 区域中选中"孔" 🗓，在 标准 下拉列表中选择 GB，在 类型 下拉列表中选择 暗销孔 类型，在"孔规格"对话框中 孔规格 区域的 大小 下拉列表中选择"Φ4"，在 终止条件(C) 区域的下拉列表中选择"完全贯穿"，单击 ✔ 按钮完成孔的创建。

图 9.531 孔 1

步骤 6：创建如图 9.532 所示的拉伸薄壁 1。单击 特征 功能选项卡中的 🗐 按钮，在系统的提示下选取"上视基准面"作为草图平面，绘制如图 9.533 所示的截面草图；在"凸台 - 拉伸"对话框 从(F) 区域的下拉列表中选择 等距，输入等距值 23，方向沿 Y 轴正方向，在 方向1(1) 区域的下拉列表中选择 成形到面，选取如图 9.532 所示的面作为参考，选中 ☑ 薄壁特征(T) 区域，在 ☑ 薄壁特征(T) 区域的下拉列表中选择 两侧对称，在厚度文本框中输入厚度值 1；单击 ✔ 按钮，完成拉伸薄壁 1 的创建。

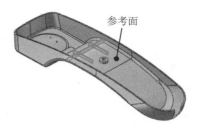

图 9.532 拉伸薄壁 1

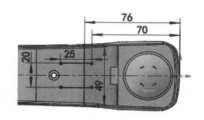

图 9.533 截面草图

步骤 7：创建如图 9.534 所示的切除 - 拉伸薄壁 1。单击 [特征] 功能选项卡中的 [◎] 按钮，在系统的提示下选取如图 9.534 所示的模型表面作为草图平面，绘制如图 9.535 所示的截面草图；在"切除 - 拉伸"对话框 ☑ [薄壁特征(T)] 区域的下拉列表中选择 [两侧对称]，在厚度文本框中输入厚度值 2，在 [方向1(1)] 区域的下拉列表中选择 [成形到面]，选取如图 9.534 所示的面作为参考；单击 ✓ 按钮，完成切除 - 拉伸薄壁的创建。

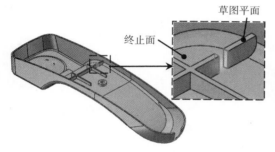

图 9.534 切除 - 拉伸薄壁 1

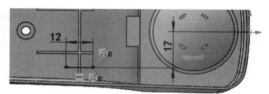

图 9.535 截面草图

步骤 8：创建如图 9.536 所示的拉伸薄壁 2。单击 [特征] 功能选项卡中的 [◎] 按钮，在系统的提示下选取如图 9.534 所示的模型表面作为草图平面，绘制如图 9.537 所示的截面草图；在"凸台 - 拉伸"对话框 [方向1(1)] 区域的下拉列表中选择 [成形到下一面]，方向沿 Y 轴负方向，选中 [薄壁特征(T)] 区域，在 ☑ [薄壁特征(T)] 区域的下拉列表中选择 [两侧对称]，在厚度文本框中输入厚度值 1；单击 ✓ 按钮，完成拉伸薄壁 2 的创建。

图 9.536 拉伸薄壁 2

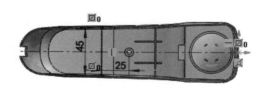

图 9.537 截面草图

步骤 9：创建如图 9.538 所示的切除 - 拉伸薄壁 2。单击 [特征] 功能选项卡中的 [◎] 按钮，在系统的提示下选取如图 9.538 所示的模型表面作为草图平面，绘制如图 9.539 所示的截面草图；在"切除 - 拉伸"对话框 ☑ 薄壁特征(T) 区域的下拉列表中选择 单向 ，方向沿 Z 轴负方向，在厚度文本框中输入厚度值 2，在 方向1(1) 区域的下拉列表中选择 成形到面 ，选取如图 9.538 所示的面作为参考；单击 ✔ 按钮，完成切除 - 拉伸薄壁的创建。

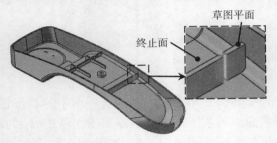

图 9.538　切除 - 拉伸薄壁 2

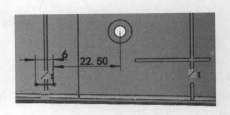

图 9.539　截面草图

步骤 10：创建如图 9.540 所示的镜像 1。选择 特征 功能选项卡中的 ꟷ 镜像 命令，选取"前视基准面"作为镜像中心平面，激活 要镜像的特征(F) 区域的文本框，选取步骤 7 创建的切除 - 拉伸薄壁 1 与步骤 9 创建的切除 - 拉伸薄壁 2 作为要镜像的特征，单击"镜像"对话框中的 ✔ 按钮，完成镜像特征的创建。

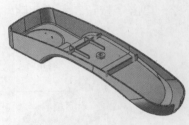

图 9.540　镜像 1

步骤 11：创建如图 9.541 所示的凸台 - 拉伸 2。单击 特征 功能选项卡中的 ꟷ 按钮，在系统的提示下选取如图 9.541 所示的模型表面作为草图平面，绘制如图 9.542 所示的截面草图；在"凸台 - 拉伸"对话框 从(F) 区域的下拉列表中选择 等距 ，输入等距值 2，方向沿 Y 轴正方向，在 方向1(1) 区域的下拉列表中选择 成形到面 ，选取如图 9.541 所示的面作为参考，单击 ✔ 按钮，完成凸台 - 拉伸 2 的创建。

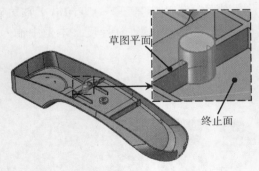

图 9.541　凸台 - 拉伸 2

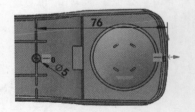

图 9.542　截面草图

步骤 12：创建如图 9.543 所示的凸台 - 拉伸 3。单击 特征 功能选项卡中的 ꟷ 按钮，在系统的提示下选取如图 9.543 所示的模型表面作为草图平面，绘制如图 9.544 所示的截面草图；在"凸台 - 拉伸"对话框 从(F) 区域的下拉列表中选择 等距 ，输入等距值 2，方向沿 Y

轴正方向，在 方向1(1) 区域的下拉列表中选择 成形到下一面 ，方向朝向实体，单击 ✓ 按钮，完成凸台 - 拉伸 3 的创建。

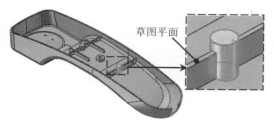

图 9.543　凸台 - 拉伸 3

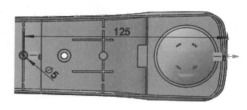

图 9.544　截面草图

步骤 13：创建如图 9.545 所示的孔 2。单击 特征 功能选项卡 ⚙ 下的 ▫ 按钮，选择 异型孔向导 命令，在"孔规格"对话框中单击 ⌖位置 选项卡，选取步骤 12 创建的特征的上模型表面作为打孔平面，捕捉步骤 12 与步骤 11 创建的圆柱的圆心作为打孔位置，在"孔位置"对话框中单击 ⌖类型 选项卡，在 孔类型(T) 区域中选中"孔" ▥ ，在 标准 下拉列表中选择 GB，在 类型 下拉列表中选择 暗销孔 类型，在"孔规格"对话框中 孔规格 区域的 大小 下拉列表中选择"Φ3"，

图 9.545　孔 2

在 终止条件(C) 区域的下拉列表中选择"给定深度"，输入深度值 4，单击 ✓ 按钮完成孔的创建。

步骤 14：创建如图 9.546 所示的拉伸薄壁 3。单击 特征 功能选项卡中的 ⬛ 按钮，在系统的提示下选取如图 9.546 所示的模型表面作为草图平面，绘制如图 9.547 所示的截面草图；在"凸台 - 拉伸"对话框 方向1(1) 区域的下拉列表中选择 给定深度 ，方向沿 Y 轴正方向，在深度文本框中输入 5，选中 薄壁特征(T) 区域，在 ☑ 薄壁特征(T) 的下拉列表中选择 两侧对称 ，在厚度文本框中输入厚度值 1；单击 ✓ 按钮，完成拉伸薄壁 3 的创建。

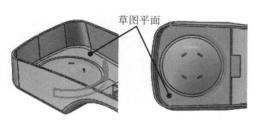

图 9.546　拉伸薄壁 3

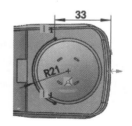

图 9.547　截面草图

步骤 15：创建如图 9.548 所示的拉伸薄壁 4。单击 特征 功能选项卡中的 ⬛ 按钮，在系统的提示下选取如图 9.548 所示的模型表面作为草图平面，绘制如图 9.549 所示的截面草图；在"凸台 - 拉伸"对话框 方向1(1) 区域的下拉列表中选择 给定深度 ，方向沿 Y 轴正方向，在

深度文本框中输入 5，选中 ☑薄壁特征(T) 区域，在 ☑薄壁特征(T) 区域的下拉列表中选择 两侧对称，在厚度文本框中输入厚度值 1；单击 ✓ 按钮，完成拉伸薄壁 4 的创建。

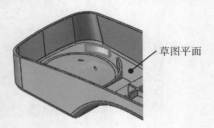

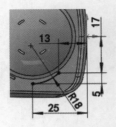

图 9.548　拉伸薄壁 4　　　　　　　　　图 9.549　截面草图

步骤 16：创建如图 9.550 所示的凸台 - 拉伸 4。单击 特征 功能选项卡中的 🗗 按钮，在系统的提示下选取"前视基准面"作为草图平面，绘制如图 9.551 所示的截面草图；在"凸台 - 拉伸"对话框 从(F) 区域的下拉列表中选择 等距，输入等距值 8，方向沿 Z 轴负方向，在 方向1(1) 区域的下拉列表中选择 给定深度，方向沿 Z 轴负方向，在深度文本框中输入 1，单击 ✓ 按钮，完成凸台 - 拉伸 4 的创建。

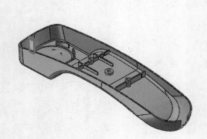

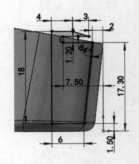

图 9.550　凸台 - 拉伸 4　　　　　　　　图 9.551　截面草图

步骤 17：创建如图 9.552 所示的线性阵列 1。单击 特征 功能选项卡 🔡 下的 · 按钮，选择 🔡线性阵列 命令，在 ☑特征和面(F) 单击激活 🗐 后的文本框，选取步骤 16 创建的凸台 - 拉伸 4 作为阵列的源对象，激活 方向1(1) 区域中 ↗ 后的文本框，选取"前视基准面"作为参考，方向沿 Z 轴正方向，在 🗐 文本框中输入间距值 5，在 ⚏ 文本框中输入数量 4，单击 ✓ 按钮完成线性阵列的创建。

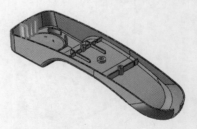

图 9.552　线性阵列 1

步骤 18：创建如图 9.553 所示的拉伸薄壁 5。单击 特征 功能选项卡中的 🗗 按钮，在系统的提示下选取"上视基准面"作为草图平面，绘制如图 9.554 所示的截面草图；在"凸台 - 拉伸"对话框 从(F) 区域的下拉列表中选择 等距，输入等距值 12，方向沿 Y 轴正方向，在 方向1(1) 区域的下拉列表中选择 成形到下一面，方向沿 Y 轴负方向，选中☑ 薄壁特征(T) 区域，在 薄壁特征(T) 区域的下拉列表中选择 单向 ，在厚度文本框中输入厚度值1，方向向内；单击 ✓ 按钮，完成拉伸薄壁5的创建。

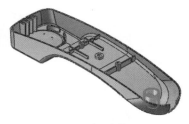

图 9.553　拉伸薄壁 5

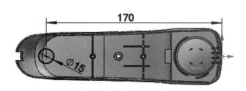

图 9.554　截面草图

步骤19：创建如图9.555所示的拉伸薄壁6。单击 特征 功能选项卡中的 ⬡ 按钮，在系统的提示下选取"上视基准面"作为草图平面，绘制如图9.556所示的截面草图；在"凸台 - 拉伸"对话框 从(F) 区域的下拉列表中选择 等距 ，输入等距值14，方向沿 Y 轴正方向，在方向 1(1) 区域的下拉列表中选择 成形到面 ，选取如图9.555所示的面作为参考，选中☑ 薄壁特征(T) 区域，在☑ 薄壁特征(T) 区域的下拉列表中选择 单向 ，在厚度文本框中输入厚度值0.5，方向向外；单击 ✓ 按钮，完成拉伸薄壁6的创建。

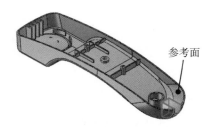

图 9.555　拉伸薄壁 6

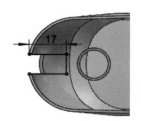

图 9.556　截面草图

步骤20：创建如图9.557所示的切除 - 拉伸1。单击 特征 功能选项卡中的 ▣ 按钮，在系统的提示下选取如图9.557所示的模型表面作为草图平面，绘制如图9.558所示的截面草图；在"切除 - 拉伸"对话框 方向 1(1) 区域的下拉列表中选择 成形到下一面 ，方向沿 X 轴正方向；单击 ✓ 按钮，完成切除 - 拉伸的创建。

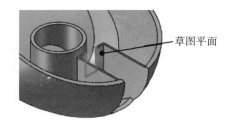

图 9.557　切除 - 拉伸 1

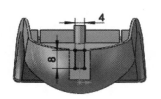

图 9.558　截面草图

步骤 21：创建如图 9.559 所示的拉伸薄壁 7。单击 特征 功能选项卡中的 ⬚ 按钮，在系统的提示下选取"上视基准面"作为草图平面，绘制如图 9.560 所示的截面草图；在"凸台 - 拉伸"对话框 从(F) 区域的下拉列表中选择 等距 ，输入等距值 1，方向沿 Y 轴负方向，在 方向1(1) 区域的下拉列表中选择 成形到下一面 ，方向沿 Y 轴负方向，选中 ☑ 薄壁特征(T) 区域，在 ☑ 薄壁特征(T) 区域的下拉列表中选择 两侧对称 ，在厚度文本框中输入厚度值 0.5；单击 ✓ 按钮，完成拉伸薄壁 7 的创建。

图 9.559　拉伸薄壁 7　　　　　　　　图 9.560　截面草图

步骤 22：创建如图 9.561 所示的拉伸薄壁 8。单击 特征 功能选项卡中的 ⬚ 按钮，在系统的提示下选取"上视基准面"作为草图平面，绘制如图 9.562 所示的截面草图；在"凸台 - 拉伸"对话框 从(F) 区域的下拉列表中选择 等距 ，输入等距值 18，方向沿 Y 轴正方向，在 方向1(1) 区域的下拉列表中选择 成形到下一面 ，方向沿 Y 轴负方向，选中 ☑ 薄壁特征(T) 区域，在 ☑ 薄壁特征(T) 区域的下拉列表中选择 单向 ，在厚度文本框中输入厚度值 0.5，方向沿 Z 轴正方向；单击 ✓ 按钮，完成拉伸薄壁 8 的创建。

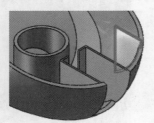
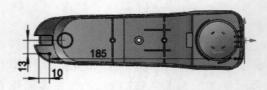

图 9.561　拉伸薄壁 8　　　　　　　　图 9.562　截面草图

步骤 23：创建如图 9.563 所示的切除 - 拉伸 2。单击 特征 功能选项卡中的 ⬚ 按钮，在系统的提示下选取如图 9.563 所示的模型表面作为草图平面，绘制如图 9.564 所示的截面草图（尺寸 16 为下水平直线与原点之间的竖直间距）；在"切除 - 拉伸"对话框 方向1(1) 区域的下拉列表中选择 成形到下一面 ，方向沿 Z 轴正方向；单击 ✓ 按钮，完成切除 - 拉伸的创建。

步骤 24：创建如图 9.565 所示的拉伸薄壁 9。单击 特征 功能选项卡中的 ⬚ 按钮，在系统的提示下选取"上视基准面"作为草图平面，绘制如图 9.566 所示的截面草图；在"凸台 - 拉伸"对话框 从(F) 区域的下拉列表中选择 等距 ，输入等距值 18，方向沿 Y 轴正方向，在 方向1(1) 区域的下拉列表中选择 成形到下一面 ，方向沿 Y 轴负方向，选中 ☑ 薄壁特征(T) 区域，在

☑ **薄壁特征(T)** 区域的下拉列表中选择 **两侧对称**，在厚度文本框中输入厚度值 0.5；单击 ✔ 按钮，完成拉伸薄壁 9 的创建。

图 9.563　切除 - 拉伸 2

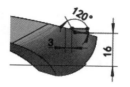

图 9.564　截面草图

图 9.565　拉伸薄壁 9

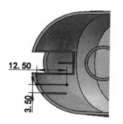

图 9.566　截面草图

步骤 25：创建如图 9.567 所示的切除 - 拉伸 3。单击 **特征** 功能选项卡中的 ▣ 按钮，在系统的提示下选取如图 9.568 所示的模型表面作为草图平面，绘制如图 9.567 所示的截面草图（尺寸 16 为下水平直线与原点之间的竖直间距）；在"切除 - 拉伸"对话框 **方向 1(1)** 区域的下拉列表中选择 **成形到下一面**，方向沿 Z 轴正方向；单击 ✔ 按钮，完成切除 - 拉伸的创建。

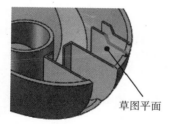

图 9.567　切除 - 拉伸 3

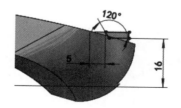

图 9.568　截面草图

步骤 26：创建如图 9.569 所示的切除 - 拉伸 4。单击 **特征** 功能选项卡中的 ▣ 按钮，在系统的提示下选取"上视基准面"作为草图平面，绘制如图 9.570 所示的截面草图；在"切除 - 拉伸"对话框 **从(F)** 区域的下拉列表中选择 **曲面/面/基准面**，选取如图 9.569 所示的面作为参考，在 **方向 1(1)** 区域的下拉列表中选择 **给定深度**，深度值为 1，方向沿 Y 轴正方向；单击 ✔ 按钮，完成切除 - 拉伸的创建。

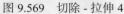

图 9.569　切除 - 拉伸 4

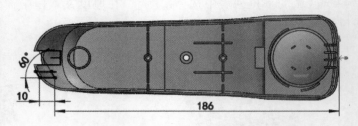

图 9.570　截面草图

步骤 27：创建如图 9.571 所示的完全倒圆角 1。单击 [特征] 功能选项卡 下的 按钮，选择 [圆角] 命令，在"圆角"对话框中选择"完全圆角" 单选项，激活"面组 1"区域，选取如图 9.572 所示的面组 1；激活"中央面组"区域，选取如图 9.572 所示的中央面组；激活"面组 2"区域，选取如图 9.572 所示的面组 2。

图 9.571　完全倒圆角 1

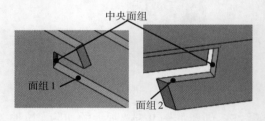

图 9.572　圆角参考

步骤 28：创建如图 9.573 所示的完全倒圆角 2。单击 [特征] 功能选项卡 下的 按钮，选择 [圆角] 命令，在"圆角"对话框中选择"完全圆角" 单选项，激活"面组 1"区域，选取如图 9.574 所示的面组 1；激活"中央面组"区域，选取如图 9.574 所示的中央面组；激活"面组 2"区域，选取如图 9.574 所示的面组 2。

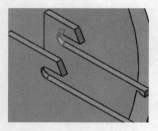

图 9.573　完全倒圆角 2

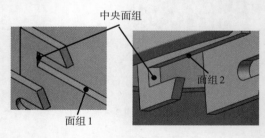

图 9.574　圆角参考

步骤 29：创建如图 9.575 所示的镜像 2。选择 [特征] 功能选项卡中的 [镜像] 命令，选取"前视基准面"作为镜像中心平面，激活 要镜像的特征(F) 区域的文本框，选取步骤 22~ 步骤 28 创建的所有特征（共计 7 个）作为要镜像的特征，单击"镜像"对话框中的 ✓ 按钮，完成镜像特征的创建。

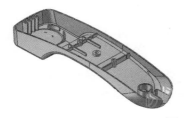 

图 9.575 镜像 2

步骤 30：创建如图 9.576 所示的切除 - 拉伸 5。单击 [特征] 功能选项卡中的 [▣] 按钮，在系统的提示下选取如图 9.576 所示的模型表面作为草图平面，绘制如图 9.577 所示的截面草图；在"切除 - 拉伸"对话框 从(F) 区域的下拉列表中选择 [等距]，输入等距值 30，方向沿 Y 轴正方向，在 [方向 1(D)] 区域的下拉列表中选择 [成形到面]，选取如图 9.576 所示的面作为参考；单击 ✓ 按钮，完成切除 - 拉伸的创建。

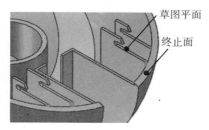 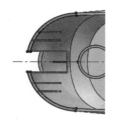

图 9.576 切除 - 拉伸 5　　　　　　　　图 9.577 截面草图

4. 创建电话听筒装配

步骤 1：新建装配文件。选择"快速访问工具栏"中的 [▣] 命令，在"新建 SOLIDWORKS 文件"对话框中选择"装配体"模板，单击"确定"按钮进入装配环境。

步骤 2：装配上盖零件。在打开的对话框中选择 D:\SOLIDWORKS 曲面设计 \work\ ch09\ch09.02\ 中的上盖，然后单击"打开"按钮。

步骤 3：定位零部件。直接单击"开始装配体"对话框中的 ✓ 按钮，即可把零部件固定到装配原点处（零件的 3 个默认基准面与装配体的 3 个默认基准面分别重合），如图 9.578 所示。

图 9.578 上盖

步骤 4：装配下盖零件。单击 装配体 功能选项卡 下的 · 按钮，选择 插入零部件 命令，在打开的对话框中选择 D:\SOLIDWORKS 曲面设计 \work\ch09\ch09.02\ 中的下盖，然后单击"打开"按钮。

步骤 5：定位零部件。直接单击插入零部件对话框中的 ✓ 按钮，即可把零部件固定到装配原点处（零件的 3 个默认基准面与装配体的 3 个默认基准面分别重合），如图 9.579 所示。

图 9.579　下盖

图 书 推 荐

书 名	作 者
仓颉语言元编程	张磊
仓颉语言实战（微课视频版）	张磊
仓颉语言核心编程——入门、进阶与实战	徐礼文
仓颉语言程序设计	董昱
仓颉程序设计语言	刘安战
仓颉语言极速入门——UI 全场景实战	张云波
HarmonyOS 移动应用开发（ArkTS 版）	刘安战、余雨萍、陈争艳 等
深度探索 Vue.js——原理剖析与实战应用	张云鹏
前端三剑客——HTML5+CSS3+JavaScript 从入门到实战	贾志杰
剑指大前端全栈工程师	贾志杰、史广、赵东彦
Flink 原理深入与编程实战——Scala+Java（微课视频版）	辛立伟
Spark 原理深入与编程实战（微课视频版）	辛立伟、张帆、张会娟
PySpark 原理深入与编程实战（微课视频版）	辛立伟、辛雨桐
HarmonyOS 应用开发实战（JavaScript 版）	徐礼文
HarmonyOS 原子化服务卡片原理与实战	李洋
鸿蒙操作系统开发入门经典	徐礼文
鸿蒙应用程序开发	董昱
鸿蒙操作系统应用开发实践	陈美汝、郑森文、武延军、吴敬征
HarmonyOS 移动应用开发	刘安战、余雨萍、李勇军 等
HarmonyOS App 开发从 0 到 1	张诏添、李凯杰
JavaScript 修炼之路	张云鹏、戚爱斌
JavaScript 基础语法详解	张旭乾
华为方舟编译器之美——基于开源代码的架构分析与实现	史宁宁
Android Runtime 源码解析	史宁宁
恶意代码逆向分析基础详解	刘晓阳
网络攻防中的匿名链路设计与实现	杨昌家
深度探索 Go 语言——对象模型与 runtime 的原理、特性及应用	封幼林
深入理解 Go 语言	刘丹冰
Vue+Spring Boot 前后端分离开发实战	贾志杰
Spring Boot 3.0 开发实战	李西明、陈立为
Flutter 组件精讲与实战	赵龙
Flutter 组件详解与实战	[加] 王浩然（Bradley Wang）
Dart 语言实战——基于 Flutter 框架的程序开发（第 2 版）	亢少军
Dart 语言实战——基于 Angular 框架的 Web 开发	刘仕文
IntelliJ IDEA 软件开发与应用	乔国辉
Python 量化交易实战——使用 vn.py 构建交易系统	欧阳鹏程
Python 从入门到全栈开发	钱超
Python 全栈开发——基础入门	夏正东
Python 全栈开发——高阶编程	夏正东
Python 全栈开发——数据分析	夏正东
Python 编程与科学计算（微课视频版）	李志远、黄化人、姚明菊 等

书　名	作　者
Diffusion AI 绘图模型构造与训练实战	李福林
HuggingFace 自然语言处理详解——基于 BERT 中文模型的任务实战	李福林
图像识别——深度学习模型理论与实战	于浩文
数字 IC 设计入门（微课视频版）	白栎旸
动手学推荐系统——基于 PyTorch 的算法实现（微课视频版）	於方仁
人工智能算法——原理、技巧及应用	韩龙、张娜、汝洪芳
Python 数据分析实战——从 Excel 轻松入门 Pandas	曾贤志
Python 概率统计	李爽
Python 数据分析从 0 到 1	邓立文、俞心宇、牛瑶
从数据科学看懂数字化转型——数据如何改变世界	刘通
鲲鹏架构入门与实战	张磊
鲲鹏开发套件应用快速入门	张磊
华为 HCIA 路由与交换技术实战	江礼教
华为 HCIP 路由与交换技术实战	江礼教
openEuler 操作系统管理入门	陈争艳、刘安战、贾玉祥 等
5G 核心网原理与实践	易飞、何宇、刘子琦
Python 游戏编程项目开发实战	李志远
编程改变生活——用 Python 提升你的能力（基础篇·微课视频版）	邢世通
编程改变生活——用 Python 提升你的能力（进阶篇·微课视频版）	邢世通
编程改变生活——用 PySide6/PyQt6 创建 GUI 程序（基础篇·微课视频版）	邢世通
编程改变生活——用 PySide6/PyQt6 创建 GUI 程序（进阶篇·微课视频版）	邢世通
FFmpeg 入门详解——音视频原理及应用	梅会东
FFmpeg 入门详解——SDK 二次开发与直播美颜原理及应用	梅会东
FFmpeg 入门详解——流媒体直播原理及应用	梅会东
FFmpeg 入门详解——命令行与音视频特效原理及应用	梅会东
FFmpeg 入门详解——音视频流媒体播放器原理及应用	梅会东
精讲 MySQL 复杂查询	张方兴
Python Web 数据分析可视化——基于 Django 框架的开发实战	韩伟、赵盼
Python 玩转数学问题——轻松学习 NumPy、SciPy 和 Matplotlib	张骞
Pandas 通关实战	黄福星
深入浅出 Power Query M 语言	黄福星
深入浅出 DAX——Excel Power Pivot 和 Power BI 高效数据分析	黄福星
从 Excel 到 Python 数据分析：Pandas、xlwings、openpyxl、Matplotlib 的交互与应用	黄福星
云原生开发实践	高尚衡
云计算管理配置与实战	杨昌家
虚拟化 KVM 极速入门	陈涛
虚拟化 KVM 进阶实践	陈涛
HarmonyOS 从入门到精通 40 例	戈帅
OpenHarmony 轻量系统从入门到精通 50 例	戈帅
AR Foundation 增强现实开发实战（ARKit 版）	汪祥春
AR Foundation 增强现实开发实战（ARCore 版）	汪祥春